Planung und Durchführung von Missionen autonomer Drohnen im Schwarm

Matthias Nattke

Planung und Durchführung von Missionen autonomer Drohnen im Schwarm

Matthias Nattke
Cottbus, Deutschland

Zugl.: Diss., Brandenburgische Technische Universität Cottbus-Senftenberg, 2024

ISBN 978-3-658-47724-0   ISBN 978-3-658-47725-7 (eBook)
https://doi.org/10.1007/978-3-658-47725-7

Die Deutsche Nationalbibliothek verzeichnet diese Publikation in der Deutschen Nationalbibliografie; detaillierte bibliografische Daten sind im Internet über https://portal.dnb.de abrufbar.

© Der/die Herausgeber bzw. der/die Autor(en) 2025. Dieses Buch ist eine Open-Access-Publikation.

Open Access Dieses Buch wird unter der Creative Commons Namensnennung 4.0 International Lizenz (http://creativecommons.org/licenses/by/4.0/deed.de) veröffentlicht, welche die Nutzung, Vervielfältigung, Bearbeitung, Verbreitung und Wiedergabe in jeglichem Medium und Format erlaubt, sofern Sie den/die ursprünglichen Autor*in(nen) und die Quelle ordnungsgemäß nennen, einen Link zur Creative Commons Lizenz beifügen und angeben, ob Änderungen vorgenommen wurden.
Die in diesem Buch enthaltenen Bilder und sonstiges Drittmaterial unterliegen ebenfalls der genannten Creative Commons Lizenz, sofern sich aus der Abbildungslegende nichts anderes ergibt. Sofern das betreffende Material nicht unter der genannten Creative Commons Lizenz steht und die betreffende Handlung nicht nach gesetzlichen Vorschriften erlaubt ist, ist für die oben aufgeführten Weiterverwendungen des Materials die Einwilligung des/der betreffenden Rechteinhaber*in einzuholen.
Die Wiedergabe von allgemein beschreibenden Bezeichnungen, Marken, Unternehmensnamen etc. in diesem Werk bedeutet nicht, dass diese frei durch jede Person benutzt werden dürfen. Die Berechtigung zur Benutzung unterliegt, auch ohne gesonderten Hinweis hierzu, den Regeln des Markenrechts. Die Rechte des/der jeweiligen Zeicheninhaber*in sind zu beachten.
Der Verlag, die Autor*innen und die Herausgeber*innen gehen davon aus, dass die Angaben und Informationen in diesem Werk zum Zeitpunkt der Veröffentlichung vollständig und korrekt sind. Weder der Verlag noch die Autor*innen oder die Herausgeber*innen übernehmen, ausdrücklich oder implizit, Gewähr für den Inhalt des Werkes, etwaige Fehler oder Äußerungen. Der Verlag bleibt im Hinblick auf geografische Zuordnungen und Gebietsbezeichnungen in veröffentlichten Karten und Institutionsadressen neutral.

Planung/Lektorat: Friederike Lierheimer
Springer Vieweg ist ein Imprint der eingetragenen Gesellschaft Springer Fachmedien Wiesbaden GmbH und ist ein Teil von Springer Nature.
Die Anschrift der Gesellschaft ist: Abraham-Lincoln-Str. 46, 65189 Wiesbaden, Germany

Wenn Sie dieses Produkt entsorgen, geben Sie das Papier bitte zum Recycling.

Die Menschen, die verrückt genug sind zu denken, sie würden die Welt verändern, sind diejenigen, die es tun werden.

Steve Jobs, „Think Different"-Spot, 1997

Vorwort

Die vorliegende Dissertation entstand in einer Zeit des Strukturwandels in der Lausitz um Cottbus. Es ist Mitten im Umbruch von der Kohle- zur grünen Energieregion mit international anerkannter Spitzenforschung. Ihre Früchte werden in vielen Jahren von dieser bewegten Zeit zeugen. In diesem Sinne bin ich dankbar, einen kleinen Beitrag zur Entwicklung meiner Heimatregion leisten zu können. Ich freue mich, dass junge Wissenschaftlerinnen und Wissenschaftler hier die spannendsten Themen der Gegenwart und Zukunft erforschen können.

Persönlich danke ich Prof. Dr.-Ing. Uwe Meinberg für die stets konstruktive, vertrauensvolle Unterstützung und fachliche Betreuung als Doktorvater. Sie haben stets zur Weiterentwicklung der Arbeit beigetragen. Dankbarkeit empfinde ich gegenüber den Kolleginnen und Kollegen vom Lehrstuhl Industrielle Informationstechnik. Ich habe eine sehr angenehme Arbeitsatmosphäre, moralische Unterstützung und wertvollen Austausch erfahren.

Die Dissertation wurde durch das vom BMBF geförderte Verbundprojekt Innovationscampus Elektronik und Mikrosensorik unter dem Förderkennzeichen 16ES1128K ermöglicht. In der internationalen Projektgruppe UPWARDS wurde der Raum für technologischen Fortschritt geschaffen. Ich danke allen Beteiligten für die überaus produktive Zusammenarbeit im Team. Mein Dank gilt vor allem den Kolleginnen und Kollegen im Verbundprojekt aus BTU, IHP und Fraunhofer. Sie haben mir großes Vertrauen entgegengebracht, die Leitung der Projektgruppe motiviert und konstruktiv zu übernehmen. Mein Dank gilt Prof. Dr.-Ing. Dr. rer. nat. habil. Harald Schenk und Prof. Dr.-Ing. habil. Christine Ruffert für die sehr gute Zusammenarbeit. Sie hat zu wertvollen Industriekontakten und einem überregionalen Medienbeitrag beigetragen.

Ich danke den Sci_Dronix der BTU, Ranil Beyer von Cooper Copter, Dr. Marcin Brzozowski vom IHP in Frankfurt (Oder), Herrn Kretschmann von der DFS, Herrn Torsten Kramer von der LEAG und den regionalen Landwirten der Lausitz für zahlreiche Fachgespräche.

Meiner Familie mit Jürgen, Petra und Adelheid Nattke danke ich von ganzem Herzen für ihre stete Unterstützung. Viele Freunde aus aller Welt haben mich immer wieder ermutigt, diese Arbeit zu schreiben. Den ungenannten Unterstützern danke ich von ganzem Herzen, denn nichts davon ist selbstverständlich.

im Januar 2025   Matthias Nattke

Inhaltsverzeichnis

1	**Einführung**	1
1.1	Problemstellung	3
1.2	Vorgehensweise	4
1.3	Aufbau	5
2	**Grundlagen und Stand der Wissenschaft**	7
2.1	Grundlagen	8
2.1.1	Motivation zum Drohnenschwarm	8
2.1.2	Historische Aspekte der Autonomie und Risikobewusstsein im Flugwesen	13
2.1.3	Automatisierung unbemannter Fluggeräte	20
2.1.4	Prinzipien der Missionsplanung	26
2.2	Theorie	31
2.2.1	Technische Beschreibung des Drohnenfluges	32
2.2.2	Von der Einzeldrohne zu den Schwarmparadigmen	40
2.3	Stand der Wissenschaft	52
2.3.1	Die Präzisionslandwirtschaft als Entwicklungslabor	52
2.3.2	Kollisionsvermeidung und Verkehrsmanagement	62
3	**Konzept**	73
3.1	Rollenmodell für ein fliegendes Sensornetz	74
3.1.1	Verantwortlicher Fernpilot	77
3.1.2	Vermittlungsinstanz Bodenstation	78
3.1.3	Kontrolleinheit Fernsteuerung	80
3.1.4	Schwarmsubjekt Drohne	81

		3.1.5	Integrierte Schwarmeinheit	82
	3.2	3.1.6	Ergänzende Akteure und Verkehrsmanagement	83
			Simulationsumgebung und Testobjekte	86
		3.2.1	Parameter und Zielstellungen der Umgebungsmodellierung	88
		3.2.2	Simulation kritischer Situationen	94
	3.3		Schwarmfähige Drohnenhardware	98
		3.3.1	Flugsteuerung	99
		3.3.2	Lokalisierungssysteme	101
		3.3.3	Kommunikation	103
		3.3.4	Bodenstation	104
		3.3.5	Optische Datenerfassung	107
		3.3.6	Virtuelle Sensorik	109
	3.4		Entwicklungsansatz Hardware-in-the-Loop	111
		3.4.1	Kombination von Hardware- und Softwaretest	112
		3.4.2	Pfad- und korridorbasierte Verkehrssteuerung	116
		3.4.3	Testszenarien zur Systemintegration	118
		3.4.4	Überprüfung im Testparcours	121
4	**Vorgehensweise und Ergebnisse**			**125**
	4.1		Prozessarchitektur	126
	4.2		Managementprozesse	134
		4.2.1	Missionsplanung Drohnenschwärme	135
		4.2.2	Entwicklung Schwarmsystem	137
		4.2.3	Betrieb autonomer Drohnenschwarm	140
	4.3		Kernprozesse	142
		4.3.1	Softwaretest	143
		4.3.2	Hardware-in-the-Loop-Test	149
		4.3.3	Feldtest	154
	4.4		Unterstützungsprozesse	160
		4.4.1	Simulation	161
		4.4.2	Flugverkehr	165
		4.4.3	Drohnenhardware	167
		4.4.4	Auswertung	174
		4.4.5	Formationsbildung	180
5	**Diskussion und Ausblick**			**187**
6	**Zusammenfassung**			**201**
Literaturverzeichnis				**205**

Abkürzungsverzeichnis

AI	artifizielle Intelligenz
API	Programmierschnittstelle
APS	aktiver Pixelsensor
ARP	landwirtschaftliche Routenplanung
ATPL	Airline Transport Pilot Licence
BPMN	Business Process Model and Notation
CI	Computational Intelligence
CMOS	Complementary Metal-Oxide-Semiconductor
DEM	digitales Geländemodell
DSM	digitales Oberflächenmodell
EASA	European Union Aviation Safety Agency
ECA	European Cockpit Association
FAA	Federal Aviation Administration
GIS	Geoinformationssystem
GNSS	globale Navivationssatellitensysteme
GPS	Globales Positionsbestimmungssystem
HIL	Hardware-in-the-Loop
HNM	Hard-negative Mining
ICAO	International Civil Aviation Organization
IMU	inertiale Messeinheit
IT	Informationstechnik
KI	Künstliche Intelligenz
KPI	Performanceindex für Schlüsseleigenschaften
Lidar	Lichtdetektion und Abstandsmessung

ML	maschinelles Lernen
NASA	National Aeronautics and Space Administration
NDVI	normalisierten differenzierten Vegetationsindex
NIR	nahe Infrarotspektrum
OSI	Open-Systems-Interconnection
PPL	Private Pilot Licence
ROS	Robot Operating System
RTK	Echtzeitkinematik
SI	Schwarmintelligenz
SUSD	Speeding-Up und Slowing-Down
UAM	Urban Air Mobility
UAV	Unmanned Aerial Vehicle
UML	Unified Modelling Language
UTM	Unmanned aircraft system Traffic Management
UWB	Ultra-Breitband-Technologie

Abbildungsverzeichnis

Abbildung 1.1	Einsatzbereiche als Türöffner für Drohnenschwärme	2
Abbildung 2.1	Fundamente der Missionsplanung autonomer Drohnenschwärme	8
Abbildung 2.2	Gründe für Drohnenschwärme	10
Abbildung 2.3	Akteure des Drohnenschwarm und seine Merkmale	12
Abbildung 2.4	Erstes unbemanntes Fluggerät Kettering Bug	13
Abbildung 2.5	Risikoklassifizierung im operationellen Flugwesen	16
Abbildung 2.6	Entwicklungsprozess eines Flugzeugprogrammes	17
Abbildung 2.7	Schrittweiser Überflug projektierter Flugbereiche	27
Abbildung 2.8	Fragmentierung großer Areale mit differenzierten Detailgraden	28
Abbildung 2.9	Wechselseitiger Schwarmflug	30
Abbildung 2.10	Trägheit eines Quadrokopters	32
Abbildung 2.11	Startvorgang eines Quadrokopters	40
Abbildung 2.12	Systeme zur Steuerung der Einzeldrohne	41
Abbildung 2.13	Paradigmen der Kommunikation zur Schwamsteuerung	42
Abbildung 2.14	Schwarmansatz Anführer mit Nachfolger	43
Abbildung 2.15	Varianten der Anführer Nachfolger Struktur	44
Abbildung 2.16	Schwarmansatz virtuelle Struktur	46
Abbildung 2.17	Schwarmansatz verhaltensbasiert	47
Abbildung 2.18	Schwarmansatz mit Potentialfeld	48

Abbildung 2.19	Kosten Luftaufnahmen mit Satelliten, Flugzeug und Drohnen	53
Abbildung 2.20	Felder mit Spots werden durch spezialisierte Maschinen bewirtschaftet	55
Abbildung 2.21	Charakteristika digitaler Zwillinge für landwirtschaftliche Anwendungen	60
Abbildung 2.22	Architektur eines UTM-Systems	66
Abbildung 2.23	Vertikale Flugbereiche in städtischen Bereichen	67
Abbildung 2.24	Basiselemente einer Luftraumstruktur	68
Abbildung 2.25	Flugstreifen mit Kreuzungen und Verkehrssteuerung	69
Abbildung 2.26	Beispiel einer Luftraumstruktur	70
Abbildung 3.1	Konzepte zur Analyse von Drohnenschwarmsystemen	74
Abbildung 3.2	Rollenmodell der Akteure des Drohnenschwarms	77
Abbildung 3.3	Fernpilot	77
Abbildung 3.4	Bodenstation	79
Abbildung 3.5	Fernsteuerung	80
Abbildung 3.6	Einzeldrohne	81
Abbildung 3.7	Drohnenschwarm	82
Abbildung 3.8	Anwendungsfälle der Akteure im Schwarm	85
Abbildung 3.9	Teilaspekte einer Simulationsumgebung	92
Abbildung 3.10	Risiko Kurzdistanz zu Personen, Objekten und beweglichen Hindernissen	94
Abbildung 3.11	Risiko Wetterbedingungen und atmosphärische Strahlung	96
Abbildung 3.12	Risiko fehlerhafte Kommunikation bei Paketverlust durch Last	97
Abbildung 3.13	Bestandteile einer schwarmfähigen Drohne	98
Abbildung 3.14	Flugcontroller	99
Abbildung 3.15	Lokalisierungsmodul	101
Abbildung 3.16	Kommunikationsarchitektur für den Schwarm	104
Abbildung 3.17	Elektromagnetisches Spektrum des Lichtes	108
Abbildung 3.18	Entwicklung von Software für die Luftfahrt im V-Zyklus	113
Abbildung 3.19	Flugverkehrsstrecken (ATS-Routes) und Free Route Airspace (FRA)	117
Abbildung 3.20	Racing-Parcour automatisierter Drohnenflug	122

Abbildungsverzeichnis

Abbildung 4.1	Entwicklung der Prozessarchitektur anhand von Fallbeispielen	125
Abbildung 4.2	Prozess Flugvorgang starten	126
Abbildung 4.3	Iterative Vorgehensweise zur Drohnenentwicklung	128
Abbildung 4.4	Prozesslandkarte der Prozessarchitektur zur Schwarmentwicklung	133
Abbildung 4.5	Missionsplanung über Prozessaktivitäten	136
Abbildung 4.6	Entwicklungsprozesse für ein Schwarmsystem	139
Abbildung 4.7	Betriebsprozesse für den Drohnenschwarm	141
Abbildung 4.8	Abstandsmessung im Parallelflug	144
Abbildung 4.9	Abstandsmessung im Kreuzflug	145
Abbildung 4.10	Abstandsmessung im Trapezflug	148
Abbildung 4.11	Systemcheck Kollisionsvermeidung in der Formation	150
Abbildung 4.12	Simulation Testumgebung	151
Abbildung 4.13	Schematischer Aufbau Hardware-in-the-Loop-Test	153
Abbildung 4.14	Kollisionsvermeidung durch Distanzmessung	154
Abbildung 4.15	Digitales Orthophoto Testgebiet Sportplatz	156
Abbildung 4.16	Testgebiet landwirtschaftliche Fläche	157
Abbildung 4.17	Mobile RTK-Bodenstation mit Steuertisch, Notfallsteuerung und Wartungsfläche	158
Abbildung 4.18	Hochauflösende 3D-Punktwolke einer landwirtschaftlichen Fläche mit Baum	159
Abbildung 4.19	Grafische Darstellung der Simulationsumgebung	162
Abbildung 4.20	Simulationsparcours zur Schwarmkoordinierung	163
Abbildung 4.21	Flugkorridor für Komplexversuche und Verkehrsoptimierung	165
Abbildung 4.22	Kreuzungskorridore zur Identifizierung von Verkehrsregeln	166
Abbildung 4.23	Forschungsdrohne Typ CC 9	168
Abbildung 4.24	Industriedrohne Typ Mavic 3T EU und 3M EU	171
Abbildung 4.25	Schlagartiger Höhenänderung	175
Abbildung 4.26	Zunahme Vibrationensverhalten	176
Abbildung 4.27	Rendering Verarbeitungskette ODM	178
Abbildung 4.28	Anzahl Gemeinsamkeiten zwischen Bildern	179
Abbildung 4.29	Höhenklassifizierung im digitalen Geländemodell	180
Abbildung 4.30	Basisformationen im Drohnenplatoon	181
Abbildung 4.31	UWB-Kommunikation zwischen Drohne und Bodenstation	181

Abbildung 4.32	MAVLink v2 Datenpaket mit variabler Payload	182
Abbildung 4.33	MAVLink-Message zur Ansteuerung mehrerer Drohnen	183
Abbildung 4.34	HIL Komponenten im UWB-Testaufbau	184
Abbildung 4.35	UWB-Testaufbau	184
Abbildung 4.36	UWB-Messinterface	185
Abbildung 5.1	Fundamente der Missionsplanung autonomer Drohnenschwärme	188
Abbildung 6.1	Von den Grundlagen des Schwarmfluges bis zur Prozessarchitektur und Umsetzung	202

Tabellenverzeichnis

Tabelle 2.1	UAV Regulation in der offenen Kategorie der EASA	19
Tabelle 2.2	UAV-Automatisierungslevel aus Pilotensicht mit Schwarmeignung	25
Tabelle 2.3	Aspekte der Missionsplanung im weiteren Sinne	31
Tabelle 2.4	Vor- und Nachteile Strukturen zur Formationsbildung	51
Tabelle 2.5	Eigenschaften bei unterschiedlicher Anzahl von UAVs	57
Tabelle 3.1	Sensoriktabelle mit Studienlage	110
Tabelle 3.2	Schichtenarchitektur für Drohnenkomponenten	111
Tabelle 4.1	Technische Daten Forschungsdrohne CC 9	170
Tabelle 4.2	Technische Daten der Mavic 3T EU und 3M EU	173

Einführung 1

Als Treiber der Entwicklung in der Luftfahrt haben unbemannte Luftfahrzeuge (Unmanned Aerial Vehicle (UAV)s) eine große Bedeutung erlangt [1, 2]. Zusammen in einem Schwarm können verschiedene Aufgaben fragmentiert ausgeführt werden. Einzelne Missionsziele werden parallel durch die Bildung von Flugformationen erreicht. Im praktischen Einsatz stellen automatisierte Drohnen mit derzeit über 5.200 integrierten Flugobjekten [3] in regelmäßigen Abständen neue Rekorde auf. Mit Hilfe hoher Rechenleistung erzeugen sie durch präzise vorberechnete Choreographien dreidimensionale Figuren und können durch die Kombination mit visuellen Effekten dem klassischen Feuerwerk Konkurrenz machen. Im Gegensatz dazu bieten automatisierte Drohnen im Einzelflug und in Ad-hoc-Missionen bisher unbekannte Ansichten aus der Vogelperspektive. In der Geodäsie zur Vermessung und Kartierung unzugänglicher Gebiete und zur filmischen Unterhaltung [4] sind hochauflösende visuelle Luftbilder etabliert.

Die weitere Professionalisierung und Entwicklung automatisierter, vernetzter Drohnen fördert die Hybridisierung beider Perspektiven. Mehrere Drohnen zu einem Schwarm zu gruppieren, ermöglicht, parallel laufende Aufgaben auszuführen. Die erforderliche Flugzeit reduziert sich analog zur Anzahl der eingesetzten Drohnen [5]. Der aktuelle Entwicklungsstand im zivilen Bereich geht von relativ kleinen UAVs vom Typ Quadrocopter mit einem Gewicht von bis zu 25 Kilogramm aus. Sie bieten im Flugeinsatz die notwendige Manövrierfähigkeit und können mobil eingesetzt werden. Die Flexibilität ist mit einem Kompromiss verbunden, der sich in einem maximalen Bewegungsradius von wenigen Kilometern und einer auf eine Stunde begrenzten Flugdauer bei Verwendung elektrischer Antriebe niederschlägt [6, 7].

Die immense Bedeutung von Drohnen wird anhand der fortschreitenden Standardisierung der Modelle, der Gesetzgebungsverfahren und der Diskussion in der Bevölkerung deutlich. Im Jahr 2050 könnten Güter und Personen von 160.000

kommerziellen Drohnen transportiert werden. Dies würde ein Wachstumspotenzial von 90 Milliarden US-Dollar pro Jahr generieren [8]. Schon heute ist es das Credo, die Erfüllung der Missionsziele sicherzustellen und von der kurzfristigen Planung für den Einsatz von UAVs in bisher unzugänglichen Gebieten zu profitieren [9].

Dies kann über verschiedene beispielhafte Einsatzszenarien und darauf aufbauende Aktivitäten erfolgen, die der Schwarm im Sinne eines Fernpiloten erfüllt. Die grundsätzlichen Einsatzgebiete sind der Abbildung 1.1 zu entnehmen. Sie liegen im Bereich des Katastrophenschutzes, der Forstwirtschaft, der tierischen und pflanzlichen Landwirtschaft und der Industrie. Zur Beschleunigung der Entwicklung ist es sinnvoll, sich auf Anwendungen mit geringem Risiko zu konzentrieren, die in der konventionellen Landwirtschaft mit großen Flächen zu finden sind.

Aus der Perspektive schwarmfähiger, autonomer UAV-Systeme betrachtet, birgt Precision Farming ein enormes Potenzial, um den Raum für die Entwicklung von Konzepten, Interaktionsformen, Architekturen, Technologien und Testumgebungen zu eröffnen [10]. In komplexen Situationen können sie ausgiebig unter optimalen oder herausfordernden Bedingungen in einer Vielzahl von Situationen getestet werden. Dies kann ohne große Risiken und Gefährdungen der Umwelt geschehen. Zu den weiteren Aufgaben gehören Aspekte des Transports, der Orientierung, der Signalübertragung und der Vermeidung von Kollisionen.

Die Beobachtung und Vermessung von Feldern verwandelt sie in digitale Produktionseinheiten für Grundnahrungsmittel. Bevor die Adaption für den industriellen Bereich aus der Graswurzelbewegung heraus erfolgt, können kritische Besonderheiten identifiziert und gezielt getestet werden.

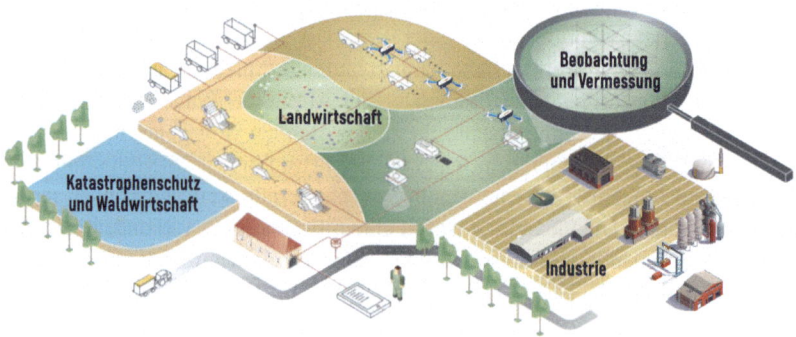

Abbildung 1.1 Einsatzbereiche als Türöffner für Drohnenschwärme [vgl. 11]

1.1 Problemstellung

Die Epoche in der Entwicklung der UAVs ist vergleichbar mit der risikoreichen Zeit um 1903, als die ersten motorisierten Propellermaschinen vom Boden abhoben und von den Pionieren der Luftfahrt gesteuert werden konnten. Im Zeitalter der digitalen Revolution sind UAVs die Kombination frei programmierbarer Flugregler mit Rotorsteuerung und vielfältig einsetzbarer Sensorik. Sie gelten als Sprunginnovation der modernen Luftfahrt. Im Gegensatz zu den frühen Flugzeugen sollen die unbemannten, autonomen Lösungen in der Lage sein, die Erwartungen in jedem Einsatzgebiet zu erfüllen. Ihr Ziel ist die Ablösung des Piloten durch Algorithmen [12]. Vom Höhepunkt des Hypes im Jahr 2013 führten technische und regulatorische Herausforderungen in ein Tal der Ernüchterung. Trotz nachlassender Dynamik sehen Wirtschaft, Gesellschaft und Politik die Herausforderungen als Wertschöpfungspotenzial [13–15].

Die Einholung von Sondergenehmigungen und die Orientierung an zum Teil nicht mehr zeitgemäßen Gesetzen behindern die Entwicklungstätigkeit. Dies schränkt die konkrete Anwendung ein [16]. Der Fokus der Anwender liegt auf der gezielten, punktuellen Definition von Szenarien. Geschulte Remote-Piloten erhalten eine maßgeschneiderte technische Ausrüstung. Im professionellen Umfeld beschränkt sich der breite Einsatz auf Missionen geringer Komplexität. Ein proaktives, flächendeckendes Screening findet nicht statt. Denn die Automatisierung als Assistenzsystem setzt rechtlich grundsätzlich das Fliegen auf Sicht voraus.

Die Entwicklung bemannter Luftfahrzeuge für den Linienbetrieb erfolgte traditionell in großen Projektkonsortien über Jahrzehnte, integrierte alle Teilkomponenten und führte zu standardisierten Modellen. Im Gegensatz dazu erfolgt die Entwicklung unbemannter UAV-Systeme innerhalb von Monaten oder wenigen Jahren häufig durch Start-ups. Die UAVs werden dann aus Standardkomponenten entsprechend den Einsatzanforderungen konstruiert, konfiguriert und zusammengebaut. Dies führt zu einer Vielzahl von Modellen und UAV-Familien.

Die Entwicklung komplexer Systeme im Zielkonflikt zwischen Flug und Risikominimierung muss den Erwartungen verschiedener Akteure gerecht werden. Während technische Ansätze agil vorangetrieben werden, ist der Gesetzgeber reaktiv gefordert. Zur Überwindung der Hemmnisse ist eine Verknüpfung der Verkehrswende im Luftverkehr notwendig. Als vorteilhaft könnte sich ein gezielter Ansatz zur gesellschaftlichen Akzeptanz erweisen, der im Einklang mit schnellen Entwicklungszyklen, Sicherheitsinteressen und Umweltaspekten steht.

1.2 Vorgehensweise

Die Arbeit beschäftigt sich mit der Missionsplanung. Sie wird als umfassendes Werkzeug verstanden, um autonome Drohnen im Schwarm als verteiltes System zu betrachten. Durch die weite Definition wird diese Disziplin in ihrer beschreibenden, gestaltenden und anwendungsorientierten Vermittlerrolle gesehen. Ausgehend von den bestehenden Herausforderungen erfordert die Weiterentwicklung im UAV-Sektor übergreifende Ansätze in mehrere Richtungen. Dieser Ansatz schafft ein breites Verständnis von UAV-Systemen, um deren Entwicklung und Einsatz in der Anwendung zu beschleunigen. Dabei werden technische Aspekte des Systemverständnisses, die Durchführung der konzeptionellen Flugplanung im Vorfeld und sicherheitsrelevante Interaktionen während der Missionsdurchführung berücksichtigt. Diese müssen im Rahmen der Untersuchung der Interaktion zwischen der Maschine und dem Remote-Piloten erkenntnisgeleitet analysiert werden.

Im Fallbeispiel des Precision Farming sind autonome Drohnen, die gebündelt in einem Schwarm eingesetzt werden, ein integraler Bestandteil für die Beobachtung und Bewirtschaftung von Flächen mit einer Größe von mehreren Hektar. Dies kann detaillierte Informationen über Bodenbeschaffenheit, Vegetationsdichte und Ertragsprognosen liefern. Moderne Landmaschinen sind mit dem Drohnenschwarm vernetzt. Sie nutzen die Daten und arbeiten auf Basis eines digitalen Zwillings im Detail einer Einzelpflanze. Landwirtschaftliche Flächen werden zum biologischen Lager im Sinne des Spot Farming. Aus wissenschaftlicher und entwicklungstechnischer Sicht eröffnet sich der Raum, präzise aufgespannte Sensorkombinationen auszuwerten und zu untersuchen. Konzepte, Algorithmen und Ansätze können im Reallabor innerhalb der risikoarmen landwirtschaftlichen Umgebung entwickelt, erprobt und getestet werden. Sie werden innerhalb der Umgebung entwickelt, getestet und evaluiert. Von der Entwicklung über die Simulation bis zum anschließenden Feldtest können die ausgewählten Aspekte im Verbund entwickelt werden. Sie werden unter idealen Bedingungen oder in ungünstigen Szenarien kontrastierend untersucht. Die Ergebnisse werden mit den Erwartungen verglichen.

Im Rahmen dieser Arbeit wird eine Prozessarchitektur entwickelt. Diese bietet beispielhafte Vorschläge und Konzepte aus der beschriebenen Perspektive. Die Evaluierung umfasst die Betrachtung der Software-Konzeption, den Hardware-in-the-Loop-Test und die Auswertung von realen Flügen, die sowohl mit Industrie- als auch mit Forschungsdrohnen durchgeführt wurden. In einem iterativen Prozess werden sowohl das gemeinsame Fliegen verbessert als auch die eingesetzten Forschungsdrohnen im Hinblick auf die Flugstabilität optimiert.

1.3 Aufbau

Die vorliegende Arbeit beginnt mit einer motivierenden Einführung in den Einsatz von Drohnen im Schwarm. Aspekte der Autonomie werden aus Sicht des Risikobewusstseins in der Luftfahrt analysiert und in den Kontext der zunehmenden Automatisierung unbemannter Fluggeräte gestellt. Die Missionsplanung wird betrachtet. Durch die Ableitung der physikalischen Eigenschaften einzelner Quadrokopter und deren Zusammenführung in einem definierten Schwarm werden die theoretischen Grundlagen für das Systemverständnis, Simulationen und praktische Flugversuche gelegt. Die Präzisionslandwirtschaft dient als Entwicklungslabor. Verfahren zur Kollisionsvermeidung und zum Verkehrsmanagement werden untersucht.

Aus dem beschriebenen Drohnenschwarm wird ein fliegendes Sensornetzwerk entworfen. Das Rollenmodell der Bodenstation wird in Interaktion mit dem Fernpiloten gesetzt. Die Simulationsumgebung wird parametrisiert und mit Testobjekten ausgestattet. Aus der Analyse werden Eigenschaften von Teststrecken entwickelt. Diese ermöglichen die Überprüfung der schwarmspezifischen Eigenschaften hinsichtlich Zuverlässigkeit und Effizienz der Mission. Aus den Ergebnissen werden Anforderungen an ein schwarmfähiges Werkzeug zur Missionsplanung abgeleitet. Die pfadbasierte Missionsplanung wird um Flugkorridore erweitert.

Eine Prozessarchitektur wird entwickelt. Sie dient als Betrachtungswerkzeug, mit dem Drohnenschwarmsysteme charakterisiert, entwickelt und eingesetzt werden können. Schrittweise wird dies anhand der Entwicklung durch Managementprozesse, Kernprozesse und Unterstützungsprozesse umgesetzt. Es werden Simulationen, Hardware-in-the-Loop-Tests und reale Flüge durchgeführt. Im Kontext der Testszenarien wird die in den Forschungsdrohnen verwendete und integrierte Hardware analysiert.

Im Ausblick werden mögliche weitere Schritte beschrieben. Die übergreifende Missionsplanung als vermittelnde Disziplin zwischen Hardwareintegration, Softwareentwicklung und der Interaktion des Systems mit dem Piloten über eine lokale Basisstation wird als Continuous Integration in zukünftig zu betrachtende Aspekte zerlegt. Die betrachtete Prozessarchitektur zur Beschreibung von fliegenden Drohnen-Schwarmsystemen wird anhand weiterer Einsatzszenarien vertieft. Es werden Hinweise auf spezifische Untersuchungsgegenstände gegeben.

Abschließend erfolgt eine inhaltliche Synthese der vorliegenden Arbeit. Dies geschieht aus Sicht der Prozessarchitektur zur Entwicklung von Drohnen-Schwarmsystemen, die auf Basis von Simulationen, Systemtests und realen Testflügen entwickelt wurde. Sie wird als Ansatz zur effizienten Systementwicklung und Charakterisierung von Drohnenschwärmen verstanden.

Open Access Dieses Kapitel wird unter der Creative Commons Namensnennung 4.0 International Lizenz (http://creativecommons.org/licenses/by/4.0/deed.de) veröffentlicht, welche die Nutzung, Vervielfältigung, Bearbeitung, Verbreitung und Wiedergabe in jeglichem Medium und Format erlaubt, sofern Sie den/die ursprünglichen Autor(en) und die Quelle ordnungsgemäß nennen, einen Link zur Creative Commons Lizenz beifügen und angeben, ob Änderungen vorgenommen wurden.

Die in diesem Kapitel enthaltenen Bilder und sonstiges Drittmaterial unterliegen ebenfalls der genannten Creative Commons Lizenz, sofern sich aus der Abbildungslegende nichts anderes ergibt. Sofern das betreffende Material nicht unter der genannten Creative Commons Lizenz steht und die betreffende Handlung nicht nach gesetzlichen Vorschriften erlaubt ist, ist für die oben aufgeführten Weiterverwendungen des Materials die Einwilligung des jeweiligen Rechteinhabers einzuholen.

Grundlagen und Stand der Wissenschaft 2

Dieses Kapitel schafft ein Verständnis für den Forschungsgegenstand durch die Einführung und Motivation der Missionsplanung von autonomen Drohnenschwärmen. Dazu wird der Begriff Schwarm anhand von Untersuchungen zur vernetzten Robotik näher beleuchtet. Aus verschiedenen Perspektiven werden Aspekte diskutiert, die für den kombinierten Einsatz von Unmanned Aerial Vehicle (UAV)s sprechen. Ein kurzer Exkurs in die historische Entwicklung vor dem Hintergrund der zunehmend automatisierten, konventionellen Luftfahrt soll ein Verständnis für die Risiken der Luftfahrt vermitteln. Im Anschluss daran werden die angepassten Automatisierungsgrade in der Luftfahrt aus der Sicht heutiger Piloten analysiert. Es wird diskutiert, inwieweit diese im Schwarmkontext ihre Relevanz behalten. Es wird ein Verständnis für die Missionsplanung mit ihren Disziplinen geschaffen.

Anschließend wird der eigentliche Drohnenflug aus theoretischer Sicht näher betrachtet. Durch Ableitungen entsteht ein Verständnis der flugdynamischen Grundlagen des unbemannten Fliegens mit Quadrocoptern. Die physikalische und mathematische Modellierung zeigt die Steuerparameter zur Beschreibung von Quadrocoptern im Schwarm. Es beginnt mit der Betrachtung von Formationen unter Berücksichtigung von Ansätzen zur Kollisionsvermeidung.

Abschließend wird in diesem Kapitel der aktuelle Stand der Forschung anhand verschiedener Konzepte betrachtet. Dabei werden die Präzisionslandwirtschaft als Entwicklungslabor für die Erprobung von UAVs, das Verkehrsmanagement für eine Vielzahl von Teilnehmern und die Entwicklungen rund um den einheitlichen europäischen Luftraum beschrieben. Insgesamt wird, wie in Abbildung 2.1 skizziert, ein fundiertes Verständnis für die nachfolgenden Konzepte, Simulationen und praktischen Flugversuche gewonnen.

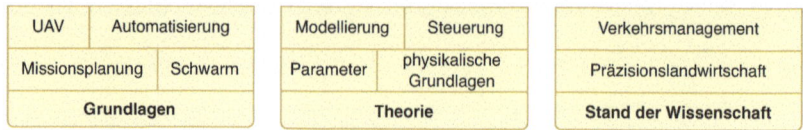

Abbildung 2.1 Fundamente der Missionsplanung autonomer Drohnenschwärme

2.1 Grundlagen
2.1.1 Motivation zum Drohnenschwarm

In der Robotik beginnt die Erforschung von Schwärmen mit Ansätzen zur Koordination einer großen Anzahl von gesteuerten, beweglichen Einheiten. Inspiriert durch das beobachtete Verhalten von Insekten wie Bienen, Ameisen oder Vögeln wurden Algorithmen entwickelt, um deren Verhalten nachzuahmen. Von ihnen ist bekannt, dass sie gemeinsam Aufgaben lösen und Hindernisse überwinden können, die für ein einzelnes Individuum oft unüberwindbar sind. Diese Fähigkeit der Schwarmintelligenz (SI) wird zunächst im Sinne der kollektiven Intelligenz [17] verstanden. Technisch führt sie über die Untersuchung und Nachbildung solcher kollektiver Verhaltensmuster zu Impulsen für die Entwicklung von Multirobotersystemen.

> „Die **Schwarmrobotik** befasst sich mit der Frage, wie eine große Anzahl relativ einfacher, physisch verkörperter Agenten so gestaltet werden kann, dass sich aus den lokalen Interaktionen zwischen den Agenten sowie zwischen den Agenten und der Umwelt ein gewünschtes kollektives Verhalten ergibt" [vgl. 18].

Die beschriebenen Schwarmsysteme sind in Anlehnung an Beobachtungen in der Natur durch funktionale, wünschenswerte Eigenschaften gekennzeichnet. Aus Sicht der Robotik werden Konstruktionen als Schwarm betrachtet, die diese Eigenschaften abdecken und jeweils möglichst umfassend erfüllen. Dazu gehören Robustheit, Adaptierbarkeit und Skalierbarkeit [19].

Diese sind im Folgenden beschrieben:

- **Robustheit:** Ein Schwarmsystem muss unabhängig von Umwelteinflüssen oder einzelnen Störungen funktionieren. Sie sind redundant aufgebaut. Der Ausfall einer Schwarmeinheit wird operativ sofort durch eine andere Einheit kompensiert und die Koordination erfolgt dezentral. Die Zerstörung einer Schwarmeinheit hat keine operativen Auswirkungen. Die einzelnen Schwarmelemente sind einfach

2.1 Grundlagen

aufgebaut und damit weniger fehleranfällig. Die Sensorik ist verteilt, was ein Schwarmsystem resistent gegen lokale Störungen der Umgebung macht.

- **Adaptierbarkeit:** Schwarmtiere sollten in der Lage sein, ihr Verhalten auf unterschiedliche Weise zu steuern. Ein Ziel in der Gruppe auf verschiedenen, gleich kurzen Wegen erreicht oder eine größere Last gemeinsam transportiert werden.
- **Skalierbarkeit:** Ein Schwarm muss in verschiedenen Gruppengrößen unabhängig funktionieren und von einer großen Anzahl von Schwärmen unterstützt werden. Dies geschieht ohne Leistungseinschränkungen. Die entwickelten Koordinationsmechanismen und Verfahren sollen die Manövrierfähigkeit des Schwarms in einem weiten Bereich unterschiedlicher Schwarmgrößen sicherstellen.

Diese Charakteristika von Schwärmen aus der automatisierten Robotik bieten einen Anhaltspunkt für einen Perspektivwechsel. Denn die erwarteten Vorteile von Schwärmen aus Sicht der UAVs ergeben sich aus der Sicht der rechnergestützten Optimierung. Es bietet sich an, die Perspektive von der Automatisierungstechnik zur Informatik zu wechseln.

Bei [20] wird der Begriff der **Schwarmintelligenz** ebenfalls ausgehend von der Betrachtung von Populationen von Individuen verstanden. Bienen, Ameisen oder Bakterien bilden die Grundlage für die Entwicklung dezentraler, kollektiver Problemlösungsansätze. Das Ergebnis kann als eine von der Natur inspirierte Sammlung von Suchtechniken verstanden werden. Dementsprechend ist die Schwarmintelligenz (SI) Teil der Computational Intelligence CI. Als Teil der Künstliche Intelligenz (KI) ist sie eine Sammlung erlernter Verfahren zur effizienten Entwicklung von Multiagentensystemen. Diese als Agenten bezeichneten Einheiten können in der Informationstechnik (IT) als miteinander interagierende Hard- oder Softwarekomponenten verstanden werden. Die vorgestellten Schwarmintelligenz-Algorithmen konzentrieren sich auf Optimierungsprobleme zwischen den Einheiten. Sie zeigen, wie durch kollektives Verhalten Lösungen über die zeitliche oder räumliche Verteilung der einzelnen Entitäten gefunden werden können.

Diese sehr analogen Charakteristika und Definitionen können eine erste Grundlage für weitere Betrachtungen darstellen. Sie bedürfen insofern einer Quantifizierung, als sie allgemein gehalten sind und nicht spezifisch die Perspektive der Luftfahrt einnehmen. Es sollte genauer spezifiziert werden, ab welcher Anzahl von Drohnen von einem Schwarm gesprochen werden kann und auf welche Dimensionen hin optimiert werden kann, um Vorteile aus dem Einsatz der Drohnen zu erzielen.

Bei der genaueren Betrachtung von Drohnenschwärmen sollten zusätzlich die Aspekte Kosten und Zeit berücksichtigt werden. Dies wird als sinnvoll erachtet, da sie hinsichtlich der fokussierten Optimierung Vorteile bieten und einen Entwicklungsunterschied zum Status Quo der Betrachtung einzelner Flugobjekte darstellen.

- **Kosten:** Die einzelnen eingesetzten Einheiten können kleiner, weniger komplex und spezifischer sein. Im automatisierten Flugbetrieb wird die Anzahl der benötigten Remote-Piloten mit Spezialkenntnissen reduziert bzw. nur noch im Bedarfsfall angefordert. Dies führt zu geringeren Anschaffungs- und Betriebskosten pro Einheit. Sie können optimiert eingesetzt werden, was zu einer längeren Einsatzdauer führt und die Anzahl der ausgebildeten Remote Piloten kann reduziert werden. Die Entitäten verursachen geringere Kosten.
- **Zeit:** Ein Schwarmsystem sollte im Vergleich zu einem Einzelsystem wenig Zeit benötigen, um die vorgegebenen Missionsziele zu erreichen.

Die Abbildung 2.2 skizziert, ausgehend von den zuvor dargestellten beschreibenden Eigenschaften von Drohnenschwärmen, nach welchen Dimensionen die Optimierung erfolgen kann. Sobald ein Schwarm als System diese Kriterien möglichst optimal erfüllt, kann er einen Entwicklungsfortschritt darstellen. Die bisherige Entwicklung, die sich auf einzelne, einander unbekannte Systeme konzentriert, wird durch den Einsatz im Schwarm auf eine neue Basis im Sinne einer Entwicklungsstufe der Drohnen gestellt.

Diese kann mit den vorhandenen Technologien und Ressourcen wesentlich effizienter umgehen. Drohnen können in Anwendungsszenarien eingesetzt werden, für die sie heute nicht geeignet erscheinen.

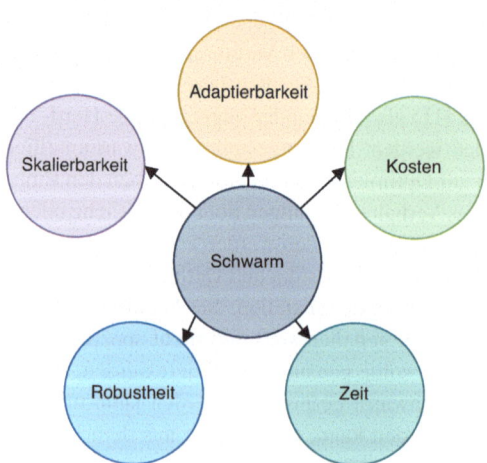

Abbildung 2.2 Gründe für Drohnenschwärme [vgl. 19]

2.1 Grundlagen

Im Sinne einer schwarmroboterspezifischen Definition geht [21] davon aus, dass bei der Realisierung spezifischer Szenarien und potenzieller Problemlösungen häufig Unklarheit darüber besteht, was einen Roboterschwarm von einer Gruppe unabhängig agierender Einzelsysteme unterscheidet. Die Schwarmrobotik bietet einen Ansatz zur Koordination mehrerer Roboter. Bei einer großen Anzahl von meist einfachen physischen Robotern wird der Schwarm durch kooperatives Verhalten als ein einziges kohärentes System zur Zielerreichung betrachtet. Diese Sichtweise ist nicht zutreffend, wenn die Frage offen bleibt, ab wann von einer großen Anzahl gesprochen wird und was genau die Folge der Integration einzelner, sehr komplexer Teilnehmer im Sinne der Diskussion sein kann.

Vielmehr stellen moderne und zukünftige Schwärme bereits aus heutiger Sicht hochentwickelte Systeme dar, wenn ihre Rechenleistung, die Qualität der Sensorik und die Steuerungsparadigmen stetig zunehmen. In Zukunft werden universell einsetzbare, leistungsfähige Schwarmsysteme entstehen, die sowohl bodengestützte Roboter als auch fliegende Drohnen als Teil einer größeren heterogenen Gruppe umfassen. Zudem sind Schwärme nicht zwangsläufig durch eine hohe Anzahl von Subsystemen gekennzeichnet, wenn einerseits in der Natur bereits wenige Vögel im Schwarm fliegen und in der Forschung Schwarmkonzepte bereits ab 3 Robotern bekannt sind [22, 23].

„Ein **Roboterschwarm** ist eine Gruppe von drei oder mehr Robotern, die Aufgaben kooperativ ausführen, während sie nur limitiert oder nicht durch menschliche Operatoren gesteuert werden." [vgl. 21].

Im Zusammenhang mit dieser Schwarmdefinition ist es notwendig, die Begriffe Roboter, Aufgabe, Kooperation, begrenzte Steuerung und menschliche Operatoren innerhalb der Definition genauer zu definieren:

- **Roboter:** Ein mechanisches Gerät mit der Fähigkeit eine Variation von Aufgaben auszuführen, welche durch einen Katalog von vorgegebenen oder übermittelten Instruktionen definiert sind.
- **Aufgabe:** Ein minimales Fragment der zu verrichtenden oder zu übernehmenden Arbeit.
- **Kooperation:** Eine Art der gegenseitigen Unterstützung, um ein gemeinsames Ziel zu erreichen. Diese Unterstutzung kann zufällig oder ausdrücklich beabsichtigt sein. Implizite Kooperation erfordert nicht notwendigerweise Kommunikation oder Koordination zwischen den Einheiten.
- **Limitierte Steuerung:** Der Schwarm als Ganzes wird ohne oder nur durch eine einzige Kontrollstation beeinflusst. Diese Basisstation steuert nicht die

individuellen Bewegungen der einzelnen Schwarmteilnehmer, sondern das Gesamtverhalten des Schwarms.

- **Menschliche Operatoren:** Eine Person oder ein Team von Personen, die persönlich über eine Kontrollstation Einfluss auf einen Schwarm nehmen.

Diese Definition hat den Vorteil, dass sie die Wurzeln der Robotik benennt und praktisch auf der vorhergehenden Betrachtung aufbaut. Sie bezieht sich explizit sowohl auf bodengebundene Systeme als auch auf luftgestützte Drohnen sowie auf Kombinationen aus beiden. Durch die Ersetzung des Begriffs des Roboters durch das UAV und die Umbenennung des Operators zum Fernpiloten kann in der Betrachtung vom Drohnenschwarm ausgegangen werden.

„Als **Unmanned Aerial Vehicle (UAV)** wird eine zusammengestellte Kombination aus frei programmierbaren Flugcontrollern mit Rotorregelung und einer Vielzahl einsetzbarer Sensoren bezeichnet [12]."

Für den praktischen Einsatz in der Drohnen-Detektion hat die DIN wie folgt definiert:

„Ein **Drohnenschwarm** ist eine Gruppe von drei oder mehr Drohnen (UAVs), die Aufgaben kooperativ ausführen. Die Kooperation kann im Fluge durch die Drohnen aufgrund vorgegebener Regeln untereinander, durch koordinierte Steuereingaben der Fernpiloten während des Fluges oder vor dem Flug durch eine koordinierte Planung der zu fliegenden Missionen geschehen [24]."

In Abbildung 2.3 werden anhand der aufgestellten Definition die beteiligten Akteure Fernpilot, Kontrollstation und der Drohnenschwarm dargestellt.

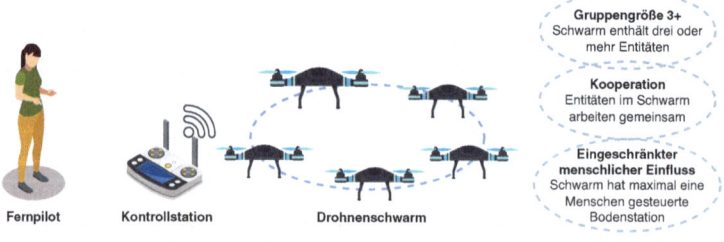

Abbildung 2.3 Akteure des Drohnenschwarm und seine Merkmale [vgl. 12, 21, 25]

2.1.2 Historische Aspekte der Autonomie und Risikobewusstsein im Flugwesen

Der Luftverkehr lebt von den Entwicklungen der großen Pioniere der Luftfahrt. Wie Leonardo da Vinci (1452–1519) oder Otto Lilienthal (1890–1896) beschäftigten sie sich ihr Leben lang mit der Beobachtung des Flugverhaltens von Insekten und Vögeln. Dabei erkannten und beschrieben sie Vorgänge und Grundgesetze der Strömungslehre, die dem Fliegen zugrunde liegen. Durch Vortrieb, Auftrieb, Schwerkraft und Widerstand entsteht bei ausreichender Luftströmung eine Sogkraft nach oben. Die Tragflächen oder Rotoren eines Luftfahrzeuges mit Materialien, die schwerer als Luft sind, beginnen zu fliegen [26–28].

Auf dieser Grundlage haben Erfinder wie die Gebrüder Wright (1867–1948) oder Ferdinand von Zeppelin (1838–1917) den technischen Fortschritt im Maschinenbau vorangetrieben und Fluggeräte entwickelt. Durch das Zusammenspiel von stärkeren Motoren, energiereicheren Treibstoffen, hoher Stabilität bei gleichzeitiger Leichtbauweise der Fluggeräte und instrumentierten Kontrollmöglichkeiten konnten Fluggeräte stetig verbessert werden. Der Amerikaner Lawrence Sperry (1892–1923) entwickelte 1914 unter Lebensgefahr den ersten Autopiloten, den künstlichen Horizont und das Prinzip des Einziehfahrwerks. Nicht selten kam es zu schweren Unfällen mit Personenschäden, weil die Bautenzüge nicht funktionierten [29]. Der Wagemut führte 1917 zum unbemannten Ketting-Bug-System, das in der Abbildung 2.4 dargestellt ist. Um 1924 erfolgte mit der Curtiss F-SL der funkferngesteuerte Flug. 1942 wurden die Drohnen BG-1 und TDR-1 verwendet, um ein Schiffswrack aus großer Entfernung zu zerstören [30]. 1960 wurde mit dem Gyrodine QH-50A der erste unbemannte Hubschrauber für Beobachtungszwecke eingesetzt.

Abbildung 2.4 Erstes unbemanntes Fluggerät Kettering Bug [28]

In der konventionellen Luftfahrt entwickelten sich aus diesen Anfängen Verkehrsflugzeuge für den Transport von Personen und Gütern. Die Cessna 172, die Piper PA-28 und die Antonow An-2 als Kleinflugzeuge. Die Komplexität, zuverlässige Langstreckenflugzeuge zu bauen, führte zu Firmenkonsortien wie Lockheed Martin, Raytheon Technologies, Boeing oder Airbus. Bekannt sind die Boeing 737, die A320-Reihe von Airbus und die Bombardier Global 6000, die mit mittelgroßen und großen Flugzeugen einen Großteil des Passagier- und Frachtverkehrs abdecken [31].

Frachtflugzeuge unterscheiden sich von herkömmlichen Flugzeugen durch ein zusätzliches Transportsystem im Hauptdeck und mehrere größere Bugtore für effizientere Ladevorgänge. Große Schwerlastflugzeuge wie der Airbus A300–600ST, die Beluga XL oder die Boeing 747 LCF sind Spezialanfertigungen mit einer größeren Ladefläche ohne Zwischendeck und Temperatur- und Druckausgleich für die Piloten. Sie transportieren bis zu 47 Tonnen Nutzlast und benötigen daher besonders verdichtete Landebahnen für die Landung [32, 33].

Hubschraubermodelle wie der Eurocopter Tiger oder der Airbus H135 werden für den flexiblen Flugeinsatz in Randlagen, bebauten Gebieten und für anspruchsvolle Flugmanöver eingesetzt. Unbemannte Luftfahrzeuge waren in der Vergangenheit oft Marschflugkörper und für weite Entfernungen oft militärischer Natur. Bekannte Beispiele sind die Aufklärungsdrohnen CL-289, RQ-4 Global Hawk, Heron oder Luna. Sie werden von Bodenstationen aus gesteuert und in Gefahrensituationen eingesetzt, um Informationen aus unzugänglichen Regionen zu gewinnen [28].

Diese Entwicklung von den Anfängen des Verständnisses der Fliegerei bis zur immer höheren Komplexität der Fluggeräte hat in der historischen Betrachtung zu zahlreichen Abstürzen geführt. Diese können auch heute nicht gänzlich ausgeschlossen werden. Bei Airbus wurde beispielsweise ab 1980 mit dem A320 die elektronische Flugsteuerung als Fly-by-Wire eingeführt, bei der Steuerbefehle über einen Datenbus an Aktuatoren übertragen werden. Diese bewegen die tragenden Strukturen und automatisieren das gesamte Flugzeug. Zeitweise führen diese Einflüsse der Steueralgorithmen mit höherer Priorität gegenüber dem Piloteneingriff zu potentiellen Abstürzen [31]. Bei der Boeing 737 MAX führte das fehlerhafte MCAS-System zu Abstürzen, obwohl es den hohen Auftrieb der LEAP-Triebwerke bei Anstellwinkeln über 14° begrenzen sollte [34].

2.1 Grundlagen

Im Ergebnis hat sich in der Luftfahrt eine traditionell offene Fehlerkultur und Diskussion von Missständen nach internationalen Verfahren etabliert [35]. Technische Aufklärung bieten Flugschreiber, die jederzeit Telemetrie- und Kontrollinformationen aufzeichnen. Flugsicherungssysteme ermöglichen die Verfolgung von Luftfahrzeugen und die Verkehrslenkung in Gebieten mit hohem Luftverkehrsaufkommen erfolgt durch die lokale Flugsicherungsbehörde mittels speziell eingerichteter Kontrolltürme [31].

Bei der Bewältigung der unvermeidbaren Herausforderungen im Flugbetrieb wird aufgrund der hohen Anforderungen und der Vielzahl der zu berücksichtigenden Risiken eine operative Kategorisierung vorgenommen. Diese ist in der Abbildung 2.5 schematisch dargestellt. Sie beeinflussen in hohem Maße jeden Aspekt des angewandten Flugbetriebes. Von der Entwicklung der Flugzeugmodelle über die Gestaltung der Umgebung und den Bau eines Flugplatzes bis hin zum operativen Flugbetrieb werden alle Aspekte der Risikobewertung [36] einbezogen.

Das Hauptaugenmerk liegt dabei auf den für den Flugbetrieb relevanten Sicherheitsrisiken, während alle anderen Risiken einen indirekten Einfluss auf die Entwicklung und den Betrieb von Luftfahrzeugen in der Luftfahrt haben. Bei Flugzeugen können Personen am Boden den Betrieb behindern, z. B. durch unbefugte Bewegungen in der Nähe der Landebahn. Andere Flugobjekte können durch Abdrift Bewegungsanomalien verursachen und das Flugverhalten beeinflussen, so dass die Steuerung erschwert wird. Dies gilt insbesondere im Bereich kritischer Infrastrukturen. Zu den sonstigen Risiken zählen Aspekte, die sich aus dem Eigentum am Luftfahrzeug ergeben. Gespräche in und Kommandos an die Maschine sollten vertraulich sein, um Manipulationen von außen zu verhindern. Bei den Risiken der Flugsicherheit geht es um die Sicherstellung der jederzeitigen Flugbereitschaft. Sind ungeeignete Stoffe an Bord, müssen besondere Sicherheitsvorkehrungen getroffen werden. Bei den Umweltrisiken handelt es sich um unvorhergesehene Wetterbedingungen und verwendete Betriebsstoffe, die zu Umweltschäden führen können [33, 37].

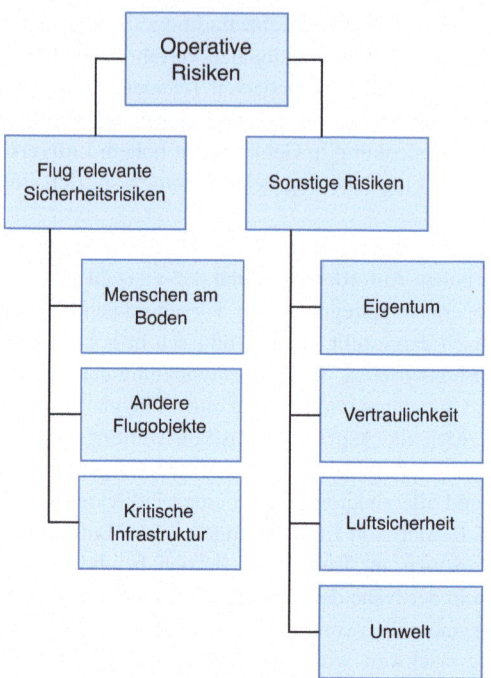

Abbildung 2.5 Risikoklassifizierung im operationellen Flugwesen [vgl. 36]

Daraus ergeben sich hohe Anforderungen an die Sicherheit und die ständige Flugbereitschaft, um den Flugbetrieb wirtschaftlich zu gestalten. Dies macht Flugzeuge und deren Entwicklung zu komplexen und langwierigen Prozessen. Bei Airbus hat dies zu einer Beteiligung europäischer Staaten an der Eigentümerstruktur und zu sehr langfristigen Investitionen geführt. Denn Zuverlässigkeit ist ein integraler Bestandteil des Entwicklungsprozesses von Flugzeugen. Langfristige Entwicklungszyklen mit Top-to-Bottom-Ansätzen führen zu aufeinander aufbauenden Entwicklungsphasen für Flugzeuge, die in Abbildung 2.6 dargestellt sind [33].

Aus der industriereifen Grundlagenforschung werden erste Produktideen und Zwischenergebnisse zusammengetragen, um zu einer initialen Definition zu gelangen. Diese werden weiter verdichtet und formal in eine Initialspezifikation überführt. Als Konzept ist dies für den Designentwurf im autorisierten Angebot an potenzielle Kundengruppen sinnvoll. Die Ergebnisse werden im Entwurf eingefroren. Aus den detaillierteren Festlegungen werden Baugruppen prototypisch entwickelt und zu

2.1 Grundlagen

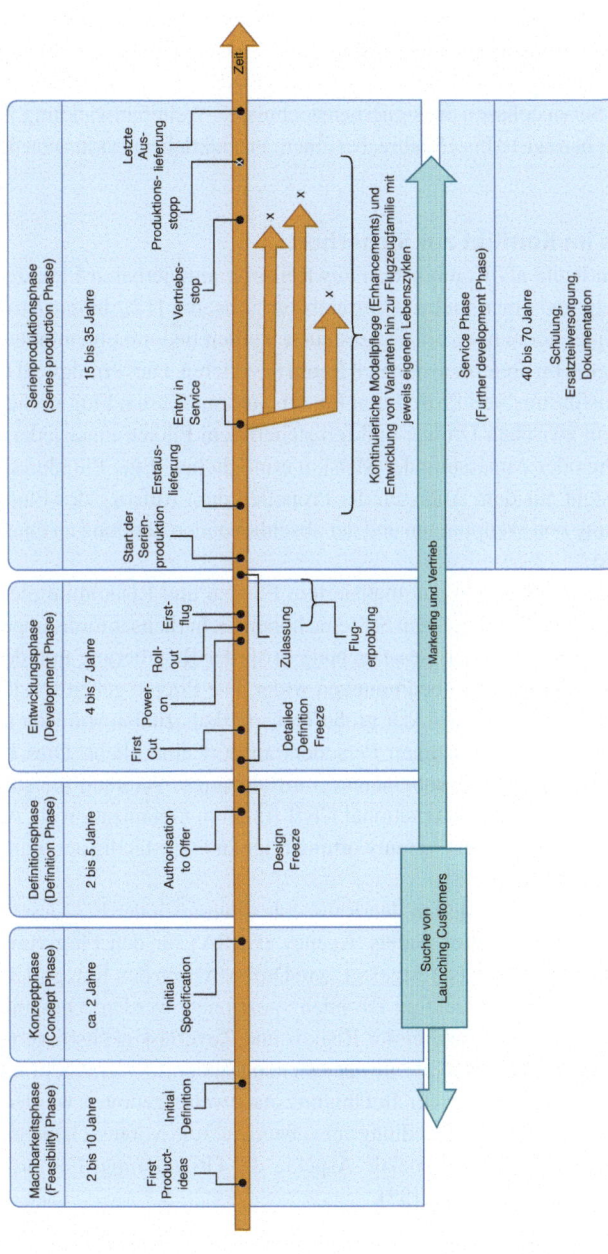

Abbildung 2.6 Entwicklungsprozess eines Flugzeugprogrammes [vgl. 33]

flugfähigen Prototypen zusammengefügt. Das Zulassungsverfahren für die Serienfertigung umfasst eine Reihe von Testflügen. Während der Serienproduktion erfolgt die kontinuierliche Entwicklung von Schwestermodellen und in Kombination mit langfristigen Servicephasen die sicherheitstechnische Weiterentwicklung. Die Entwicklungszeit beträgt 10 bis 15 Jahre, bei einem Produktlebenszyklus von 35 Jahren [31, 33].

Autonomie im Konflikt zur Sicherheit

UAVs agieren heute als Kombination aus frei programmierbaren Flugreglern mit Rotorsteuerung und einer Vielzahl einsetzbarer Sensoren [12]. In der Ausführung als Quadrocopter können sie präzise gesteuert werden und mit einem hohen Automatisierungsgrad im dreidimensionalen Raum navigieren. Dies ermöglicht die Definition und Ausführung von Prozeduren für den automatisierten Flug in Sichtweite. Die Interaktion zwischen Drohne und fernsteuerndem Piloten muss jederzeit eine Unterbrechung oder Anpassung der Mission ermöglichen. Eine Flugdurchführung für UAVs besteht aus dem Anlassen der Propeller, dem Aufstieg des Flugobjekts, der Ansteuerung von Wegpunkten und der abschließenden Landung an einem zuvor definierten Ort.

Im Zielkonflikt zwischen automatisiertem Fliegen und Risikominimierung für die Umwelt müssen die komplexen Systeme hohen Sicherheitsanforderungen genügen. Dies spiegelt sich in der Gesetzgebung [16], der Regulierung und den versicherungstechnischen Rahmenbedingungen wider. Die Piloten gehen seit jeher von einem anderen Blickwinkel aus, der große Transportkapazitäten von weit über 500 Kilogramm und den regelmäßigen Personentransport einschließt. Dies führt zur Diskussion über vollständig unbemannte Luftfahrzeuge. Während gleichzeitig in starkem Kontrast dazu die International Civil Aviation Organization (ICAO) definiert, dass immer der Pilot die Verantwortung trägt und vollständig autonome Flüge derzeit nicht erlaubt sind [38].

Dieser Ansatz spiegelt sich in den Rahmenbedingungen der EU-Gesetzgebung der European Union Aviation Safety Agency (EASA) für den Flug von kleinen UAVs bis 25 kg wider. Dort ist festgelegt, wie Drohnen nach den Kategorien offene, spezielle und zulassungspflichtige Drohnen spezifiziert werden. Dies bildet den technischen Rahmen, der sich an der Risiko- und Zuverlässigkeitsbewertung orientiert. Es wird geregelt, wie sie in der offenen Kategorie von einem einzelnen Remote-Piloten nach Erwerb der Befähigungsnachweise geflogen werden dürfen [39]. In Tabelle 2.1 werden Handlungsanweisungen zum vorausschauenden Fliegen, sicherheitspolitische und soziale Aspekte der Orientierung, Fernortung und Persönlichkeitsrechte behandelt [38].

2.1 Grundlagen

Der gleichzeitige Schwarm mehrerer Drohnen ist in engen Grenzen möglich, wenn im Einzelfall eine Sondergenehmigung in der speziellen Kategorie für den eingesetzten Drohnentyp in dem zuvor spezifizierten Fluggebiet erteilt wurde [40–42]. Der Ansatz in der offenen Kategorie, für jede eingesetzte Drohne einen eigenen Remote-Piloten zu benennen, ist bei begrenzter Verfügbarkeit von ausgebildeten Remote-Piloten unwirtschaftlich [4]. Im Versicherungsbereich ist es nur möglich, eine bestimmte Anzahl von Drohnen gleichzeitig in der Luft zu betreiben [43]. Für den Betrieb von Drohnenschwärmen können angepasste Drohnen-Standardszenarien, Normen und Gesetze hilfreich sein [44].

Tabelle 2.1 UAV Regulation in der offenen Kategorie der EASA [39, 45]

UAS-Regeln	A1 Nahe Menschen		A2 > 30 m Distanz zu Menschen	A3 > 150 m Weit von Menschen entfernt	
UAS-Klassen	C0	C1	C2	C3	C4
Max. Abfluggewicht	< 250 g	< 900 g	< 4 kg	< 25 kg	< 25 kg
Max. Geschwindigkeit	19 m/s	19 m/s	-	-	-
Max. Höhe	120 m	120 m / Einstellung	120 m / Einstellung	120 m / Einstellung	-
Höhenmesser	nein	ja	ja	ja	nein
Identifizierungs-ID	nein	ja	ja	ja	nein
Geofencing	nein	ja	ja	ja	nein

Gleichzeitig sind Drohnen für die Landwirtschaft zur Verteilung von Düngemitteln automatisiert in der Lage, ein abgegrenztes Gebiet fernab ziviler Risikofaktoren zu befliegen und dabei größere Hindernisse wie Bäume autonom zu umfliegen. Sie können für den spezifischen Anwendungsfall dem Automatisierungsgrad vier zugeordnet werden. Das heißt, sie koordinieren sich dezentral durch gemeinsame Ortung auf Basis verfügbarer RTK-GNSS, arbeiten aber im Einzeldrohnenbetrieb mit getrennten Steuereinheiten [46].

Für den Schwarmbetrieb sind geringe technische Modifikationen am eingesetzten System erforderlich. Dazu gehören softwareseitig die Definition einer gemeinsamen Basisstation, Hardwareerweiterungen für die kooperative Kommunikation im Schwarm, fragmentierte Flugpfade und die Zusammenführung im Sammeldatenhub [47]. Dies zeigt, wie die technische Entwicklung beschleunigt zu zuverlässigen Flugobjekten führt und wo regulatorische Hürden den Einsatz im Schwarm einschränken. Denn es besteht Unsicherheit darüber, inwieweit Zuverlässigkeit und Sicherheitsgarantien in risikoreicheren Einsatzszenarien erfüllt werden können [42].

2.1.3 Automatisierung unbemannter Fluggeräte

Die schrittweise technische Weiterentwicklung der Hard- und Softwarekomponenten für den Drohnenflug zur Erhöhung der Autonomie ermöglicht den Einsatz im Schwarm. Risiken manifestieren sich seltener. Dazu müssen Qualität, Zuverlässigkeit und Datenverarbeitungsleistung der Systemkomponenten, insbesondere der Sensorik, gesteigert und evolutionär erweitert werden. Die Überwachung und Steuerung mehrerer UAVs gleichzeitig wird für den Remote-Piloten erst dadurch möglich, dass seine Aufgaben der Systemüberwachung und des jederzeit möglichen regulierenden Eingriffs mit zunehmendem Automatisierungsgrad heuristisch durch das Schwarmsystem UAVs [48] übernommen werden. Im hochautomatisierten Flug bedeutet dies im Zenit der Entwicklung die vollständig autonome Interaktion des UAVs mit allen Situationen der Umwelt. Dies bedeutet, dass alle Aktionen ohne Eingriff eines menschlichen Piloten durchgeführt werden können und die Verantwortung für die Behandlung von Anomalien beim Fluggerät [49] liegt.

Was diese Annahmen aus technischer Sicht für eine eingesetzte Drohne tatsächlich bedeuten können, soll untersucht werden. Für den automatisierten Flug sammeln verschiedene Lagesensoren wie Beschleunigungsmesser, Kompass, Luftdruckmessung und Ortungssysteme kontinuierlich Daten und bereiten diese für die Verarbeitung auf. Auf dieser Basis können die Fluggeräte ihren Zustand und ihre Lage in der Luft ständig überwachen. Dies sichert die Flugstabilität und die Wendigkeit der Drohne. Solche Systeme halten über den internen Steuerrechner ihre Position, kontrollieren die Flughöhe, kennen die Flugrichtung, kompensieren in Echtzeit Störungen durch Wind und erkennen Hindernisse [50]. Die Messwerte werden durch Sensorfusion mit spezialisierten Kalmanfiltern [51] zusammengeführt und dienen als Grundlage für Entscheidungsprozesse [12]. Auf Basis dieser Prozesse bewegen sich die UAVs im dreidimensionalen Luftraum entsprechend der veränderlichen Flugparameter. Es kommen Steueralgorithmen zum Einsatz [52]. Sie

2.1 Grundlagen

agieren mit minimalen Steuerungsinteraktionen über den Kontakt zur Bodenstation [53]. Zukünftig soll dies autonom ohne menschlichen Eingriff möglich sein.

Um den Fokus von der Technik auf den Piloten zu lenken, kann davon ausgegangen werden, dass dieser die Drohne auf verschiedene Arten von außen steuern kann. Dazu sendet er über das Telemetriemodul vereinfachte Kommandos an die Drohne. Bei hochautomatisierten Drohnen sind dies Befehle zum Starten, Pausieren, Fortsetzen oder Beenden von Flugroutinen [54]. Bei der manuellen Steuerung handelt es sich zunächst nur um die Drehzahlverstellung der Motoren an den Rotorblättern. Als übliche Automatisierungsroutinen aus Sicht der Steuerung sind zumindest eine Automatisierung der Höhenstabilität oder die Einhaltung einer konstanten Flugrichtung zu nennen [54, 55].

Zur besseren Bewertung schlägt die European Cockpit Association (ECA) vor, die von der SAE in der Norm SAE J3016 [56] für den Automobilbereich verwendeten sechs Automatisierungsstufen aufzugreifen und für den unbemannten Flugbetrieb zu adaptieren [49]. Die Automatisierungsstufen 0 bis 3 zielen auf Remote Pilots mit traditionellen Fähigkeiten zur Steuerung von Flugobjekten, wie sie bis zum Erwerb der Verkehrspilotenlizenz Airline Transport Pilot Licence (ATPL) gelten. Die Automatisierungsstufen 4 und 5 gehen von einem Mission Commander aus, der in Stufe 4 die Kenntnisse der Privatpilotenlizenz Private Pilot Licence (PPL) mit der Erweiterung der Kunstflugkompetenz umfasst. Sie sehen den Automatisierungsgrad von UAVs in der ferngesteuerten Luftfahrt als wichtigen Faktor für deren Effizienz und die Sicherheit der Flugobjekte im Einsatz. Daher muss es einen formalisierten Prozess geben, der den sicheren und zuverlässigen Betrieb des UAV-Systems sicherstellt. Dies kann durch artifizielle Intelligenz (AI) und maschinelles Lernen (ML) unterstützt werden.

Die Systeme sollten folgende Eigenschaften besitzen:

- Open-Source-Code
- Protokolle der Lernschritte des Systems
- Logdaten der Systemverhaltensweisen

Die fliegerischen Anforderungen der ECA orientieren sich an den heutigen Passagierflugzeugen. Sie sind für den absolut ausfallsicheren Personentransport und hohe Transportkapazitäten ausgelegt. Unbemannt bedeutet in diesem Zusammenhang, dass die Anwesenheit eines ausgebildeten Piloten im Flugbetrieb zunehmend entfällt. Dieser Aspekt wird bei der Betrachtung traditioneller Flugzeugentwicklungsprozesse berücksichtigt. Dementsprechend sind für den Einsatz der hier betrachteten Kleindrohnen in risikoärmeren Umgebungen deutlich geringere Anforderungen an den Piloten zu stellen. Insbesondere die ersten vier Automatisierungsstufen sind als

Flugmodi in gängigen Drohnen im Einsatz, waren aber ursprünglich aufeinander aufbauende Entwicklungsschritte [28].

Es handelt sich dabei um Erfahrungen mit den Eigenschaften des Fluggeräts und Erkenntnisse über das korrekte Flugverhalten nach geltendem EU-Recht [39]. Wie im Modellflug sind Geschicklichkeit, Schnelligkeit und situationsgerechtes Verhalten die Hauptaspekte [57]. Diese kognitiven Leistungen steigen durch die Interaktion im Schwarm insofern, als manuelle Steuerung unmöglich wird [58], der Automatisierungsgrad schneller zunimmt und die Anforderungen an Remote-Piloten für diese Art der Steuerung zukünftig in der Mitte beider Dimensionen liegen werden.

Im Folgenden werden die jeweils aufeinander aufbauenden Automatisierungsstufen aus aktueller Einsatz- und Forschungsperspektive hinsichtlich der Aufgabenverteilung in der Mensch-Maschine-Beziehung analysiert. Dabei wird die Eignung und bereits erfolgte Anwendung für den Drohnen-Schwarmbetrieb diskutiert.

0. **Manuelle Kontrolle:** In dieser Kategorie ist das UAVs vollständig auf die Steuerung durch den Menschen angewiesen. Es gibt keine Automatisierung, das Flugobjekt behält die vorgegebenen Einstellungen bei. Der Fernpilot muss das UAVs manuell mit einem Fernbedienungsgerät steuern und jede Bewegung des UAVs manuell überwachen. Die Drehzahl und damit der Schub der Rotoren wird direkt gesteuert. Dies ist für den Fernsteuerpiloten sehr anspruchsvoll, erfordert ein hohes Maß an Erfahrung und idealerweise Kenntnisse über die Konstruktion des Flugobjektes. Diese Technik findet sich bei sehr alten selbstgebauten Drohnen auf Modellflugplätzen und im Bereich der Renn-Drohnen. Mit der Drohne können sehr robuste und wendige Flugmanöver durchgeführt werden. Für den Schwarmbetrieb ist dieses Verfahren nicht geeignet [28, 54].
1. **Pilotiert-automatisierte Kontrolle:** Ab dieser Kategorie werden UAVs immer durch eine Kombination aus menschlicher Steuerung und automatischen Funktionen gesteuert. Der Steuerer wird durch die automatische Umsetzung der Motorregelung und das Halten von Höhe oder Richtung unterstützt. Der Mensch greift ein, um die Richtung zu ändern oder die Position im Schwebeflug zu fixieren. Ein hohes Maß an Erfahrung ist erforderlich, was gleichzeitig hochkomplexe Inspektionsflüge in diesem Modus ermöglicht. Schwarmflüge sind aufgrund der hohen kognitiven Beanspruchung des ferngesteuerten Piloten nicht möglich [59].
2. **Teil-automatisierte Kontrolle:** Diese Kategorie nimmt dem Piloten viele Aufgaben ab und ermöglicht den Flug innerhalb vorgegebener Missionsparameter mit Navigation im dreidimensionalen Raum. Gerichtete Bewegungen in lateraler, vertikaler und horizontaler Richtung werden automatisiert durchgeführt.

2.1 Grundlagen

Die automatische Rückkehr zur Startposition und die automatische Landung bei niedrigem Akkustand sind möglich [60]. Dies ist die erste UAV-Steuerung, die für Anfänger geeignet ist. Eine geräteseitige optische oder sensorische Hinderniserkennung und Reaktion auf solche Ereignisse findet nicht statt. Es liegt in der Verantwortung des Piloten, dieses Verhalten zu erkennen und jederzeit in die Steuerung eingreifen zu können. Auf Freiflächen ist es unter optimalen Rahmenbedingungen, vorheriger Berechnung der Flugwege und in technisch geeignetem Zustand möglich, Drohnen im Schwarm zu betreiben. Dies zeigen zahlreiche Drohnenshows und die große Vielfalt an Choreographien, die der Natur nachempfunden sind [61, 62].

3. **Bedingt-automatisierte Kontrolle:** In dieser Phase gleicht die Automatisierungstechnik starke Windböen in der Luft und am Boden aus. Das Drohnensystem erkennt und umfliegt große Hindernisse. Kleine Objekte werden aus der Ferne umflogen, verfolgt und erkannt. Der Remote-Pilot hat die Aufgabe, die Ausführung in Sichtweite zu kontrollieren, vorausschauend einzugreifen und kann sich auf die Datenanalyse konzentrieren. Für den Schwarmbetrieb können die Flugobjekte mit der Basisstation kommunizieren und im freien Gelände in Führungs-Formationen fliegen. Die Zusammenstellung der Drohnen obliegt dem Remote-Piloten, während die Schwarmmission unter Einhaltung der notwendigen Vorbereitungsmaßnahmen autonom und beobachtend durchgeführt wird [63].
4. **Hochgradig-automatisierte Kontrolle:** In dieser Kategorie ist die Drohne über das automatische Flugsystem für einen bestimmten Aufgabentyp voll verantwortlich. Das gesamte Flugmanagement, die Objekterkennung und die Aufgabenausführung erfolgen autonom. Der Remote Pilot kann ohne Sichtkontakt grobe Eckdaten vorgeben und greift bei Bedarf als Rückfallinstanz korrigierend in den Flugbetrieb ein. Die eigentliche Steuerung erfolgt weiterhin durch den Fluglotsen. Ab dieser Stufe ist Schwarmflug durch Formationen und alternativ fragmentierte Flugmanöver kooperativ über Ad-hoc-Kommunikation im Mash-Betrieb möglich. Eine bodengestützte Basisstation kann durch einen Kontrollraum realisiert werden. Diese muss sich nicht notwendigerweise vor Ort befinden. Verantwortlich für den sicheren Flugbetrieb und die entsprechende schrittweise Missionsvorbereitung sind stets autorisierte Begleitpiloten [64, 65].
5. **Autonome Kontrolle:** In dieser Kategorie ist kein Pilot und kein menschliches Eingreifen zur Durchführung des Fluges erforderlich. Start, Ziel und Rahmenbedingungen sind vorgegeben. Danach werden die notwendigen Prozeduren gestartet. Das UAV ist in der Lage, autonom Entscheidungen zu treffen und seinen Flug entsprechend den örtlichen Gegebenheiten kontinuierlich zu planen. Hindernisse jeglicher Art werden umflogen oder in einer für das UAV geeigneten

Weise behandelt. Das Verkehrsmanagement umfasst neben der hochgenauen Lokalisierung über mehrere Messsysteme die Einbindung in Flugkorridore und referenzierte Routen. Die Kommunikation erfolgt im Schwarm und mit anderen Akteuren im Luftraum im automatisierten Handshake-Verfahren über Infrastrukturnetze oder UWB-Peer-to-Peer-Verbindungen. Das System berechnet selbstständig die beste Route und nutzt im Schwarm die optimale Konstellation, einschließlich energieoptimiertem Lademanagement, überwachten Wartungsintervallen und Werkzeugauswahl. Diese Art der Steuerung ist die fortschrittlichste und ermöglicht es dem Benutzer, die Verantwortung für das UAV vollständig zu delegieren. Lediglich die Missionssteuerung und Datenverarbeitung obliegt externen Akteuren [66].

Zusammenfassend wurde ein Verständnis dafür geschaffen, wie alle heutigen Drohnen hinsichtlich ihres Automatisierungsgrades kategorisiert werden können. Dies ist in der Tabelle 2.2 dargestellt und zeigt, inwieweit sich das Aufgabenspektrum des Remote-Piloten bei der verantwortlichen Steuerung dieser Fluggeräte verändert. Je höher der Automatisierungsgrad, desto geringer ist die Konzentration des Piloten auf die Beeinflussung des Fluggeschehens auf tiefer hardware-naher Ebene und desto entscheidender ist die zuverlässige Mensch-Maschine-Interaktion.

Die ersten beiden Stufen sind geeignet, um neue Basisfunktionalitäten nach der Entwicklung zu testen und spezielle komplexe Flugmanöver direkt ohne Eingriff der Flugautomationssteuerung durchzuführen. Streng genommen nutzen auch UAVs im Rennen bereits diese Automatisierung, wenn der aktuelle Zustand ohne Änderung der Parameter beibehalten wird. Der untersuchte Schwarmflug, bei dem eine Steuerinstanz mindestens drei kooperativ fliegende Drohnen steuert, ist mit den ersten beiden Stufen nicht realisierbar.

Erst ab Stufe zwei kann von einer Zuverlässigkeit der Einzelkomponenten ausgegangen werden, die geeignet ist, den Remote-Piloten durch Abstraktion seiner Steuertätigkeiten über den Einsatz reaktionsschneller Assistenzsysteme zu unterstützen. Dies ermöglicht es, die Diskussion über Schwarmflüge in immer breiteren Handlungsfeldern zu beginnen und die Systeme iterativ weiterzuentwickeln. Die heute kommerziell eingesetzten Drohnen erfüllen die Anforderungen der dritten Stufe in Teilaspekten wie dem automatisierten Fliegen über definierten Gebieten, der Objektverfolgung und der Kollisionsvermeidung bei großen Hindernissen.

2.1 Grundlagen

Tabelle 2.2 UAV-Automatisierungslevel aus Pilotensicht mit Schwarmeignung [vgl. 49]

Automatisierungslevel	0	1	2	3	4	5
Grad der Automatisierung	keine Automatisierung	Piloten-Unterstützung	Teil-automatisierung	Bedingte Automatisierung	Hochgradige Automatisierung	Vollständige Automatisierung
Flugsteuerung	Pilot	Pilot und System	System	System	System	System
Fallback Pilot	ja	ja	ja	ja	System Mission-Commander mit Flugfähigkeiten	System Mission-Commander
Operationelles System Design	limitiert	limitiert	limitiert	limitiert	limitiert	unbegrenzt
Schwarmfähigkeit	nein	nein	bedingt	bedingt	ja	ja

2.1.4 Prinzipien der Missionsplanung

Ein wichtiger Teilbereich für die automatisierte Durchführung und den zielgerichteten Einsatz von Drohnen in verschiedenen Anwendungsbereichen ist die effiziente Steuerung der Fluggeräte. Diese führen eine Abfolge von Schritten und Befehlen aus, die zu einem zusammenhängenden Flug führen. Diese umfassen den Startvorgang mit integriertem Systemcheck, den Startmechanismus zum Erreichen der Starthöhe und initialen Positionierung, die Durchführung der Zielrealisierung über spezifisch definierte Arbeitsschritte und die abschließende Rückkehr zum Landepunkt an einer definierten Bodenposition. Die Durchführung der spezifischen Arbeitsschritte führt unter Verwendung der kürzesten Flugwege im Endergebnis zu den bei der Befliegung gewonnenen Daten [28]. Bei der Kartierung einer landwirtschaftlich genutzten Fläche kann es sich um in regelmäßigen Abständen erzeugte Bildaufnahmen und integrierte Positionsdaten handeln. Zusammen ergeben sie eine zweidimensionale Karte, die in einem Geoinformationssystem (GIS) ausgewertet werden kann.

In der Literatur liegt der Schwerpunkt häufig auf den Arbeitsschritten des spezifischen Flugablaufs. Diese wird mit einer effizienten Pfadplanung gekoppelt und im Oberbegriff als Missionsplanung beschrieben.

„Die **Missionsplanung** hat zum Ziel ein UAV in der Weise zu beeinflussen, dass während eines zusammenhängenden Ablaufes, unter Einhaltung operativer Einschränkungen, möglichst viele Informationen in zur Verarbeitung geeigneter Qualität gesammelt werden können [67]."

Diese operationellen Einschränkungen sind für jedes UAV und die zu befliegende Umgebung spezifisch. Sie umfassen mögliche Aspekte der Flugdauer und des erreichbaren Steuerungsradius. Um das Ziel zu erreichen, muss die Sammlung möglichst vieler Informationen durch eine umfassende Beeinflussung des Flugobjektes erfolgen. Dies wird unter dem Gesichtspunkt des Einsatzes von UAVs in einem Geschwader diskutiert. Dabei wird der Fokus ganz auf die Auswahl der zu erreichenden Wegpunkte gelegt. Dies führt zu einer Problembeschreibung und der iterativen, algorithmischen Vertauschung der Reihenfolge der Wegpunkte. Innerhalb eines zusammenhängenden Pfades wird das zugewiesene Fläche vollständig abgeflogen.

„Ein typisches **Missionsplanungsproblem** besteht darin, bei einer Menge von UAVs und einer Menge von Wegpunkten zu definieren, welche Wegpunkte von jedem UAV angeflogen werden sollen, sowie die Reihenfolge der Wegpunkte, die jedes UAV befolgen soll, um eine Zielfunktion zu optimieren [68]."

2.1 Grundlagen

Die Abbildung 2.7 zeigt eine fliegende Drohne mit einer senkrecht auf die Oberfläche gerichteten Kamera, die in Abhängigkeit von der eingestellten Flughöhe jeweils einen rechteckigen, sichtbaren Ausschnitt der Oberfläche erfassen kann. Um die Missionsplanung für ein Fluggebiet durchführen zu können, wird dieses in der Projektierung in einzelne Fragmente zerlegt. Hindernisse werden aus dem Fluggebiet ausgeblendet, um einer rechteckigen Fläche mehrere zu überfliegende Wegpunkte zuzuordnen. Diese werden dann schrittweise so überflogen, dass alle Einzelfragmente möglichst vollständig mit nur einem kreisfreien Flugweg und geringer Überlappung der Bildausschnitte erreicht werden. Ziel ist es, aus allen Ausschnitten ein gemeinsames hochaufgelöstes Bild zu erzeugen.

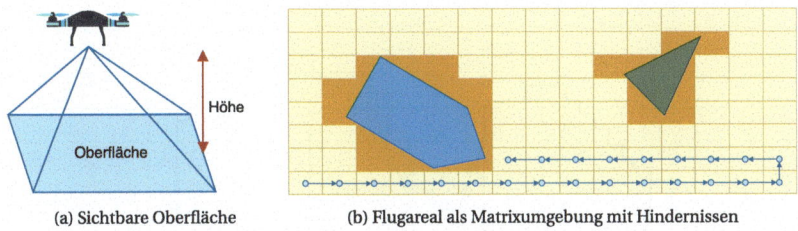

(a) Sichtbare Oberfläche   (b) Flugareal als Matrixumgebung mit Hindernissen

Abbildung 2.7 Schrittweiser Überflug projektierter Flugbereiche [vgl. 9]

Im Folgenden soll diese Vorgehensweise für eine einzelne UAV-Mission kurz beschrieben werden. Denn nach dem Aufstieg ist jeder einzelne Wegpunkt Teil des zu lösenden Missionsplanungsproblems. Nur durch die richtige Kombination der Punkte kann einerseits das Gebiet vollständig erreicht werden. Andererseits müssen Prämissen erfüllt werden. Mehrere Begrenzungen erhöhen die Komplexität der zu planenden Aufgabe, da die Hindernisse auf keinen Fall berührt und möglichst weit umflogen werden sollen. Diese Einschränkung gilt auch für die Begrenzung um das ausgewählte Gebiet. Als virtuelle Wand definiert, hat die Drohne dort keine Flugmöglichkeit [69].

In diesem beispielhaften Ansatz ist die Lage von Hindernissen und unsicheren Bereichen bekannt und wird im Vorfeld in der Projektierung maskiert. Von den verbliebenen Einzelfragmenten werden die jeweiligen Mittelpunkte so lange aneinandergereiht, bis durch nur wenige Dopplungen und geringe Überschneidungen alle Fragmente in einem Weg erreichbar sind. Dieser eine Weg muss dabei ohne zwischenzeitliche Rückkehr zum Ausgangspunkt realisiert werden. Eine vollständige Vorplanung ist nicht immer möglich, da die vorhandenen Satellitenkarten veraltete Informationen liefern können, der Detaillierungsgrad nicht ausreichend ist oder sich bewegliche Hindernisse später an anderer Stelle befinden. In diesem Fall wird die vorgeplante Trajektorie während des Fluges angepasst, um das Missionsziel im Ad-hoc-Betrieb erreichen zu können [70].

Um die betrachtete Missionsplanung in den Schwarm zu transformieren, wird die in Abbildung 2.8 dargestellte ungleichförmige Fläche aufgegriffen. Sie wird durch den Einsatz von drei Drohnen in angepassten Flughöhen parallel erfasst. Von links oben nach rechts unten sind abnehmende Detailgrade vorgesehen. Innerhalb der Polygongrenzen gibt es Teilbereiche mit leichten Überlappungen, außerhalb wird die gesamte Fläche mit etwas Überlappung erfasst. Durch die annähernd gleiche Anzahl von Einzelfragmenten wird die zeitgleiche und zeitlich äquivalente Durchführung der Gesamtmission gewährleistet.

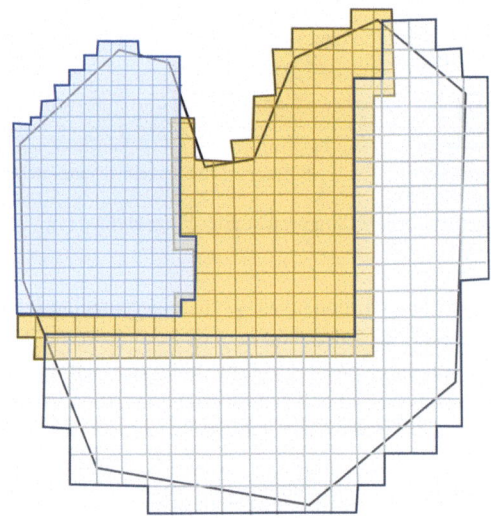

Abbildung 2.8 Fragmentierung großer Areale mit differenzierten Detailgraden [vgl. 9]

Um alle anfangs freien Einzelfragmente vollständig zu erreichen, werden simultane Pfade in die Teilgebiete eingefügt. Diese werden so berechnet, dass möglichst wenige Schritte erforderlich sind. Ein Schritt umfasst die Bewegung auf einer Bahn des Pfades. Viele zusammenhängende Fragmente mit der längsten in einem Schritt erreichbaren Distanz erhöhen die Effizienz des Algorithmus. Iterativ wählt

2.1 Grundlagen

der Algorithmus immer weitere Fragmente aus und erkundet das Teilgebiet situativ. Sind keine freien Nachbarfelder mehr vorhanden, wird geprüft, wo sich in der Nähe weitere unbesuchte Felder befinden. Anschließend erfolgt der Übergang von der aktuellen Position zum nächsten unerkundeten Nachbarfragment. Die korrespondierenden Zellen fügen sich so in den Pfad ein, ohne dass zusätzlicher Aufwand und Umwege durch häufige Dopplungen entstehen. Schließlich werden aufgrund der ähnlichen Anzahl von Fragmenten alle Teilgebiete mit ähnlichem Aufwand vollständig in der Beobachtung abgedeckt und die Drohnen können mit der Landung am Ausgangspunkt die Mission erfolgreich abschließen [71].

Eine ähnliche Bewertung beschreibt die Flugbahnplanung. Sie bezieht zusätzliche Faktoren in die Optimierung über einen Leistungsindex ein und betrachtet die Flugbahn anstelle der einzelnen Fragmente als eine virtuell gezogene, zweidimensionale Linie im Luftraum mit festen Flughöhen. Im Ergebnis dient diese als Benchmark vom Start bis zur erfolgreichen Zielerreichung. Dies geschieht für einzelne Drohnen und global in der Formation, zum Vergleich im Schwarm. Beide Varianten sind in Abbildung 2.9 [72, 73] dargestellt.

„Der Zweck der **Flugbahnplanung von UAV-Formationen** basiert auf den spezifischen Aufgaben, dem Terrain, dem Wetter und anderen Umweltfaktoren jedes UAVs sowie auf seiner eigenen Flugleistung. Unter der Voraussetzung, dass mehrere Randbedingungen erfüllt werden, kann der angegebene Leistungsindex optimiert oder verbessert werden, so dass alle UAVs in der Formation das Ziel vom Startpunkt aus sicher erreichen können [74]."

Die Effizienz eines solchen Pfades kann demnach nach unterschiedlichen Dimensionen unterschieden werden. Im Idealfall handelt es sich um die kürzeste mögliche Route, die alle Punkte innerhalb des zu befliegenden Areals beinhaltet. Dies wurde auf der vorherigen Seite bereits auf Grundlage der jeweiligen Nachbarschaft untersucht. Nicht immer muss dies hinsichtlich des zurückgelegten Weges kalkuliert oder in Abhängigkeit der benötigten Flugdauer zur Optimierung führen. Das ein UAV in der Realität aufgrund von begrenzter Batteriekapazität nur einen begrenzten Arbeitsradius besitzt, führt zur Dimension der Energieeffizienz. Die Flugpfade sollten so definiert sein, dass keine oder nur möglichst wenige Landungen zum Wechsel der Batterien aufgewendet werden müssen [75].

30　　　　　　　　　　　　　　　　2　Grundlagen und Stand der Wissenschaft

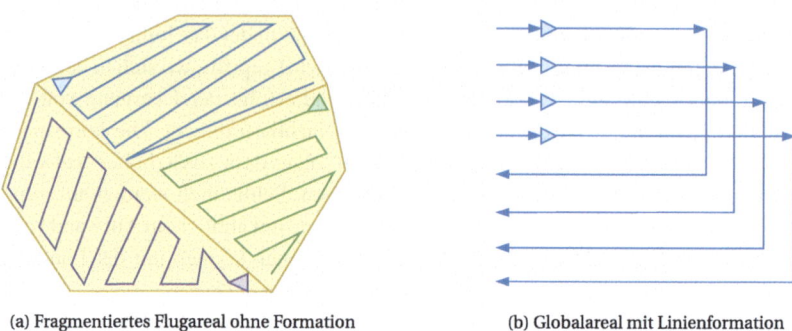

(a) Fragmentiertes Flugareal ohne Formation　　　　(b) Globalareal mit Linienformation

Abbildung 2.9 Wechselseitiger Schwarmflug [vgl. 9, 72, 73]

Neben der Missionsplanung im engeren Sinne mit der Optimierung von Flugbahnen und der Manipulation von UAVs im Flug zur Zielerreichung sind weitere Aspekte zu berücksichtigen. Die Missionsplanung im weiteren Sinne umfasst als Grundvoraussetzung, dass ein UAV manövrierfähig ist und dauerhaft in diesem Zustand verbleiben kann. Im Rahmen eines Schutz- und Havariekonzeptes umfasst dieses Vorgehen zahlreiche technische, soziale und umweltrelevante Aspekte. Die Missionsplanung hat demnach die Aufgabe, einen gesetzeskonformen und risikoarmen, sicheren Flugbetrieb [28] bereitzustellen (Tabelle 2.3).

Dies beinhaltet im technischen Sinne die Beurteilung der Eignung des Fluggerätes für den Einsatz und die Auswahl geeigneter Sensoren zur Gewinnung qualitativ hochwertiger Datensätze. Die Überprüfung der Funktionsfähigkeit aller Hardwarestrukturen und der Plausibilität der Softwaretools zur Bahnplanung ist ein wichtiger Faktor. Kollisionen mit anderen physikalisch-technischen Systemen und anderen Luftfahrzeugen sind auszuschließen. Die technischen Gegebenheiten müssen durch Sachverständige geprüft oder dem Piloten verständliche Hinweise gegeben werden [76].

Aus gesellschaftlicher Sicht sind immer Verantwortlichkeiten und Schutzmaßnahmen relevant. Dazu muss entlang der gesetzlichen Regelungen klar spezifiziert werden, wer genau für die Steuerung verantwortlich ist und wie Risiken für Unbeteiligte im Einflussbereich der Drohne angemessen vermieden werden können. Damit einher geht die Wahrung der Privatsphäre und die unbedingte Einhaltung der zugewiesenen Flugbereiche in horizontaler und vertikaler Richtung. In den Worst-Case-Betrachtungen ist die Haftung stets in ausreichender Höhe sicherzustellen [77].

In Bezug auf die Umgebung ist das Fluggebiet durch Geofences abzugrenzen und die Drohne so zu präparieren, dass sie nur in definierten Bereichen durch autorisiertes Personal gestartet werden kann. Vor dem Flug ist die Einhaltung der notwendigen Abstände zu Personen und kritischer Infrastruktur sowie die Auswahl geeigneter Start- und Landeflächen eine wichtige Aufgabe. Dies muss während des Fluges geschehen, ohne die Umwelt übermäßig zu belasten. Es darf keinerlei schädliche Eingriffe in die Natur geben [78].

Tabelle 2.3 Aspekte der Missionsplanung im weiteren Sinne [76, 77]

Aspekte	Fragestellung	Umsetzung
Eignung Fluggebiet	Welche kritischen Faktoren sind zu beachten?	Gesetzliche Flugklassen und Abstände einhalten, freigegebene Gebiete oder Erlaubnisdokumente beantragen
Eignung Fluggerät	Sind die Eigenschaften passgenau für die Mission?	Adäquate Traglast, spezifische Werkzeuge und Sensoren
Sicherheitsüberwachung	Wie sieht die Fallbackstrategie aus?	Checkliste, klare technische und personelle Zuständigkeiten,
Umweltaspekte	Was sind kurzzeitige / dauerhafte Umgebungseinflüsse?	Distanzen in Abhängigkeit des Geräuschpegel einhalten
Rechtliches	Sind alle Bedingungen eingehalten?	Pilotensachkenntnis, Haftungsfragen regeln
Funktionsprüfung	Sind alle Hardware- und Softwarekomponenten intakt?	Automatisierter Selbsttest, Anomalieerkennung, Sachkenntnis

2.2 Theorie

Zum besseren Verständnis des später nur abstrakt angenommenen Drohnenfluges wird zunächst sehr grob analysiert, wie die Drohne als solche technisch beschrieben werden kann. Der Bautyp Quadrocopter kann durch Körper modelliert werden, um ihn durch verschiedene Drehmomente und Schubkräfte zum Fliegen zu bringen. Die Betrachtung führt dann zu der Frage, wie die fliegenden Einzeldrohnen zu einem Drohnenschwarm zusammengeführt werden können. Das Modell zeigt, wie verschiedene Formationen beschrieben werden können. Durch ein gemeinsames Verständnis zur einheitlichen Entscheidungsfindung bei gleichzeitiger dezentraler Steuerung wird ein Kompromiss zwischen möglichst vielen Drohnen ermöglicht. Ein Single-Point-of-Failure im Flug wird vermieden.

2.2.1 Technische Beschreibung des Drohnenfluges

Die Modellierung eines Quadrocopters kann durch die Betrachtung eines zusammenhängenden Körpers erfolgen. Die Dynamik der vier quadratisch angeordneten Propeller erfolgt mit den Newton-Euler-Gleichungen, wie in [79] und bei [80] beschrieben. Das Ergebnis ist ein nichtlineares Modell, das die Trägheit der Masse und die Steifigkeit des Rahmens berücksichtigt. Dieses Modell kann durch Quaternionen beschrieben werden und bietet die Möglichkeit, das Flugverhalten in der Nähe der Landeposition zu untersuchen.

Jeder Propeller rotiert gleichmäßig mit einer Winkelgeschwindigkeit ω_i, erzeugt eine zugehörige, senkrecht nach oben gerichtete Schubkraft F_i und ein der Drehbewegung entgegengesetztes Drehmoment D_i. Die Propeller mit der Winkelgeschwindigkeit ω_2 und ω_4 drehen sich in Uhrzeigerrichtung, während die anderen Rotorblätter sich entgegen dem Uhrzeigersinn bewegen. Die Position und Orientierung des Quadrokopters wird durch die Veränderung des Drehmoment eines bestimmten Rotors beeinflusst. Die Winkelgeschwindigkeiten des Initialsystems $E_I(\dot{\zeta})$ und des körperfesten Rahmens $E_B(\eta)$ sind in Abbildung 2.10 dargestellt. Auf den folgenden Seiten werden die zugehörigen Gleichungen und Matrizen zusammengetragen.

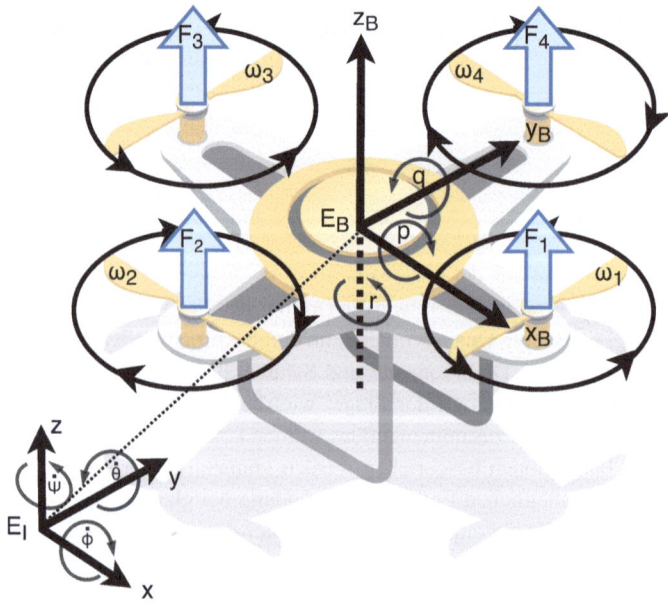

Abbildung 2.10 Trägheit eines Quadrokopters [vgl. 25, 79]

2.2 Theorie

Nomenklatur

D_i Drehmoment von Rotor i um die Rotorachse
F_i Schubkraft i-ter Rotor
I Einheitsmatrix
I_q Trägheitsmatrix vom Quadrokopter
J_r Trägheitsmoment des Rotor
k_D Rotorwiderstandskonstante
k_T Rotorschubkonstante
K_η Diagonalmatrix mit Rotationswiderstand zur Beeinflussung der Hauptmatrix
K_υ Diagonalmatrix mit Widerstandskoeffizienten der Hauptmatrix
l Länge Rotorarm
q Quaternion
R_M Rotationsmatrix in Form von Tait-Bryan-Winkeln
R_q Rotationsmatrix in Form von Quaternionen
R_σ Transformationsmatrix für Winkelgeschwindigkeiten in Form von Tait-Bryan-Winkeln
T Gesamtschubkraft des Quadrokopters
σ Vektor der Winkelpositionen in Bezug auf Inertialsystem (Trait-Bryan-Winkel)
η Vektor der Winkelgeschwindigkeiten in Bezug auf den körperfesten Rahmen
ξ Vektor der Linearpositionen des Quadrotors in Bezug auf Inertialsystem
τ Vektor der Drehmomente aller Rotoren am Rahmen
υ Linearer Geschwindigkeitsvektor eines körperfesten Rahmens
ω_i Winkelgeschwindigkeit i-ter Rotor

Zu Beginn handelt es sich bei der Rotationsmatrix von E_B zu E_1 um eine Orthogonalmatrix. Diese findet sich in Gleichung (2.1) mit den beiden als C_{angle} und S_{angle} eingeführten $\cos(angle)$ und $\sin(angle)$ auf den Rotationsachsen [81, 82].

$$R_M = \begin{bmatrix} C_\Psi C_\theta & C_\Psi S_\theta S_\phi - S_\Psi C_\phi & C_\Psi S_\theta C_\phi + S_\Psi S_\phi \\ S_\Psi C_\theta & S_\Psi S_\theta S_\phi + C_\Psi C_\phi & S_\Psi S_\theta S_\phi - C_\Psi S_\phi \\ -S_\theta & C_\theta S_\phi & C_\theta C_\phi \end{bmatrix} \quad (2.1)$$

Die Winkelgeschwindigkeiten können somit in Abhängigkeit vom initialen Zustand E_1 in Winkelgeschwindigkeiten des körperfesten Rahmens E_B umgewandelt werden. Dazu bietet sich die Anwendung der Transformationsmatrix R_ζ an [81–83].

$$\eta = R_\zeta \dot{\zeta} = \begin{bmatrix} 1 & 0 & -\sin\theta \\ 0 & \cos\phi & \cos\theta\sin\phi \\ 0 & -\sin\phi & \cos\theta\sin\phi \end{bmatrix} \begin{bmatrix} \dot{\phi} \\ \dot{\theta} \\ \dot{\psi} \end{bmatrix} \quad (2.2)$$

Zur anschließenden Rücktransformation der Winkelgeschwindigkeiten wird die invertierte Transformationsmatrix R_ζ^{-1} angewendet [81, 82].

$$\dot{\zeta} = R_\zeta^{-1}\eta = \begin{bmatrix} 1 & \sin\phi\tan\theta & \cos\phi\tan\theta \\ 0 & \cos\phi & -\sin\phi \\ 0 & \dfrac{\sin\phi}{\cos\theta} & \dfrac{\cos\phi}{\cos\theta} \end{bmatrix} \begin{bmatrix} p \\ q \\ r \end{bmatrix} \quad (2.3)$$

Basierend auf der Annahme der symmetrischen Masseverteilung des Quadrokopters, kann die initiale Matrix des Quadrokopters als Diagonalmatrix I_q aufgefasst werden [84]. Die vom jeweiligen Rotor i erzeugte Schubkraft ist proportional zum Quadrat der Winkelgeschwindigkeit des Rotors und der Rotorschubkonstante k_T. Diese greift die Einflüsse der Luftdichte ρ, den Propellerradius r und den Schubkoeffizienten c_T auf. Diese ist abhängig von der Charakteristik des Rotorblattes und bezieht das Volumen des Rotorblattradius, die Anzahl der Rotoren und die Sehnenlänge des einzelnen Rotorblattes mit ein [84, 85].

$$F_i = c_T \rho \pi r^4 \omega_i^2 = k_T \omega_i^2 \quad (2.4)$$

Das um die Rotorachsen entwickelte Drehmoment D_i ist als Produkt der Quadratischen Winkelgeschwindigkeit und des Widerstandskoeffizienten k_D beschrieben. Es ist hängt von den gleichen Faktoren ab wie k_T. Hinzu kommt das initiale Moment des Rotors J_r und die Winkelbeschleunigung des Rotors i [81, 82, 84].

$$D_i = c_D \rho \pi r^5 \omega_i^2 + J_r \dot{\omega}_i \approx k_D \omega_i^2 \quad (2.5)$$

Die Gleichung (2.6) beschreibt die Rotation der vier Rotoren im körperfesten Rahmen. $diag(v)$ ist eine quadratische Diagonalmatrix mit den Elementen des Vektor v auf der Hauptdiagonale. Sie umfasst die Zentrifugalkraft und mehrere nichtkonservative Momente. Gemeint ist das entwickelte Drehmoment der vier Rotoren, das gyroskopische Moment und der aerodynamische Luftwiderstand [83, 84, 86]. K_η ist eine Diagonalmatrix mit den rotierenden Koeffizienten der Widerstände $\begin{bmatrix} K_p & K_q & K_r \end{bmatrix}$.

2.2 Theorie

$$I_q \dot{\eta} + \eta x I_q \eta = \tau - J_r \sum_{i=1}^{4} \eta \times \begin{bmatrix} 0 \\ 0 \\ (-1)^i \omega_i \end{bmatrix} - K_\eta diag(\eta)\eta \quad (2.6)$$

Das von den Rotoren entwickelte Drehmoment unter Berücksichtigung des körperfesten Rahmens ist in Gleichung (2.7) beschrieben. Die verschiedenen Winkel zwischen den Armen des Quadrocopters werden als Vielfache von Φ_i bezeichnet [85].

$$\tau = \begin{bmatrix} \tau_{xB} \\ \tau_{yB} \\ \tau_{zB} \end{bmatrix} = \begin{bmatrix} l \sum_{i=1}^{4} \sin \Phi_i F_i \\ -l \sum_{i=1}^{4} \cos \Phi_i F_i \\ \sum_{i=1}^{4} (-1)^i D_i \end{bmatrix} = \begin{bmatrix} l(F_2 - F_4) \\ l(F_1 - F_3) \\ -D_1 + D_2 - D_3 + D_4 \end{bmatrix} \quad (2.7)$$

Im körperfesten Rahmen wird die Translation des Quadrokopter durch die Gleichung (2.8) beschrieben. Es handelt sich um die Beschleunigungskräfte des Quadrokopter mit der Masse m der Zentrifugalkraft und der Summe der Schubkräfte der vier Rotoren, der Gravitationskraft und der translatorischen Widerstandskraft [81–83]. K_υ ist eine Diagonalmatrix mit den translatorischen Widerstandskoeffizienten $\begin{bmatrix} K_{xB} & K_{yB} & K_{zB} \end{bmatrix}$ auf der Hauptdiagonale.

$$m\dot{\upsilon} + \eta \times m\upsilon = \begin{bmatrix} 0 \\ 0 \\ \sum_{i=1}^{4} F_i \end{bmatrix} - R_M^T \begin{bmatrix} 0 \\ 0 \\ mg \end{bmatrix} - K_\upsilon diag(\upsilon)\upsilon \quad (2.8)$$

Im Initialzustand des Quadrokopter stellt das nichtlineare Modell die in Gleichung (2.9) beschriebene Lagrange-Funktion dar, wobei $w = \begin{bmatrix} \xi^T & \zeta^T \end{bmatrix}$ sind.

$$L(w,\dot{w}) = \frac{1}{2}m\dot{\xi}^T\dot{\xi} + \frac{1}{2}\eta^T I_q \eta - mgz = \frac{1}{2}m\dot{\xi}^T\dot{\xi} + \frac{1}{2}\left(R_\zeta\dot{\zeta}\right)^T I_q\left(R_\zeta\dot{\zeta}\right) - mgz$$
(2.9)

Nach [79] sind dann die Euler-Lagrange-Gleichungen wie in (2.10) dargestellt mit der äußeren Kraft f_{ext} und dem Drehmoment τ_{ext} im Initialzustand definiert.

$$\begin{bmatrix} f_{ext} \\ \tau_{ext} \end{bmatrix} = \frac{d}{dt}\left(\frac{\partial L}{\partial \dot{w}}\right) - \frac{\partial L}{\partial w}$$
(2.10)

Zusammengefasst kann dann die durch Gleichung (2.10) beschriebene Euler-Lagrange-Winkelgleichung wie in [81] beschrieben werden:

$$R_M\tau - J_r\sum_{i=1}^{4}\left(R_\zeta\dot{\zeta}\right)\times\begin{bmatrix} 0 \\ 0 \\ (-1)^i\omega_i \end{bmatrix} - K_\eta diag(R_\zeta\dot{\zeta})R_\zeta\dot{\zeta} = R_\zeta^T I_q R_\zeta\ddot{\zeta} + \frac{d}{dt}\left(R_\zeta^T I_q R_\zeta\right)\dot{\zeta} - \frac{1}{2}\frac{\partial}{\partial \zeta}\left(\dot{\zeta}^T R_\zeta^T I_q R_\zeta\dot{\zeta}\right)$$
(2.11)

Im initialen Zustand ergibt sich das Modell zur Translation ebenfalls aus Gleichung (2.10). Dann kann die Widerstandskraft der Translation unter Anwendung von Gleichung (2.2) mit den Initialgeschwindigkeiten $\dot{\xi}$ geschrieben werden. Im Ergebnis wirken die vier generierten Kräfte in rotierender Weise unter Verwendung der Rotationsmatrix R_M und in Gleichung (2.12) beschrieben [81, 82, 86].

$$m\ddot{\xi} = R_M\begin{bmatrix} 0 \\ 0 \\ \sum_{i=1}^{4}F_I \end{bmatrix} - \begin{bmatrix} 0 \\ 0 \\ mg \end{bmatrix} - K_v diag(R_M\dot{\xi})R_M\dot{\xi}$$
(2.12)

Die in den vorherigen Absätzen beschriebenen Winkel wurden in der Tait-Bryan-Form geschrieben, welche häufig zur Erklärung der Flugdynamik verwendet wird. Insbesondere Quadrokopter lassen sich mit Trait-Bryan-Winkeln gut beschreiben, weil sie auf eingängige Weise visualisierbar werden und Dynamiken gut zu interpretieren sind. Sie verursachen jedoch, wie [82] beschreibt, Singularitäten und aufwändige Berechnungen von Sinus-Cosinus-Winkeln. Dies macht die Kalkulation ineffizient und langsamer als notwendig. Daher sei auf die empfohlene Alternative der effizienteren, singularitätenfreien Art die Quadrokopterdynamiken mit einem

2.2 Theorie

Quaternion zu beschreiben hingewiesen. Hierbei kann die Orientierung des Quadrokopterrahmens durch eine Einzelrotation α auf einer Koordinatenaxe a charakterisiert werden [82, 87, 88].

$$q = [\cos\tfrac{\alpha}{2}\; a^T \sin\tfrac{\alpha}{2}] = [q_0\; q_{13}] = [q_0\; q_1\; q_2\; q_3] \quad (2.13)$$

Die dreidimensionale Rotation jedes Vektors ist gegeben als Multiplikation. Die Multiplikation des Quaterion q ist links der Einheit und rechts durch die Konjugierte q^* beschrieben. Diese wird wiederum als Multiplikation der Matrix R_q mit dem zugrundeliegenden Vektor geschrieben. Dabei ist $[q_{13}]_\times$ eine antisymmetrische Matrix [82, 88].

$$R_q = (q_0 I + [q_{13}]_\times)^2 + q_{13} q_{13}^T = \begin{bmatrix} q_0^2 + q_1^2 - q_2^2 - q_3^2 & 2(q_1 q_2 - q_3 q_0) & 2(q_1 q_3 + q_2 q_0) \\ 2(q_1 q_2 - q_3 q_0) & q_0^2 - q_1^2 + q_2^2 - q_3^2 & 2(q_2 q_3 - q_1 q_0) \\ 2(q_1 q_3 + q_2 q_0) & 2(q_2 q_3 - q_1 q_0) & q_0^2 - q_1^2 - q_2^2 + q_3^2 \end{bmatrix}$$
$$(2.14)$$

Der Zusammenhang zwischen der Winkelgeschwindigkeit und dem Quaternion ist durch Gleichung (2.15) beschrieben [82, 87, 88].

$$\dot{q} = \frac{1}{2} q \circ \begin{bmatrix} 0 \\ \eta \end{bmatrix} = \frac{1}{2} S \eta = \frac{1}{2} \begin{bmatrix} -q_1 & -q_2 & -q_3 \\ q_0 & -q_3 & q_2 \\ q_3 & q_0 & -q_1 \\ -q_2 & q_1 & q_0 \end{bmatrix} \eta \quad (2.15)$$

Um ein Modell der Dynamiken des Quadrokopters in Form eines Quaternions zu verwenden, wird der Vektor mit den Winkelgeschwindigkieten in der Lagrangeschen der Gleichung (2.9) mit dem Ausdruck in der zuvor gezeigten Gleichung (2.15) ersetzt. Danach wird Gleichung (2.10) verwendet um die Euler-Lagrange-Formel der Rotation aus Gleichung (2.16) und die Translation aus Gleichung (2.17) für den Quadrokopter zu erhalten. Das selbige geschieht für die nicht-konservativen Drehmomente und Kräfte, die äquivalent mit den Gleichungen (2.6), (2.8), (2.11) und (2.12) sind [82].

$$\tau - 2J_r \sum_{i=1}^{4}\left(S^T \dot{q}\right) \times \begin{bmatrix} 0 \\ 0 \\ (-1)^i \omega_i \end{bmatrix} - 4K_\eta diag(S^T \dot{q})\left(S^T \dot{q}\right) = 2\left(2J\ddot{q} + 2\frac{d}{dt}(J)\dot{q} - \frac{\partial}{\partial q}\left(\dot{q}^T J \dot{q}\right)\right)$$

(2.16)

$$m\ddot{\xi} = R_q \begin{bmatrix} 0 \\ 0 \\ \sum_{i=1}^{4} F_I \end{bmatrix} - \begin{bmatrix} 0 \\ 0 \\ mg \end{bmatrix} - K_\upsilon diag(R_q^* \xi)(R_q^* \xi)$$

(2.17)

In der Nähe des Landepunktes verhält sich der Quadrokopter leicht abgewandelt, sodass ein Modell in der Nähe der ersten Flugposition angenommen wird. Zum Design von Flugcontrollern oder die Simulation kann dies hilfreich sein, um Seiteneffekte zu berücksichtigen. Wenn ein $\Psi \to 0$, sowie die Winkel ϕ und Θ klein sind, dann ist die Transformationsmatrix für die Winkelgeschwindigkeiten R_ξ gleich der Identitätsmatrix. Unter Beachtung der Terme höherer Ordnung kann das lineare Modell der Rotation wie in Gleichung (2.18) notiert angenommen werden [89, 90]:

$$\dot{\eta} = I_q^{-1} \tau$$

(2.18)

Das vereinfachte Quaternion-Modell der Rotation ist durch Linearisierung der Gleichung (2.15), unter Anwendung des Taylor-Theorem, die diesen Fall in Gleichung (2.19) zu finden [87].

$$\dot{q} = \frac{1}{2}\begin{bmatrix} 0 \\ \eta \end{bmatrix}$$

(2.19)

Unter diesem Gesichtspunkt vernachlässigt das Modell der Translation die nichtlinearen Terme der Gleichung. Dies geschieht unter der Annahme von $\cos(y) \approx 1$ und $\sin(y) \approx y$. Wobei y ein sehr kleiner Winkel ist. Die gesamte Schubkraft ist dann durch $T = mg + \Delta T$ beschrieben. Das Modell wird mit Tait-Bryan-Winkeln in Gleichung (2.20) beschrieben [89, 90].

2.2 Theorie

$$m\ddot{\xi} = R_M \begin{bmatrix} 0 \\ 0 \\ \sum_{i=1}^{4} F_I \end{bmatrix} = \begin{bmatrix} g\theta \\ -g\phi \\ \frac{\Delta T}{m} \end{bmatrix} \quad (2.20)$$

Zum Abschluss wird die Landeposition durch das Quaternion $q = \begin{bmatrix} 1\ 0\ 0\ 0 \end{bmatrix}$ und den Vektor der Winkelgeschwindigkeiten $\eta \begin{bmatrix} 0\ 0\ 0 \end{bmatrix}$ repräsentiert. Die Rotation der Matrix mit den Quaternionen kann als $R_q = I + 2\begin{bmatrix} q_{13} \end{bmatrix}$ geschrieben werden. Das Modell der Translation der Quaternione ist durch Gleichung (2.21) beschrieben [87].

$$m\ddot{\xi} = R_q \begin{bmatrix} 0 \\ 0 \\ \sum_{i=1}^{4} F_I \end{bmatrix} = \begin{bmatrix} 2q_2 g \\ -2q_1 g \\ \frac{\Delta T}{m} \end{bmatrix} \quad (2.21)$$

Die entsprechenden Parameter können simulativ im Modell festgelegt werden. Alternativ können sie für das jeweilige Drohnenmodell experimentell über die Materialprüfung in Abhängigkeit von Masse, Länge oder Materialoberfläche bestimmt werden.

Im Ergebnis steht ein effizient berechenbares Modell zur Beschreibung der Flugdynamik von Quadrocoptern zur Verfügung. Das Fluggerät steht zunächst starr am Boden, die Propeller werden in Bewegung gesetzt und die Schubkräfte erhöht, bis sich der Rahmen senkrecht nach oben vom Boden abhebt. In der Startphase werden zunächst einige Seiteneffekte überwunden. Ab einer bestimmten Höhe kann man von einem um alle drei Achsen flexibel steuerbaren Fluggerät ausgehen. Diese Zustände sind in der Abbildung 2.11 skizziert.

Abbildung 2.11 Startvorgang eines Quadrokopters [25]

2.2.2 Von der Einzeldrohne zu den Schwarmparadigmen

Das Modell des als Einzeldrohne vom Boden senkrecht nach oben fliegenden Quadrokopters und dessen Möglichkeiten, sich durch Variation der Rotordrehzahl und Adaption der veränderlichen Flugdynamikparameter im Raum zu bewegen zu können, soll in diesem Abschnitt abstrakt als angenommen gelten. Es wird daraus resultierend von einem automatisierten Flugkontrollsystem ausgegangen, welches anhand der Parameter zur Lokalisierung, Flugverhaltenabschätzung und Bewegungsstabilität über Steuerungsabläufe vordefinierte Koordinaten erreicht. Diese Ist-Lokalisierungen werden in einer Feedbackschleife mit der Soll-Position abgeglichen. Entsprechende Kontrollschlüsse bzw. Anpassungen des Fluges werden in den Steuerungsabläufen zum Flugverhalten und der Stabilität vorgenommen.

Dieses Vorgehen zeigt sich in Abbildung 2.12 als automatisiertes Flugsystem. Mit einem kontinuierlichen Kommunikationsfluss als Input, der auch lediglich Koordinaten beinhalten kann, werden Steuerungssysteme durchlaufen und das UAV beeinflusst. Die Innere Schleife zur Steuerung von Flugverhalten und Stabilität der Drohne ist demnach die Abstraktion der zuvor untersuchten Flugdynamik. Die äußere Schleife zur Steuerung der Orientierung fügt dieser die Flugautomatisierung ebenfalls anhand der betrachteten Aspekte hinzu. Der äußere Input ist die Kommunikation. Sei es durch den Fernpilot, vordefinierte Missionsziele oder ein autonomes Steuerungssystem in der Kontrollstation. Umgekehrt beeinflussen interne vom UAV gemessenen Parameter über drei spezialisierte Feedbackschleifen kontinuierlich die Steuerungssysteme aus entgegengesetzter Richtung. Somit kann die Drohne ohne menschliches Geleit ferngesteuert werden und wird autonom agieren können [91].

2.2 Theorie

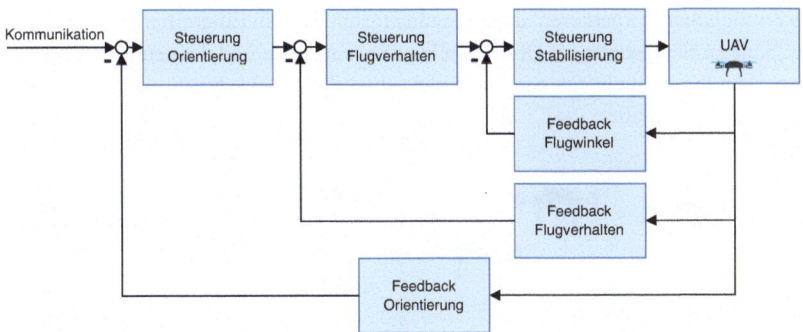

Abbildung 2.12 Systeme zur Steuerung der Einzeldrohne [vgl. 91]

Dies führt nach der eingangs iterierten Definition bei mindestens drei gleichzeitig mit einer Kontrollinstanz kommunizierenden Drohnen zu einem Schwarm, sobald kooperatives Verhalten initiiert wird. Diese Struktur eines Drohnenschwarms beschreibt den grundsätzlichen Versuch, die Flugobjekte vom Boden aus mit einer einzigen zentralen Kontrollinstanz zu steuern. Der Vorteil dieses Ansatzes ist, dass die Bodenstation, wie in Abbildung 2.13a dargestellt, direkt mit jeder einzelnen Entität in Kontakt treten kann und umgekehrt die Drohne alle Daten ohne Zwischeninstanz an die Bodenstation übermittelt. Ein solches System kann mit vereinfachten Kommandos und einer kleinen Anzahl von Teilnehmern realisiert werden [91]. Für Ad-hoc-Missionen bietet sich die zentrale Steuerung an, da die Fehlersuche und die Komplexität der Komponenten durch die wenigen Netzwerksegmente stark reduziert wird. Die Übertragungslatenz ist gering und vorhersagbar, wenn Eingriffe durch die Steuerungseinheit erfolgen. Es ist auch möglich, die Zentraleinheit zur Analyse und Manipulation der Schwarmparameter in einer Drohne zu realisieren [92]. Über die Bodenstation, die in diesem Fall eine herkömmliche Fernsteuerung zur Steuerung von Modellfluggeräten sein kann, ist lediglich eine passive Zustandsüberwachung notwendig [93]. Dieser Ansatz ermöglicht eine schnelle Prototypenentwicklung und eine vergleichsweise energieeffiziente Reduktion auf wesentliche Komponenten. Die Drohnen können leicht und transportabel sein.

Gleichzeitig gibt es keine Redundanz, so dass die Zuverlässigkeit der einzelnen Komponenten und der zentralen Steuereinheit einem hohen Sicherheitsstandard genügen muss. Dies ist ein potenzieller Single Point of Failure, der die Zuverlässigkeit einschränkt. Bei Ausfall der zentralen Steuereinheit fehlt die Fähigkeit zur Schwarmkoordination. Dies kann die Umsetzung der derzeit gültigen gesetzlichen Anforderungen, jederzeit einem Piloten pro Drohne den Zugriff auf die Steuerung zu ermöglichen, torpedieren, da im ungünstigsten Fall ein Eingreifen nicht möglich ist. Sehr große Systeme für Drohnenschwärme sind aufgrund der geteilten Übertragungsbandbreite nicht realisierbar. Sinnvoll ist dieser Ansatz für eine Vorgänger-Nachfolger-Formation [94].

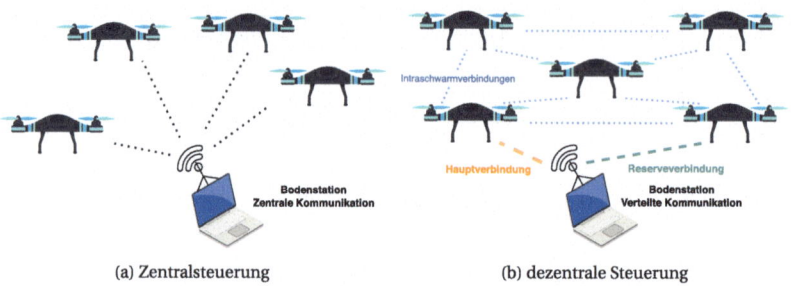

Abbildung 2.13 Paradigmen der Kommunikation zur Schwamsteuerung [vgl. 91]

Das entgegengesetzte Paradigma ist die dezentrale oder verteilte Steuerung. Sie unterscheidet sich im Wesentlichen durch die beiden Komponenten Steuereinheit und Formationserhaltungsautomatik. Diese sind auf alle Agenten des Schwarms verteilt und ermöglichen eine symmetrische Befehlsübertragung von der Bodenstation zum Schwarm. Die Interaktion mit einer Drohne erfolgt über eine Hauptverbindung, von der aus die gewünschten Aktionen auf dem kürzesten Weg im gespannten Kommunikationsnetz ausgelöst werden können. Sobald die Hauptverbindung nicht nutzbar ist, wird auf eine oder mehrere Reserveverbindungen ausgewichen. Dies ermöglicht einen zuverlässigen Betrieb auch bei geplanter Obsoleszenz oder sprunghafter Änderung der Schwarmtopologie. Dies ist regelmäßig bei notwendigen Batteriewechseln oder Ausweichmanövern bei größeren Hindernissen der Fall [95].

Der Drohnenschwarm ist komplexer aufgebaut und nicht die einzelne Einheit muss besonders zuverlässig sein, sondern das Gesamtsystem. Die eingesetzten Kommunikationsverfahren müssen sicherstellen, dass im Konsens gehandelt wird und Anomalien zuverlässig erkannt werden, ohne auf unplausible Abweichungen zu reagieren. Die Steuerbefehle des Remote-Piloten müssen zuverlässig zum richtigen Zeitpunkt beim richtigen Empfänger ankommen. Dies kann über synchrone Zeitsignale erfolgen, so dass ein Abgleich zwischen Soll- und Ist-Position erreichbar wird [96]. Dadurch sind UAV-Schwärme mit dezentraler Steuerung besser skalierbar und robuster ausgelegt. Da die Kommunikationsströme verteilt sind und die

2.2 Theorie

Organisation hierarchisch verwaltet werden kann, können mehrere tausend Teilnehmer in ein solches Schwarmnetzwerk integriert werden. Dies ermöglicht eine komplexe, dynamische Aufgabenverteilung und eine hohe Reaktionsgeschwindigkeit der einzelnen Flugobjekte. Dies ist besonders hilfreich, da jeder Eingriff durch Übertragungsverzögerungen die Handlungsmöglichkeiten zusätzlich beeinträchtigen kann [97].

Unabhängig von den Architekturen zur Steuerung und Kommunikation in diesen Systemen haben sich verschiedene Ansätze zur Bildung von Formationen im Schwarm etabliert. Die Ansätze bilden Formationen als Leader-Follower, virtuelle Struktur, verhaltensbasiert oder über künstliche Potentialfelder. Bei der Formationsbildung wird jede Drohne aus einem zufälligen Anfangszustand in die gewünschte Schwarmtopologie überführt. Während des Fluges muss die Steuerung in der Lage sein, die Formation in geeigneter Weise aufrechtzuerhalten und nach Durchführung der Missionsoperationen wieder zurückzuführen. Schließlich muss die Formation in der Lage sein, sich zu rekonfigurieren. Dies kann beim Ausweichen vor Hindernissen der Fall sein, da diese die Reihenfolge und die geplante Positionierung in der Formationsstruktur beeinflussen. Die Formation muss in dieser Flugphase zwischenzeitlich verändert oder aufgegeben werden. Ähnliches gilt für das Hinzufügen oder Entfernen von Agenten bei niedrigem Batteriestand [98, 99].

Anführer-Nachfolger-Struktur

Der Ansatz zur Bildung von Schwarmformationen mit einer Anführer-Follower-Struktur ist in Abbildung 2.14 dargestellt. Bei diesem Ansatz wird eine Drohne als Leader definiert und alle anderen Teilnehmer des Schwarms werden als Follower in die Kontrollstruktur eingeordnet. Die Leader-Drohne steht in direktem Kontakt mit dem Remote-Piloten oder der Kontrollstation und hat uneingeschränkten, globalen Zugriff auf alle Steuerungsinformationen.

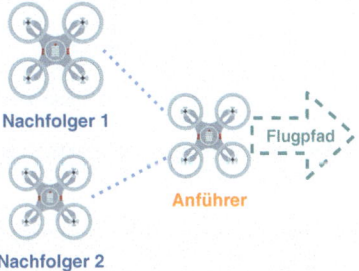

Abbildung 2.14 Schwarmansatz Anführer mit Nachfolger [vgl. 91]

Die geplante Flugroute ist die Referenz für alle Nachfolger-Drohnen in der Schwarmgruppe. Alle Nachfolger erhalten die Momentanposition des Anführers P_A und berechnen jeweils autark, anhand ihrer derzeitigen Position P_N, eine relative Distanz zum Anführer d_{AN}. Anschließend wird die Automatisierung lokal darauf ausgelegt, alle relativen Distanzen d_{AN} konstant zu halten oder Anpassungen vorzunehmen. Sie werden dann vergrößert oder verkleinert. Die Flugbahn der Nachfolger adaptiert auf diese Weise die vorgegebene Flugbahn vom Anführer und vermeidet Zusammenstöße im Drohnenschwarm [91].

Die verwendeten Feedbackroutinen für Anführer-Nachfolger-Verfahren werden in die beiden Varianten $l - \Psi$ und $l - l$ eingeteilt [100]. In Abbildung 2.15a ist dargestellt, dass ein $l - \Psi$-Controller die Länge der Distanz d_{12} und den relativen Winkel Ψ_{12} dieser Distanz beibehält. Aus der Verarbeitung von Eingabe- und Ausgabeparametern können durch Linearisierung zu erwarteten Werten abgeglichen werden und entsprechende Anpassungen der Motorsteuerung vorgenommen werden. Bei den in Abbildung 2.15b gezeigten $l - l$-Controllern findet im Gegensatz dazu ein Abgleich der relativen Positionen zwischen Anführer und Nachfolger statt. Die Steuerung nutzt die Eingangs- und Ausgangsdaten der Teilnehmer als Punktwolke, indem die relativen Positionen von UAV_2 und UAV_3 mit der Anführer-Drohne UAV_1 verglichen und die Winkel Ψ möglichst konstant gehalten werden [101].

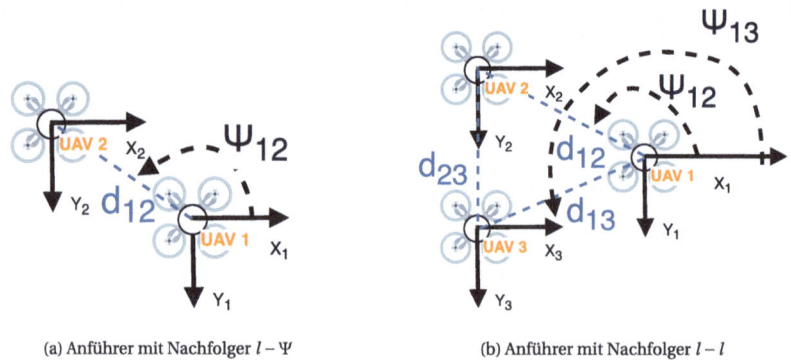

(a) Anführer mit Nachfolger $l - \Psi$ (b) Anführer mit Nachfolger $l - l$

Abbildung 2.15 Varianten der Anführer Nachfolger Struktur [vgl. 91]

An der Anführer-Nachfolger-Struktur ist die geringere Robustheit kritisch zu sehen. Beim Ausfall des Anführers lässt diese den gesamten Drohnenschwarm zerschmettern. Dies schränkt den produktiven Einsatz über die Versuchsreihe Platooning stark ein. Weitere Vertreter dieser Techniken sind als Back-Stepping, Sliding-Mode oder als hierarchisches Schema bekannt. Neben einem globalen Anführer werden zusätzlich weitere lokale Anführer definiert [102–107]. Um dem Single-Point-of-Failure-Problem zu entgehen, werden häufig weitere Interimsanführer definiert oder ein virtueller Anführer regelmäßig anhand von Kommunikationsparametern erneut ausgewählt [108–111].

Virtuelle Struktur
Bei der Definition virtueller Strukturen geht [112] davon aus, dass Formationen von mobilen Robotern gebildet werden können, indem eine Sammlung von Elementen eine geometrische Beziehung eingeht. Diese kann über einen virtuell definierten Referenzrahmen ausgerichtet werden. Die virtuelle Formation wird als starres Objekt definiert, das eine Sollposition für alle Einzelelemente vorgibt und alle im Schwarm befindlichen Elemente danach ausrichtet, um tatsächlich in die vorgegebene reale, physische Position zu gelangen. Die Realisierung erfolgt über eine bidirektionale Multi-Hop-Kommunikation und die Ansteuerung der Position aus der Einzeldrohne heraus. Aus dem Soll-Ist-Vergleich und der kontinuierlichen Berechnung der daraus resultierenden Flugbahnen ergibt sich eine virtuell wirkende Kraft. Die Positionen innerhalb der virtuellen Struktur werden als Punkte innerhalb der vorgegebenen Umgebung definiert.

Zur Formationsbildung werden nach [113] drei wesentliche Schritte durchgeführt. Zunächst wird die Zielformation initialisiert, so dass ein Ausrichtungsprozess den Fehler zwischen den Positionen der Flugobjekte und den zugehörigen Positionen der virtuellen Struktur ausgleichen kann. Eine solche Funktion zur Bestimmung der Fehlerkompensation ist in Gleichung (2.22) dargestellt.

$$f(x) = \sum_{1}^{N} d(r_i^W, I_r^W(x) \cdot p_i^R) \qquad (2.22)$$

N ist als die Gesamtanzahl der Schwarmobjekte in der Formation definiert. Es wird zwischen ihnen eine Distanzfunktion $d()$ aufgespannt. Dann ist r_i^W die Position des Flugobjektes im globalen Koordinatensystem, p_i^W die Koordinatenposition dieses Objektes in der virtuellen Struktur und $I_r^W(X)$ stellt die Transformationsfunktion zwischen dem globalen Koordinatensystem und dem durch die virtuelle Struktur definierten lokalen Koordinatenraum dar. Im zweiten Schritt wird das Missionsziel in die virtuelle Struktur übertragen und das dynamische Verhalten der Drohnen integriert. Auf diesem Wege lassen sich die nächsten Positionen der virtuellen Struktur bestimmen. Schritt drei verschiebt die derzeitigen Drohnen, unter Berücksichtigung der berechneten Sollposition in die neue zugehörige Position der Struktur. Dieses Vorgehen ist in Abbildung 2.16 gezeigt. Ausgehend von der ersten Initialisierung, über die Verschiebung der virtuellen Struktur bis zur anschließenden Korrekturbewegung der realen Drohnen zur vorgegebenen Position [114].

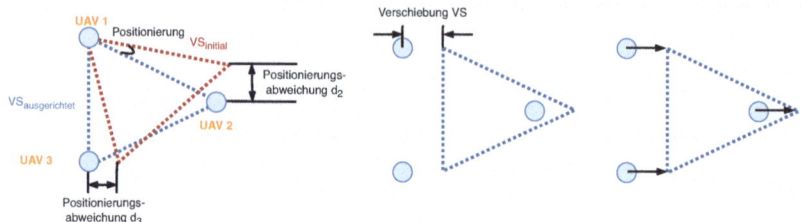

Abbildung 2.16 Schwarmansatz virtuelle Struktur [vgl. 91]

Dieses grundlegende Vorgehen wird in zahlreichen Ansätzen erweitert und verbessert, sodass mobile Roboter und Flugzeuge integriert werden oder die Feedbackschleife zur Fehlerkorrektur in die Kontrollstruktur Einfluss findet. Durch dieses Vorgehen wird der größte Nachteil des Ansatzes überwunden, um die Flexibilität der Formationsstruktur zu erhöhen und neben dem positionsbezogenen Abgleich, die zeitliche Synchronisation sicher zu stellen. Dies bietet Vorteile bei der Reaktion auf Windeffekte oder Hindernisse [115–117].

Verhaltensbasierter Ansatz
Der Ansatz verwendet in der Natur gefundene Phänomene der Schwarmbewegung und setzt sie über mathematische Modelle in Steueralgorithmen um. Es handelt sich um die Kombination verschiedener Vektorkontrollfunktionen, welche natürliche Formationen imitieren. Durch die Beobachtung von Schwärmen in der Fisch-, Insekten-, Vogel- oder Pflanzenwelt lassen sich Muster ableiten, die zur Bewegung oder Formationsbildung führen.

Diese werden durch Sensormessungen als Teilparameter mit unterschiedlicher Gewichtung in einer Kontrollfunktion zusammengeführt. Parameter wie die Qualität der Hindernisvermeidung u_1, die Formationsbildung u_2 oder Zielüberwachung u_3 fließen auf diesem Wege in die Berechnung ein. Diese führt zu einem Kontrollkommando, welches beispielhaft durch Gleichung (2.23) beschrieben ist. Die Gewichtungen a, b, c und d ermöglichen die Priorisierung.

$$u = a * u_1 + b * u_2 + c * u_3 + d \qquad (2.23)$$

2.2 Theorie

In Abbildung 2.17 ist eine resultierende Kontrollstruktur mit verschiedenen Teilparametern für mehrere Schwarmdrohnen skizziert. Die Implementierung kann jeweils aus Submodulen bestehen und über den Steuerbefehl die Flugbahn durch den Flugregler beeinflussen [63, 118].

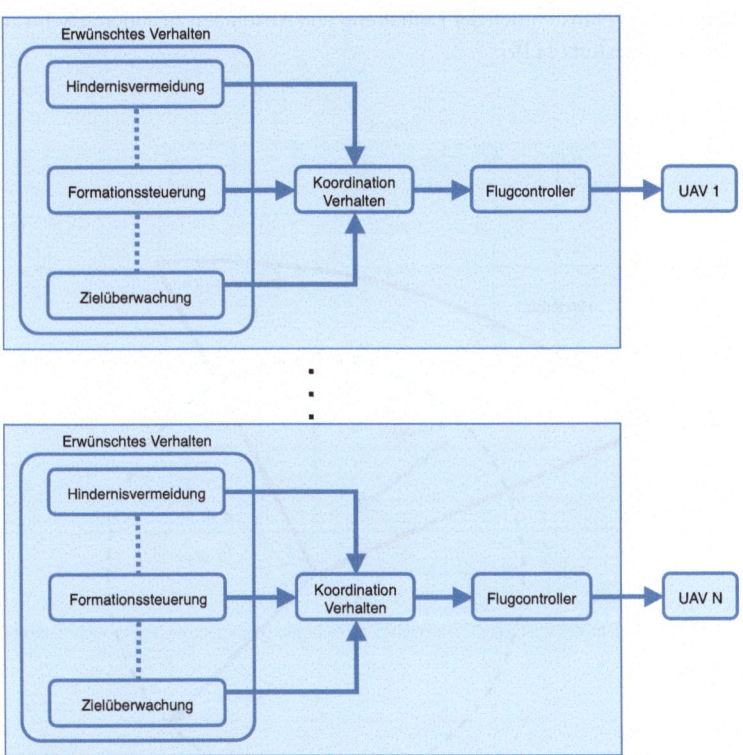

Abbildung 2.17 Schwarmansatz verhaltensbasiert [vgl. 91]

Ansatz Künstliche Potentialfelder
Bei der Nutzung künstlicher Potentialfelder stehen Verfahren zur Kollisionsvermeidung im Mittelpunkt der Betrachtungen. Auf der Basis von anziehenden und abstoßenden Kräften werden Steuerungsaktionen definiert. Diese werden bei Überschreiten bestimmter Schwellenwerte ausgelöst. Negative Kräfte wirken anziehend, während positive Werte zu abstoßenden Reaktionen führen. Anziehende Kräfte

gewährleisten die Einhaltung der Formationsmuster und abstoßende Kräfte wirken der kollisionsfreien Sicherung der Streckencharakteristik entgegen. Dies ist in Abbildung 2.18 dargestellt. Über einen um die Drohne aufgespannten Sicherheitsradius und im sich horizontal bewegenden Sensorbereich findet eine Detektion statt, die hinsichtlich des Umfliegens von Hindernissen optimiert ist. Gleichzeitig wird eine Verbesserung hinsichtlich der Einhaltung von Abständen zu anderen Schwarmteilnehmern angestrebt [119].

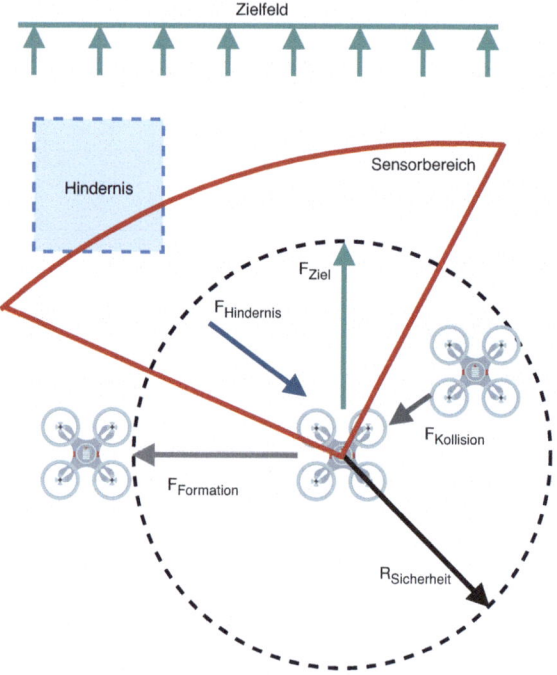

Abbildung 2.18 Schwarmansatz mit Potentialfeld [vgl. 91]

Eine Formation beseitzt N Teilnehmer. Dann wird p_i als aktuelle Position des i-ten UAV angesehen. Das anziehende und abstoßende Potentialfeld zwischen der i-ten und j-ten Drohnen ist bei $i, j \in N$ in den Gleichungen (2.24) und (2.25) definiert.

$$J_{ij}^{att} = \frac{1}{2} K_{att} d_{ij'}^2 \qquad (2.24)$$

2.2 Theorie

$$J_{ij}^{rep} = \frac{1}{2} K_{rep} \left(\frac{1}{d_{ij}} - \frac{1}{d_{min}} \right)^2 \qquad (2.25)$$

K_{att} und K_{rep} sind die Verstärkungskoeffizienten, $d_{ij} = p_j - p_i$; $i, j \in N, i \neq j$, d_{min} ist der Sicherheitsabstand zwischen zwei Drohnen. Die abstoßende Kraft und die anziehende Kraft können mit den Gleichungen (2.26) und (2.27) definiert werden.

$$F_{ij}^{att} = -\nabla J_{ij}^{att} = K_{att} d_{ij} \qquad (2.26)$$

$$F_{rep} = -\nabla J_{ij}^{rep} = K_{rep} \left(\frac{1}{d_{ij}} - \frac{1}{d_{min}} \right) \frac{1}{d_{ij}^2} \cdot \frac{\partial d_{ij}}{\partial p_i} \qquad (2.27)$$

Die resultierende Kraft F_i für die i-te Drohne lässt sich im Resultat aus Gleichung (2.28) berechnen.

$$F_i = \sum_{j \neq i,\, j \in N} (F_{ij}^{att} + F_{ij}^{rep}) \qquad (2.28)$$

Ausgehend von diesem Grundansatz wurden weitere Anwendungen mit mehreren Schwarmansätzen entwickelt, die Kollisionen bei sehr hohen Geschwindigkeiten verhindern können. Durch die Kombination mit virtuellen Strukturen kann die maximal mögliche Geschwindigkeit genutzt werden, bevor es zu einer Beeinträchtigung des Fluggerätes kommt. Es ist möglich, die Trajektorien jedes einzelnen Schwarmteilnehmers hinsichtlich der minimal zurückgelegten Flugstrecke und vorgegebener Energienutzungsparadigmen zu optimieren. Dazu werden die beiden zuvor beschriebenen Kräfte um weitere korrespondierende Kräfte ergänzt [120–123].

Konsensorientierte Struktur

Eine sehr mächtige Möglichkeit, Drohnen im Schwarm zu steuern und auf Probleme im Flug zu reagieren, ist die Möglichkeit, sich durch Mehrheitsentscheid im gegenseitigen Konsens auf eine gemeinsame Strategie zu einigen. Letztlich ist es die Verständigung aller Gruppenteilnehmer auf die gleichen konstanten Werte. Alle bisherigen Ansätze, d.h. Leader-Follower, virtuelle Struktur oder verhaltensorientierte Schwarmgruppierungen, können als spezielle Varianten der viel allgemeiner verstandenen konsensorientierten Strategien verstanden werden [124]. Geht man von einem Multiagentensystem mit n Agenten aus, kann ein Graph den Informationsfluss innerhalb des Systems beschreiben. Die Information eines einzelnen Agenten kann durch Gleichung (2.29) modelliert werden.

$$\dot{x}_i = u_i, i \in N\{1, 2, \ldots, n\} \qquad (2.29)$$

x_i und u_i sind der aktuelle Status des i-ten Agenten und seines Kontrolleingangs. Ein Konsensprotokoll kann wie in Gleichung (2.30) beschrieben aussehen.

$$u_i = \sum_{j \in N_i} a_{ij}(x_j - x_i) \qquad (2.30)$$

Das Konsensprotokoll ist zudem erweiterbar um eine Integration zweiten Ranges innerhalb des dynamischen Systems. Das System ist in Gleichung (2.31) beschrieben.

$$\dot{x}_i = v_i, \dot{v}_i = u_i, i \in N\{1, 2, \ldots, n\} \qquad (2.31)$$

x_i, v_i und u_i sind die Position, Geschwindigkeit und Steuereinfluss gleichermaßen. Das Konsensprotokoll für die Integration des Systems zweiter Ordnung ist dann in Gleichung (2.32) zu sehen.

$$u_i = \sum_{j \in N_i} a_{ij}((x_j - x_i) + \gamma(v_j - v_i)) \qquad (2.32)$$

$\gamma > 0$ stellt einen Skalierungsfaktor dar. Der erreichte Konsens ist als ein Spannbaum definiert, welcher einen Informationsfluss ermöglicht [125].

Intelligente Kontrollstrukturen
Die oben beschriebenen Ansätze können durch Verfahren der künstlichen Intelligenz ergänzt werden, um komplexe Steuerungsprobleme effizient zu lösen. In unvorhersehbaren Umgebungen wird häufig eine Fuzzy-Logik in die Schwarmsteuerungsprotokolle integriert. Aus der Fuzzylogik können Flughöhe und Geschwindigkeit abgeleitet bzw. verfolgt werden [126]. Die Formation wird dabei nicht als Muster verstanden, sondern optimiert sich im UAVs über kinematische Gleichungen selbst. Diese fließen in einen Ansatz dynamisch generierter virtueller Strukturen mit Rückkopplungsschleife ein. Die Steuerbefehle ergeben sich aus der Position der jeweiligen Nachbarn und die Synchronisation der Abläufe wird über die in der Fuzzy-Logik [127] erzeugte Interferenz gesteuert.

Die in den vorangegangenen Abschnitten beschriebene Leader-Follower-Struktur kann durch den Einsatz von Neuronalen Netzen und Methoden des adaptiven Lernens erweitert werden. Unvorhergesehene Hindernisse werden durch die radiale

2.2 Theorie

Basisfunktion des Neuronalen Netzes abgefangen und durch ein multivariates Referenzmodell adaptiv gesteuert. Dieser Ansatz ermöglicht die konsensuelle Generierung von Formationen mehrerer Schwarmdrohnen [128, 129].

Schließlich fallen in diese Kategorie alle Formationen, die sich mit der Nachbildung von Partikelverteilungsmechanismen zur optimalen Erreichung aller möglichen Positionen im Fluggebiet beschäftigen. Sie integrieren die Parameter der Zufallswahrscheinlichkeit mit den Effekten des Flugwinkels und der vorgegebenen Bewegungsgeschwindigkeit, um das Ziel in einer vorgegebenen Zeit zu erreichen [130].

Die Tabelle 2.4 stellt die analysierten Vor- und Nachteile aller beschriebenen Schwarmstrukturmodelle gegenüber. Für den praktischen Einsatz ist demnach eine Kombination aus Leader-Follower-Struktur und künstlichen Potenzialfeldern für die Entwicklung geeignet.

Tabelle 2.4 Vor- und Nachteile Strukturen zur Formationsbildung [vgl. 91]

Struktur	Vorteile	Nachteile
Anführer-Nachfolger	Übersichtlicher Strukturaufbau und leichte Implementierung, hohe echtzeitfähige Verfolgungsmöglichkeit	Vollständige Abhängigkeit vom Anführer, keine symmetrische Kommunikation möglich
Virtuelle Struktur	Garantierte, nachvollziehbare Systemstabilität bei komplexen Formationen	Unflexibel, schlechte Kollisionsvermeidung
Verhaltensbasiert	Umgang mit mehreren Missionszielen	Hoher Modellierungsaufwand, Instabil
Künstliche Potentialfelder	Effektive Pfadgenerierung, kurze Berechnungszeit, gute Kollisionsvermeidung	In komplexen Umgebungen ineffizient
Konsensorientiert	Formationsbildung bei eingeschränkten oder dynamischen Kommunikationswegen	Keine Berücksichtigung der Flugdynamiken
Intelligente Kontrolle	Ohne vordefiniertes Modell sehr adaptiv und lernfähig	Hohe Rechenperformance notwendig

2.3 Stand der Wissenschaft

In den vorhergehenden Abschnitten wurden Einblicke darüber gewonnen, welche Aspekte die Missionsplanung beeinflussen und im Einklang mit der Steuerung mehrerer Drohnen den automatisierten Schwarm bilden. Anschließend wurde in einem theoretischen Exkurs beleuchtet, wie eine einzelne Drohne vom Boden abheben kann und über welche Strategien sie in Schwarmformationen integrierbar wird.

Ein Anwendungsgebiet für autonome Drohnenflüge ist die Landwirtschaft, da hier oft große Flächen und unzugängliche Gebiete beflogen werden können. Gleichzeitig befindet es sich in ländlichen Gebieten mit geringeren Risiken für den Flug. Im Folgenden wird der Forschungsgegenstand zur Präzisionslandwirtschaft analysiert, um konzeptuell den Einsatz als Testfeld für die anwendungsbezogene Entwicklung von Drohnenschwärmen und dezentralen Ad-Hoc-Sensornetzen motivieren zu können.

Ein weiteres Forschungsgebiet ist in diesem Abschnitt in der Verkehrslenkung im Luftraum zu sehen. Es bietet die Möglichkeit auf Steuerungsparadigmen zur Kollisionsvermeidung einzugehen und Ansätze im Umgang mit mehreren unterschiedlichen Fluggeräten in die Betrachtung zu integrieren.

2.3.1 Die Präzisionslandwirtschaft als Entwicklungslabor

Eine nachhaltige Landwirtschaft setzt genaue Messungen und Informationen voraus, die als wichtige Einflussfaktoren für Entscheidungen über eine nachhaltige und ökonomisch sinnvolle Nutzung der Ressource Boden gelten. Neben der gewünschten langfristigen Vorhersage von Erträgen und Wachstumspotenzialen geht auch die kurzfristige Reaktion auf die verfügbare Niederschlagsmenge in die Anpassung des Pflanzenwachstums ein [131, 132].

Die Daten werden von den landwirtschaftlichen Betrieben durch Bodenanalysen, Wettermodelle und langjährige Beobachtungserfahrungen gesammelt. Traktoren und technische Maschinen sammeln ihrerseits Daten über die Feldbestellung, das Pflanzenmonitoring und die Erträge der Endernte. Bei industriellen Großflächen kann dieses Verfahren durch Satellitenkarten in GIS-Systemen ergänzt werden [133]. Da diese Art der konventionellen Landwirtschaft vergleichsweise grob aufgelöst ist und detailliertere Ansätze Vorteile für eine nachhaltige Bewirtschaftung bieten können, wird von Precision Farming gesprochen. Sie ermöglicht die Kombination etablierter Verfahren mit Technologien der digitalen Automatisierung [46].

2.3 Stand der Wissenschaft

Im Bereich der landwirtschaftlich genutzten Bodenvermessung und Zustandsüberwachung ist der Einsatz von bildgebenden Complementary Metal-Oxide-Semiconductor (CMOS)-Sensoren ein gängiger Weg, um hochauflösende, rauscharme und möglichst ortsgenaue Daten zu gewinnen und in Karten zu überführen. Neben RGB-Aufnahmen kommen multispektrale, thermale und photogrammetrische Messungen zum Einsatz.

Diese können durch Überfliegen des Gebietes mit Satelliten, Flugzeugen oder landwirtschaftlichen Drohnen erzeugt werden. Im Kostenvergleich mit Drohnen schneidet die Satellitentechnik bei Flächen ab 20 Hektar am besten ab, da sie mit einer Auflösung von 5-10 Metern pro Pixel und verfügbaren integrierten Softwarelösungen im Internet vergleichsweise einfach einsetzbar ist. Bei [134] wird darauf hingewiesen, dass über die Erdbeobachtungssatelliten Landsat-8 der NASA und das Schwesterprojekt Sentinel-2 der ESA alle fünf Tage kostenlose Rohdaten mit einer Genauigkeit von 10 Metern zur Verfügung stehen. Diese werden anschließend aufbereitet. Flugzeuge für die Bodenbefliegung werden in der Erntesaison vierteljährlich ab einer Flächengröße von 30 Hektar mit einer Genauigkeit von 3 Metern eingesetzt [135].

Drohnen können in niedrigeren Flughöhen operieren und sind unabhängig von der Bewölkung einsetzbar. Dadurch ist trotz vergleichsweise hoher Kosten und geringer Einsatzradien die Genauigkeit der Aufnahmen mit bis zu 2,5 cm pro Pixel und die Qualität der Aufnahmen als deutlich detaillierter einzuschätzen. Aufgrund der derzeit noch begrenzten Energiedichte in den Batteriezellen und der Verfügbarkeit von gesondert ausgebildeten Drohnenpiloten, die die manuelle Verantwortung für den operativen Flugbetrieb tragen, entstehen höhere Kosten als bei allen anderen diskutierten Luftbeobachtungsmöglichkeiten [111]. Abbildung 2.19 zeigt die derzeitigen Kosten der Technologien in Abhängigkeit von der Größe der zu überwachenden Fläche.

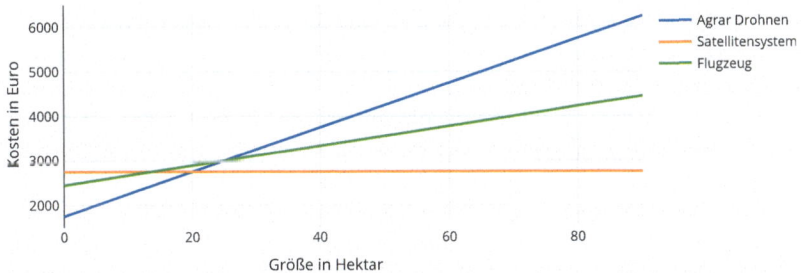

Abbildung 2.19 Kosten Luftaufnahmen mit Satelliten, Flugzeug und Drohnen [vgl. 133, 136]

Spezialisierte Bewirtschaftung durch Sportfarming
Eine Entwicklungsrichtung zur Anwendung der hochauflösenden Datenerfassung mittels Drohnen in der Präzisionslandwirtschaft ist das Spot Farming. Im Mittelpunkt der Überlegungen steht das Ziel, den Ertrag der Pflanzenproduktion durch kleinflächige Fragmentierung nachhaltig zu steigern. Dies geschieht unter dem Gesichtspunkt der Nutzung der gesammelten und aufbereiteten Daten für die Feldbewirtschaftung. Auf der verfügbaren Fläche wird durch gezielte Bepflanzung die Nutzung nachhaltig intensiviert. Dies soll in Zukunft zu einer effizienteren Bewirtschaftung beitragen. Im Detail erfolgt die Kombination von charakteristischen Felddaten, wie sie über Texturanalysen und Feuchtemodelle in Bodenkarten vorliegen und über den NVDI-Index in Wachstumsberechnungen zur Erstellung von Ertragsprognosen einfließen. Als Ergebnis wird eine Potenzialkarte erstellt. Diese gibt Aufschluss darüber, welche Pflanzenarten vorteilhaft nebeneinander angebaut werden können, so dass die Bodenqualität langfristig zum Erhalt der Ertragsfähigkeit beitragen kann. Dieser Ansatz ermöglicht in einem evidenzbasierten Rahmen durch den konsequenten Einsatz von Automatisierung einen gezielten Technologieeinsatz für die sehr kleinräumige, spezifische Bewirtschaftung [10, 137].

Um dies zu erreichen, werden die Gesamtflächen in einem ersten Schritt möglichst kleinräumig segmentiert und jedes der Segmente mit einer Vielzahl von Eigenschaften versehen. Diese können, wie bereits untersucht, aus unterschiedlichen Quellen gewonnen werden. Für einen besonders hohen Detaillierungsgrad eignen sich Drohnen am besten. Wenn sie regelmäßig in unterschiedlichen Zeitabständen Messungen durchführen, können die Daten in späteren Iterationen des Verfahrens aggregiert, validiert oder im Detail erweitert werden. Diese Daten werden verwendet, um Teilflächen mit ähnlichen Eigenschaften zu identifizieren, die dann zusammengefasst und genau auf einem Schlag lokalisiert werden. Darauf aufbauend erfolgt eine Bestandesführung mit gezielter Variation der Aussaat auf den Teilflächen. Durch diese pflanzenbedarfsgerechte Platzierung findet ein Matching zwischen den Eigenschaften der Teilfläche und den möglichen anzubauenden Pflanzen statt. Daraus werden Modelle der Landnutzung im Zeitverlauf generiert, die mit den Aussaatzeitpunkten, Wuchsstärken, der geschätzten Ertragsfähigkeit und der Düngermenge korrespondieren [46].

Die zuvor definierten Teilflächen werden im zweiten Schritt als Spots bezeichnet. Ähnlich einer Lagerhaltung in der Logistik wird die Umschlagszeit, d.h. die Zeit von der Aussaat bis zur Ernte, so optimiert, dass die Flächenressourcen ohne zusätzliche Leerlaufzeiten genutzt werden. Standorte mit höherer Produktivität können gezielt mit einer Fruchtfolge Zuckerrübe – Winterweizen – Mais – Winterweizen bewirtschaftet werden, während bei schlechteren Bodenverhältnissen die Fruchtfolge Raps – Roggen – Mais – Roggen geeignet erscheint. Die Anbaudiversifizierung auf der

2.3 Stand der Wissenschaft

vorhandenen Fläche führt zu einer höheren Anbaudichte. Damit verbunden ist ein dosierter Saatgut- und Pflanzenschutzmitteleinsatz [10]. Sollen komplementäre Kulturen gleichzeitig oder nacheinander in Fruchtfolgen auf kleinerem Raum angebaut werden, müssen alle Prozesse und Verfahren überprüft und die Anpassungsmöglichkeiten gründlich abgewogen werden. Denn der bisherige Entwicklungspfad des Einsatzes immer größerer landwirtschaftlicher Produktionsflächen und darauf abgestimmter spezialisierter Landmaschinen muss für diese deutlich kleinteiligere Produktionsweise verlassen werden. Nur so können auch längere Trockenperioden in die Wachstumsprozesse einbezogen und im Einklang mit den gesellschaftlichen Forderungen nach Nachhaltigkeit in eine fortschrittliche Anwendung überführt werden. Dies geschieht unter dem Gesichtspunkt wirtschaftlicher Entwicklungen, um zukünftig angemessene Erträge erzielen zu können [138].

Im dritten Schritt kommen neuartige Erntesysteme zum Einsatz. Bisherige Erntemaschinen sind nicht für die kleinteilige Bewirtschaftung ausgelegt und zu schwer für den wiederkehrenden Einsatz in Spots, was die gezielte Ausbringung unterschiedlicher Pflanzen auf einer Fläche erschwert. Leichte Feldbearbeitungs- und Ernteroboter werden gezielt eingesetzt. Sie können die hochaufgelösten Daten der Potenzialkarte aus der Drohnenbefliegung verarbeiten und vom Boden aus kontinuierlich anreichern. Drohnen und Ernteroboter arbeiten in einem vernetzten System. Die mit Sämaschinen ausgerüsteten Roboter säen verschiedene Getreidesorten aus. Andere entfernen mechanisch Unkraut und bekämpfen gleichzeitig Schädlinge. Harvester ernten das Getreide. Das Dreschen findet dann am Feldrand statt. Neben den spezialisierten Robotern gibt es eine flexibel einsetzbare Logistikflotte, um die Erntemasse zwischen den Bearbeitungsgeräten zu transportieren und schließlich einzulagern. Die definierten Spots mit der Auswahl der Geräte sind in Abbildung 2.20 dargestellt [10, 139].

Abbildung 2.20 Felder mit Spots werden durch spezialisierte Maschinen bewirtschaftet [vgl. 10, 25]

Pflanzenqualität und verteilte Flächenkartografierung
Präzisionslandwirtschaft steht für qualitativ hochwertigen Pflanzenbau. Detaillierte Modelle werden entwickelt, um das Wachstum und den Zustand des gesamten [140] Ökosystems analytisch zu beschreiben. Dieser Prozess wird exemplarisch anhand der in [141] vorgestellten agronomischen Parameter eines 11 Hektar großen Feldes für die Ernte von Winterweizen betrachtet. Durch die zeitlich wiederholte hochauflösende Aufnahme von überlappenden Einzelbildern im RGB-Farbraum und die Anreicherung mit Positionsmetadaten durch hochgenaue Echtzeitkinematik (RTK)-Lokalisierung können orthographische Flächenkarten erzeugt werden. Diese haben einen Detaillierungsgrad von 0,12 m pro Bildpixel bei einer Flughöhe von 50 m.

Es wird vorgeschlagen, die Fläche mit diesem Verfahren in insgesamt vier Missionen pro Jahr zu erfassen. Diese umfassen Aufnahmen nach der Aussaat, während der Blüte und in der Phase der Fruchtbildung zur Bestimmung des Reifegrades. Nach der Ernte folgt eine Beobachtung des leeren Bodens, um das zugrundeliegende Oberflächenmodell zu erstellen.

Die lokale Farbverteilung lässt Rückschlüsse auf die Vitalität der Pflanzen, die Wuchsdichte und die Wasserverfügbarkeit zu. Dunklere Grüntöne weisen auf ein Gebiet mit schnellem Wachstum hin. Stärkere Pflanzenstrukturen lassen auf ein hohes Ertragspotenzial von mehr als $0{,}9 \ \frac{kg}{m^2}$ und optimale Lichtverhältnisse schließen. Gelbe Farbanteile implizieren ein mittleres Wachstum und gehen mit einer Biomasse von $0{,}8 \ \frac{kg}{m^2}$ einher. Braune Bereiche sind aufgrund der höheren Sonneneinstrahlung trockener und liefern aufgrund der gestressten Fruchtbildung weniger oder keine verwertbare Ertragsmenge.

In Kombination mit der Oberflächenstruktur, die sich aus der Abbildung der abgeernteten Fläche ergibt, können Rückschlüsse auf die Bodenverhältnisse gezogen werden. Es ist erkennbar, wo sandigere oder lehmigere Bodenanteile für die Bewirtschaftung zur Verfügung stehen. Durch die Korrelation der im zeitlichen Abstand erstellten Orthofotokarten können die durchschnittliche Pflanzenhöhe, der Stickstoffgehalt und die Blattfläche [142] bestimmt werden.

Diese Erkenntnisse können mit [143] und [132] weiter vertieft werden. Multispektrale Aufnahmen ermöglichen über das nahe Infrarotspektrum (NIR) eine genauere Messung der Biomasse über das normalisierten differenzierten Vegetationsindex (NDVI). Das Verfahren nutzt den Effekt der reduzierten Lichtreflexion im roten (400 - 700 nm) und der erhöhten Strahlungsreflexion im nahen Infrarotspektrum (700 - 1300 nm) in Korrelation zueinander. Bei gesunder Vegetation bildet der Index umso höhere Koeffizienten, je größer der Chlorophyllanteil in der Pflanze ist. Das auf einer betrachteten Fläche vorhandene Chlorophyll wird vergleichbar [141].

2.3 Stand der Wissenschaft

Wie bereits in der Konzeptarbeit [5] untersucht, steigt der Aufwand für eine hochgenaue Kartierung durch eine Einzeldrohne bei landwirtschaftlichen Flächen mit einer Größe von mehr als 10 Hektar unwirtschaftlich an. Die Gründe hierfür werden in den optimal auszubalancierenden, missionsspezifisch festgelegten Restriktionen hinsichtlich der Dimensionen Batteriekapazität, Flughöhe und Fortbewegungsgeschwindigkeit zusammengefasst. Sie bilden die Grundlage für das in der Softwareentwicklung verwendete Paradigma der Parallelisierung gleicher oder verwandter Aufgaben [144]. Es ist daher sinnvoll, die Feldkartierung und den nachhaltigen Anbau durch schwarmfähige Multiagentensysteme zu unterstützen.

In [23] wird untersucht, wie ein prototypisches System zur Verknüpfung mehrerer Drohnen zu einem Schwarm realisiert werden kann und welche Prozesse die Organisation ermöglichen. Als Herausforderungen werden der Faktor Mensch, die mangelnde Flexibilität bei Planungsänderungen und die fehlende Intelligenz der Drohne an sich beschrieben. So fehlt es z. B. an zuverlässiger, einfach zu bedienender Software für den Einsatz von Drohnen im Schwarm in der Landwirtschaft. Es wird darauf hingewiesen, dass bisherige Entwicklungen, z. B. die DARPA-Challenge [145], sich häufig auf die militärische Sicht konzentrieren, während der zivile Sektor vernachlässigt wird. Das Potenzial für großflächige, nachhaltige Landwirtschaft liegt im Verborgenen. Zur experimentellen Erprobung wurde ein Konzept mit Prototyp und Bodenstation entwickelt.

Einige Ergebnisse der Versuche sind in Tabelle 2.5 dargestellt. Bemerkenswert ist, dass sich die Planungs- und Ausführungszeit mit steigender Schwarmanzahl signifikant verringert, während sich die effektive Nutzung der Planungsressourcen als schwieriger und langwieriger erweist. Im Ergebnis sinkt der entwickelte Performanceindex für Schlüsseleigenschaften (KPI) mit steigender Drohnenanzahl. Der Aufwand für die Missionsplanung steigt und Ressourcen für die Systemkoordination bleiben [146].

Tabelle 2.5 Eigenschaften bei unterschiedlicher Anzahl von UAVs [23]

Indikator	1 UAV	3 UAVs	4 UAVs	10 UAVs
Dauer des Planungsprozesses in Sekunden	165	62	50	21
Schätzung der Ausführungsdauer in Minuten	1205	404	304	145
Dauer Hinzufügen neuer Bereiche in Sekunden	6	9	15	13
Gesamtsystem KPI (Agenten Optimum) in Prozent	95	78	79	68

Die Arbeit von [147] beschäftigt sich mit der verteilten Routenplanung auf getrennten, aneinandergrenzenden landwirtschaftlichen Flächen zur Kombination von Kartendaten innerhalb und über der Fläche. Dabei erweitert sie das Konzept und die Problemstellung der np-vollständigen Optimierungsaufgabe zur landwirtschaftliche Routenplanung (ARP). Sie bezieht die Beobachtungsfähigkeiten der verschiedenen kombinierten Landmaschinen in die Betrachtung mit ein.

Die Untersuchungen befassen sich mit der Planung von Bewegungsabläufen der eingesetzten Maschinen und Drohnen innerhalb und über mehreren Feldern. Die minimale Distanz, die während einer Maschinenfahrt entlang der Pflanzenreihen zurückgelegt wird, reduziert die Bewirtschaftungskosten. Der Wechsel zwischen den Feldern an Übergangspunkten hilft, die Randbereiche effektiver abzudecken. Die Optimierung erfolgt über Knoten, die jeweils eine Reihe und verschiedene Arten von Wegpunkten repräsentieren. Der vorgestellte Algorithmus ENDA ordnet die Reihenfolge der Durchfahrten durch Constraints als Hybrid aus Verteilungs-, Internachbarschafts- und Intranachbarschaftsheuristik optimierten Wegen. Dabei wird darauf geachtet, dass die Fahrten mit dem Produktionsmanagement eines landwirtschaftlichen Betriebes [147] im Einklang stehen und sich nahtlos in dieses einfügen.

In [111] wird ein Verfahren zur skalierbaren Kartierung und Exploration durch mobile Roboter entwickelt. Dazu wird für jeden Agenten eine dreidimensionale Gaußverteilung zur Fehlerabschätzung bestimmt. Ziel ist es, in einem unbekannten Gelände die Feldkartierung als kontinuierlich lernenden Prozess zu realisieren und von einem beliebigen Startpunkt aus durch Interpolation in jedem Durchlauf zu verbessern. Dieser Ansatz erlaubt es, je nach Bedarf eine unterschiedliche Anzahl von Geräten einzusetzen und je nach Missionsspezifik die vorgeschlagenen Formationen in Variationen zu realisieren.

Der vorgestellte Algorithmus basiert auf dem bio-inspirierten Ansatz von Speeding-Up und Slowing-Down (SUSD) und normalisiert die Gauß-Verteilung zur Vorhersage der Oberflächeneigenschaften durch ein skalares Feld. Es handelt sich dabei um eine Variante des in der Geostatistik verwendeten Kringing [148] bzw. der allgemein als Gauß-Prozess-Regression [149, 150] durchgeführten Interpolation. Diese zunächst fehlerbehafteten Vorhersagen werden im Laufe der Abtastung des im Schwarm erkundeten Feldes angepasst. Mit zunehmender Menge an Messdaten wird die Schätzung immer genauer. Auf diese Weise können die fliegenden Drohnen gleichzeitig von einem Startpunkt aus über das Feld bewegt werden und der anfänglich hohe Fehleranteil des Modells wird nach und nach eliminiert [111].

2.3 Stand der Wissenschaft

Erfüllung der Nachhaltigkeitsziele durch Drohnen
Der nachhaltige Anbau von Pflanzen in der Präzisionslandwirtschaft muss im Einklang mit den Nachhaltigkeitszielen der Vereinten Nationen stehen. Diese geben Ernährungssicherheit und nachhaltige Landwirtschaft als übergeordnetes Ziel mit höchster Priorität an [151]. Da räumliche Informationen kurzfristig die Erträge steigern und widerstandsfähigere Nutzpflanzen fördern können, wird die natürliche Resilienz erhöht. Hochauflösende und großflächig eingesetzte Luftbilder aus UAVss spielen dabei eine Schlüsselrolle [152]. Sie können im Vergleich zu konventionellen Flugzeugen mit einem geringen Kohlendioxid-Fußabdruck eingesetzt werden und bieten aufgrund ihrer geringen Lärmemissionen den Vorteil, dass Eingriffe in die Natur durch andere Fluggeräte nahezu vollständig vermieden werden. Dies erhöht die Produktivität und ermöglicht den Einsatz in umweltschonenden Kulturlandschaften oder entlegenen Gebieten der Antarktis [153, 154].

In den Arbeiten von [155] werden die Kohlendioxidemissionen beim Transport von Gütern mit Werten deutlich unter denen von LKW pro Gewichtseinheit abgeschätzt. Eine an der Drohne angebrachte Kamera, abwurfbereite Ladung und Ortungssensorik stellen eine solche mögliche Last dar. Die Ermittlung der Emissionen muss jedoch anders als bei Verbrennungsmotoren erfolgen. Eine Abgasmessung greift zu kurz, da der Direktflug emissionsfrei ist. Emissionen entstehen vielmehr vor allem durch die energieintensiven chemischen und mechanischen Prozesse bei der Herstellung. Hinzu kommen Belastungen durch Verschleißmaterialien, wie sie bei Propellern, Batterien und teilweise mechanischen Komponenten der Landemechanik auftreten. Emissionen können durch den Einsatz von elektrischer Energie beim Ladevorgang entstehen.

Bei [78] wird ein Modell entwickelt, um die Belastungen durch den Einsatz von UAVs zu bestimmen. Es gibt lineare und nichtlineare Komponenten. Start- und Landeverfahren unterscheiden sich je nach Situation stark. Beim Routing und der Lösung von Berechnungen zur Missionsausführung sind die eingesetzte Hardware und die tatsächlich aufgewendete Rechenkapazität relevant. Die Durchführung des Fluges zur Datenaufnahme wird dagegen als linearer Faktor beschrieben. Dies führt die Drohne als wichtiges Vehikel zur flexiblen Datenerfassung ein und macht sie umso umweltfreundlicher, je länger die durchgeführte Flugsequenz eingehalten werden kann.

Virtuelle landwirtschaftliche Flächen und digitale Zwillinge
Landwirtschaftliche Flächen können, wie in [156] auf einem Betrieb in Mecklenburg-Vorpommern gezeigt, teilflächenspezifisch bewirtschaftet werden. Am Beispiel des Maisanbaus konnten Düngung und Pflanzenschutz reduziert werden, was ökologische und ökonomische Vorteile bietet. Um die Erträge durch Pre-

cision Farming zu steigern, werden Ertrags- und Bodenkarten durch Datenanreicherung detaillierter. Sie können in Modelle überführt werden, die schließlich zu virtuellen landwirtschaftlichen Flächen werden. In der detailliertesten Form erfolgt die Betrachtung auf der Ebene einzelner Pflanzen, die in ihrer Summe einen digitalen Zwilling der gesamten landwirtschaftlichen Fläche darstellen.

In [157] werden Digitale Zwillinge verallgemeinert aus dem Kontext der Automobilindustrie und des Energiesektors auf die Landwirtschaft übertragen. Die Generierung von digitalen Zwillingen kann durch künstliche Intelligenz [158] unterstützt werden. Interdisziplinäre Lösungsansätze werden adressiert. Diese stehen häufig im Kontext von Systemanalyse, Entscheidungsfindung und Technologieintegration. Digitale Zwillinge ermöglichen die Visualisierung realer, physischer Zwillinge in hoher räumlicher Auflösung. Nahezu in Echtzeit können verteilte Sensoren Daten aus der Ferne erfassen und über Datenströme in das digitale Modell integrieren.

Die Kontinuität der Informationsverfügbarkeit wird über den gesamten Lebenszyklus des Systems sichergestellt und ermöglicht die Konvergenz zwischen physischer und virtueller Umgebung. Dies ermöglicht Fortschritte in der Systementwicklung und Validierung durch Simulation unter Vermeidung unerwünschter Systemzustände. Die Abbildung 2.21 zeigt charakteristische Vorteile digitaler Zwillinge, von denen landwirtschaftliche Anwendungen profitieren können. Sie ermöglichen eine personalisierte, automatisierte und situationsbezogene Informationsverknüpfung und Interaktion mit komplexen Systemen.

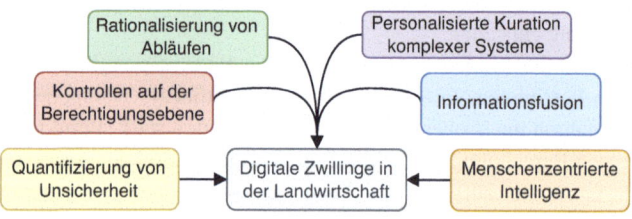

Abbildung 2.21 Charakteristika digitaler Zwillinge für landwirtschaftliche Anwendungen [vgl. 157]

Eine komplexe Anwendung ist die Bestimmung des Phänotyps einer Pflanze unter dem Gesichtspunkt des Lebenszyklus von der Aussaat bis zur Ernte. In [159] wird ein System mit mehreren UAVs entwickelt, um die Bestimmung von Phänotypen auf einem Feld zu verbessern. Es wurden Beobachtungsmissionen mit einer Erkundungsfläche von 5 bis 10 Hektar identifiziert. Diese Größe stellt Herausforderungen an die Genauigkeit der umfassenden Charakterisierung der

2.3 Stand der Wissenschaft

Hauptphänotypen. Als Datengrundlage werden die UAVs häufig mit RGB-Kameras und LiDAR-Systemen ausgestattet. Dies ermöglicht eine maximale Auflösung von 3-5 mm mit einer hohen Korrelation zur Pflanzenhöhe. Die Flüge in einer Höhe von 50 bis 100 m werden aus verschiedenen Blickwinkeln durchgeführt. Aus den gesammelten Daten werden Punktwolken generiert und ein digitales Oberflächenmodell (DSM) rekonstruiert.

In der Untersuchung wurden schlangenförmige Flugbahnen zweier sich nacheinander bewegender Drohnen mit den entwickelten Kontrollverfahren in der Simulationsumgebung Gazebo auf Kollisionsfreiheit überprüft und anschließend mit realen Drohnen, die auf der PixHawk-Architektur basieren, über $641 m^2$ getestet. Das Ergebnis war, dass der reale Flug immer länger dauerte, da die durchschnittliche Fluggeschwindigkeit von $3 m/s$ im Algorithmus nicht überschritten wurde. Durch die Pfadplanung konnte die Überlappung der Aufnahmen reduziert und die Lokalisierungsgenauigkeit auf 0,02 m erhöht werden.

Der Phänotyp von Maispflanzen kann beispielsweise mit [160] bestimmt werden. Klassischerweise wird das Feld mit RGB-Bildern erfasst. Dazu haben die Drohnenpiloten mehrere Bodenkontrollpunkte festgelegt, die Drohne entlang der Pfade geflogen und weitere Bodenmessungen zur Farbausprägung einzelner Maissorten durchgeführt. Aus den gewonnenen Datensätzen wird anschließend eine detaillierte Punktwolke erzeugt. Diese durchläuft mehrere Filterkaskaden, um Rot- und Grünanteile, kontrastierende Strukturen und einzelne Umrisse der Maispflanzen zu trennen. Anschließend wird die Gesamtpunktwolke in Einzelpflanzen zerlegt und jeweils ein Kurvenskelett gebildet. Dies ermöglicht eine Erkennung anhand typischer Strukturen von Maispflanzen. Durch Anwendung von Fehlermetriken und Markierung der richtigen Ergebnisse wurde das Modell trainiert. Bis zu 95 Prozent der Pflanzen wurden korrekt erkannt.

Die bekannteste Anwendung von Drohnen in der Landwirtschaft ist das gezielte Ausbringen von Pflanzenschutzmitteln. Um Pflanzen vor Schädlingen zu schützen, werden chemische Wirkstoffe oder natürliche Gegenspieler ausgebracht. In [161] wird untersucht, wie diese optimal verteilt werden können, indem der Ansatz mit jährlichen Bodenproben kombiniert wird und auf dieser Basis gezielt geschädigte Flächen mit dem entwickelten Multi-UAV-Ansatz besprüht werden können. Dabei wird neben der Pfadplanung für die Missionsplanung auch die Zuweisung verschiedener Aufgabentypen an einzelne UAVs untersucht.

Tierbestimmung und Feuerbekämpfung

Die Arbeit von [162] untersucht, wie die Qualität der Tierklassifikation durch den Einsatz neuronaler Netze verbessert werden kann. Um genaue Schätzungen der Populationsdichte und der Robustheit des Vorkommens einer Art zu erhalten, müssen die Tiere in einem geschlossenen Gebiet gezählt und korrekt klassifiziert werden. Dieser Ansatz geht über die übliche Strategie der Erfassung von Rehen in erntereifen Maisfeldern hinaus. Denn Wärmebildaufnahmen zum Schutz von Rehkitzen sind oft der Lakmustest für die Anwesenheit der Tiere. Bei der gezielten Erfassung von Wildtieren geht es um Wildtiermanagement und das Gleichgewicht der Arten im jeweiligen Revier.

Die Arbeit verkürzt die Ausbildungszeit durch kontrastives Lernen, d.h. die Anwendung der Hard-negative Mining (HNM). Zwei Revieraufnahmen werden einmalig markiert und die zu detektierenden Tiere zugeordnet. Aus der Interferenz der beiden Aufnahmen können automatisch Negativ-Beispiele herausgefiltert werden, in denen keine Tiere zu erkennen sind. Da diese Muster in großer Zahl vorliegen, kann nach dem Ausschlussprinzip ermittelt werden, in welchen Bildbereichen mit hoher Wahrscheinlichkeit keine Tiere zu sehen sind. Im Beispiel konnte mit dem vorgestellten Verfahren die Fehlerrate bei der Tiererkennung auf 9 von 85000 Fällen reduziert werden [162].

In [163] wird die Schwarminteraktion zur Bekämpfung von Großbränden durch ein Interaktionsmodell beschrieben, das traversierende Systemebenen verwendet und den Fokus vom Operator mit dem gesteuerten Schwarm bis hin zum einzelnen Sensor lenkt. In Anlehnung an das Open-Systems-Interconnection (OSI)-Modell kapselt dieser Ansatz die Komponenten in gleichartige Einheiten und abstrahiert die Interaktion in höheren Schichten über Schnittstellen. Dieser Ansatz ermöglicht es dem Treiber, Verantwortung an den Schwarm und die definierten Subkomponenten zu delegieren. Das Ergebnis ist eine verallgemeinerte Sicht. Level null verbindet den Operator zur Interaktion mit dem Schwarm, während die darunter liegenden Level eins bis vier technische und hardwarenahe Aspekte beinhalten. Die in Level eins generierten Daten geben dem Piloten einen umfassenden Überblick über das Missionsgebiet und zusammenfassende Lagedaten. Die darunter liegenden Level drei und vier entsprechen der heutigen Interaktion zwischen Drohnenpilot und Einzeldrohne.

2.3.2 Kollisionsvermeidung und Verkehrsmanagement

Die Europäische Union durch die EASA und die amerikanische Federal Aviation Administration (FAA) rechnen mit einer Zunahme des Luftverkehrs durch den zunehmenden Einsatz von Drohnen [164]. Drohnen, die neben der konventionellen, bemannten Luftfahrt an Bedeutung gewinnen, haben Einfluss auf die Verkehrsregelung im Luftraum. Unter dem Thema Unmanned aircraft system Traffic Management (UTM) werden Systeme zur Steuerung von UAVs entworfen und Flugverkehrsregeln in europäischen U-Spaces diskutiert. Dabei handelt es sich um

2.3 Stand der Wissenschaft

Flugkorridore mit obligatorischer Reservierung [165]. Die Prämisse ist, den Flugverkehr aus lokaler Sicht eines UAV und aus traditionell globaler Sicht für alle in der Luft befindlichen Akteure zu sichern. Kollisionen mit Verkehrsflugzeugen müssen durch entwickelte Mechanismen ausgeschlossen werden können.

Die Relevanz solcher Systeme steigt durch den zukünftigen Einsatz in der urbanen Luftmobilität, die auch als Urban Air Mobility (UAM) [166] beschrieben wird. Denn in der Entwicklung befindliche elektrisch angetriebene Ultraleichtflugzeuge wie der Volocopter 2X oder der Airbus VSR700 fliegen in den beschriebenen Tiefflugkorridoren bis zu einer Höhe von 300 Metern. Ein Verfahren zur Kollisionsvermeidung wurde bereits im Abschnitt 2.2.2 durch die Verwendung künstlicher Potentialfelder vorgestellt. Darüber hinaus wurde bereits untersucht, dass für die Kollisionsvermeidung im Schwarm eine Kombination aus präziser Lokalisierung, zuverlässiger Kommunikation und situativen Flugmanövern als notwendig erachtet wird.

Die Hinderniserkennung mit Umgebungsobjekten wird in [167] untersucht. Dabei werden während der Pfadplanung in komplexen Umgebungen mehrere Bedingungen berücksichtigt. Diese werden in Gebietsbedingungen, Flugvermeidungsbedingungen und Kollisionsvermeidungsbedingungen für Multidrohnen gruppiert. Territoriale Bedingungen werden verwendet, um die Reichweite des Fluggeräts während des Fluges zu begrenzen. In horizontaler Richtung wird ein zweidimensionales Territorium durch eine maximale Entfernung vom Startpunkt aufgespannt, während für die Flughöhe ein definierter Schwellenwert nicht überschritten werden darf. Sobald sich die Positionskoordinaten diesen Grenzen nähern, wird die Geschwindigkeit reduziert und die Flugbahn verkürzt. Die Flugvermeidungsbedingungen sind ein rechteckiges Gebiet innerhalb des zuvor festgelegten Fluggebietes. Dieses wird für den Überflug gesperrt. Drohnen reduzieren ihre Geschwindigkeit und kehren ihre Flugrichtung um. Die Kollisionsvermeidungsbedingungen helfen bei der Pfadplanung für den Multi-Drohnen-Einsatz, indem sie den Sicherheitsabstand zwischen den eingesetzten Fluggeräten festlegen. Bei Annäherung an den Grenzwert reduziert die Drohne adaptiv die Geschwindigkeit in diese Richtung und ändert die Flugbahn in die entgegengesetzte Richtung.

Nach der Hinderniserkennung und der Durchführung der Ausweichverfahren muss die Trassenplanung häufig angepasst werden. Planungsfehler und Ungenauigkeiten müssen untersucht und anschließend behoben werden. Fehler in der Fahrwegplanung entstehen aus verschiedenen Gründen, die auf mangelnde Anpassung an die Umgebung und kurzfristige Einflüsse zurückzuführen sind. Dies kann bei ungenau erkannten Hindernissen oder komplexen Untergrundstrukturen der Fall sein. Bei kurzfristigen Veränderungen muss das Ausweichverfahren in kurzer Zeit eingeleitet werden. Zur Lösung solcher Probleme werden sequentielle Pfadplaner eingesetzt, die globale und lokale Abweichungen vom Sollzustand in Bewegungsänderungen umsetzen. Diese Pfadplaner sind auf Verarbeitungsknoten basierende Systemprozesse, die je nach Situation aufgerufen werden und Aktionen ausführen. Sobald die geplante Aktion in der gegebenen Situation nicht mehr sinnvoll erscheint, wird der Verarbeitungsknoten durch einen neuen Planungsknoten ersetzt und im Ergebnis kontinuierlich mit besser angepassten Aktionen auf die aktuelle Situation reagiert [75].

Es wird ein Framework zur globalen Pfadplanung und ein Pfadmanagement zur Verkehrslenkung mit Strategien zur Kollisionsvermeidung vorgeschlagen. Im Kontext eines Löscheinsatzes werden die Positionen der Drohnen und des bodengestützten Löschroboters an eine externe Pfadplanungseinheit übermittelt. Diese verarbeitet als Instanz die Daten und gibt die Position von Hindernissen, Objekten und dem Brandherd in einer gemeinsamen Datenstruktur an alle Schwarmeinheiten weiter. Visuelle Leitlinien unterstützen den Piloten bei der Kollisionsvermeidung und der Erkennung von Glutnestern. Neben der kontinuierlichen Erfassung der Lagedaten erfolgt eine kontinuierliche Optimierung über eine Datenbank aller geplanten und bereits gefahrenen Wege. Dies beschleunigt die Planung und trainiert die virtuelle Karte. Es gibt ererbte Verfolgungspfade und ein gemeinsames Tracking der Erreichung von Missionszielen. Bodengestützte Fahrzeuge erhalten Informationen aus der Luft, während Drohnen lokale Temperaturmessungen liefern. Zur adaptiven Zielplanung werden Zwischenpunkte gesetzt und der zurückgelegte Pfad intern als Graphstruktur gespeichert [168].

Die Verarbeitungsgeschwindigkeit und -qualität des Positionierungssystems ist entscheidend für die effiziente Durchführung der Flugmission. Je zuverlässiger und schneller Hindernisse erkannt und mit geeigneten Manövern darauf reagiert wird, desto schneller können die eingesetzten Drohnen fliegen. Diese schnellen Bewegungen werden als agile Navigation bezeichnet und können mit einer Geschwindigkeit von 5 bis 10 m/s in jeder Umgebung durchgeführt werden. Dabei kann die Umgebung als dreidimensionale Punktwolke aufgefasst werden und durch die Steuerung der Trajektorien bzw. die Manipulation der Drohnenpositionen über Hash-Werte die Kontrolle nahezu in Echtzeit vom Steuerungssystem übernommen werden [169].

Ein UAV-Verkehrsmanagementsystem (UTM) hat neben der Kollisionsvermeidung die Aufgabe, die Koordination der Flugsysteme und des Verkehrsflusses zu gewährleisten. Dazu werden externe Faktoren wie Wetterbedingungen, Geländebeschaffenheit, Flugbeschränkungen und die aktuelle Verkehrsdichte berücksichtigt. Es gibt tragbare und stationäre UTMs. Systeme, die sich überwiegend in der Entwicklung befinden, sind ähnlich dem Aufbau von 5G-Mobilfunknetzen großflächige, stationäre Systeme, die speziell für kurze Latenzzeiten mit zuverlässigen

2.3 Stand der Wissenschaft

Kommunikationsverbindungen optimiert sind. Hohe Datenraten werden von einer Vielzahl potenzieller Nutzer als nachrangig angesehen [96, 170–172].

Die National Aeronautics and Space Administration (NASA) hat das in Abbildung 2.22 dargestellte prototypische UTM entwickelt und auf seine Funktionsfähigkeit getestet. Es basiert auf der Zuweisung von Verantwortlichkeiten an die beteiligten Akteure. Eine Flugsicherungsorganisation überwacht den nationalen Luftraum. Die Daten des nationalen Luftraumsystems werden mit einem Fluginformationsmanagementsystem ausgetauscht. Dieses übermittelt Beschränkungen, Luftverkehrsregeln, Anfragen und Entscheidungen an einen UAV-Dienstleister. Dieser beantragt im Namen des UAV-Betreibers die Flugfreigabe, indem er geplante Flugoperationen und spätere Abweichungen übermittelt. Der UAV-Operator erhält Informationen und eine Auswertung der Leistungsdaten. Globale Informationen können über eine standardisierte Programmierschnittstelle (API) abgerufen werden [173–175].

Der Luftverkehr mit unbemannten Fluggeräten unterscheidet sich vom Straßenverkehr mit menschlichen Fahrern durch die zusätzlichen Freiheitsgrade der vertikalen Bewegung und das vollautomatische Verhalten der UAVs. Entsprechend sind angepasste Verkehrskonzepte erforderlich, die mehrschichtig und im räumlichen Flug koordiniert werden können. In diesem Abschnitt werden einige Ansätze diskutiert. Ausgehend von einer groben Einteilung in Flugzonen sollen Flugkorridore realisiert werden. Sie bietet Möglichkeiten für die Manöverplanung in horizontaler und vertikaler Richtung innerhalb von Luftkreuzungen.

Die Abbildung 2.23 zeigt eine Raumplanung für Ballungsräume mit hohem Verkehrsaufkommen. In Bodennähe befindet sich die Flugverbotszone bzw. die Start- und Landezone in den für konventionelle, kleine UAVs und aus dem Straßenverkehr bekannten Parkflächen ausgewiesenen Bereichen. Darüber, in Schicht 1, ist das Fliegen über sehr kurze Strecken von wenigen Kilometern eingeschränkt möglich. Layer 2 ist auf den innerstädtischen Verkehr spezialisiert. Die Luftfahrzeuge müssen Drehflügler sein, die sich mit geringer Geschwindigkeit fortbewegen oder an Haltepunkten vor Kreuzungspunkten im Bewegungsraum anhalten können. Die Eigenschaften der Teilnehmer am Luftverkehr in den beiden oberen Schichten 3 und 4 sind auf hohe Fluggeschwindigkeiten mit großen Reichweiten ausgelegt. Sie nutzen Flugräume in Höhen mit wenigen Hindernissen, auf die aus der Ferne Bezug genommen wird. Starrflügler sind für den Reiseflug energieeffizienter. Sie können, wie bereits im Theorieteil 2.2 untersucht, die Luftströmung für den Vortrieb nutzen und verbrauchen weniger Energie für den kontinuierlichen Auftrieb. Gleichzeitig sind sie in komplexen Kreuzungsbereichen mit vielen Verkehrsteilnehmern horizontal und vertikal nebeneinander weniger flexibel einsetzbar. Die beiden unteren

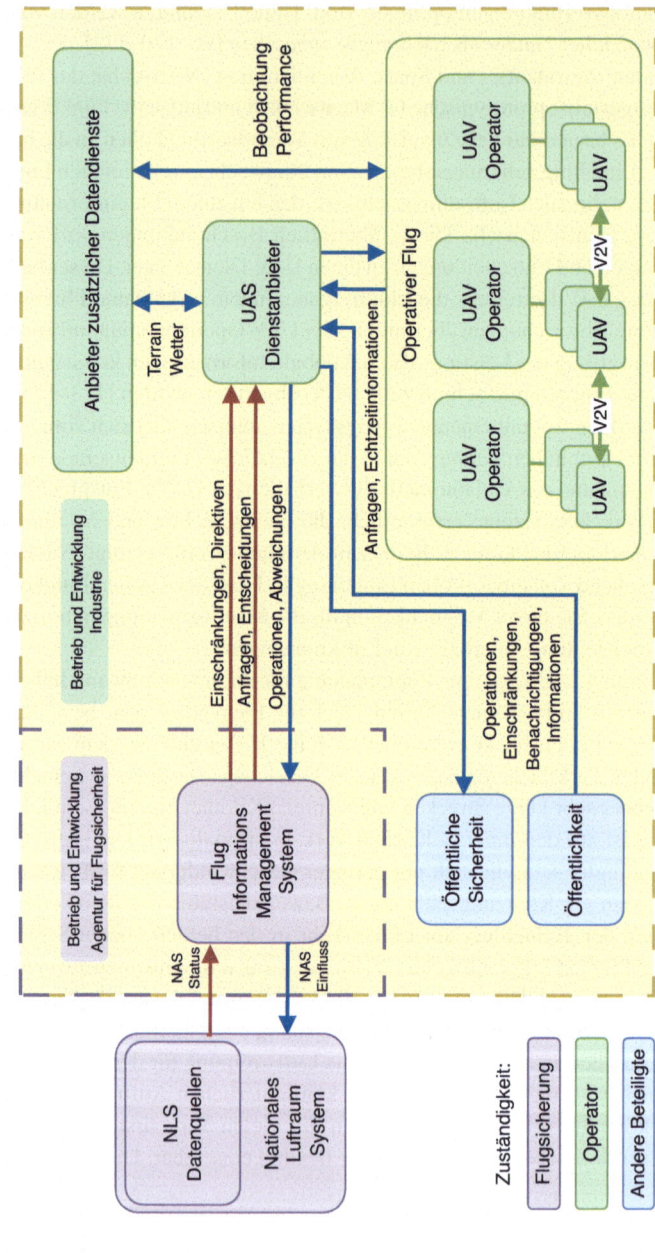

Abbildung 2.22 Architektur eines UTM-Systems [vgl. 173, 174]

2.3 Stand der Wissenschaft

Schichten sind daher für den innerstädtischen Luftverkehr mit vielen Verkehrsteilnehmern und geringen Geschwindigkeiten geeignet, während die beiden oberen Schichten dem überörtlichen Fernverkehr mit den damit verbundenen höheren Reisegeschwindigkeiten Rechnung tragen [176, 177].

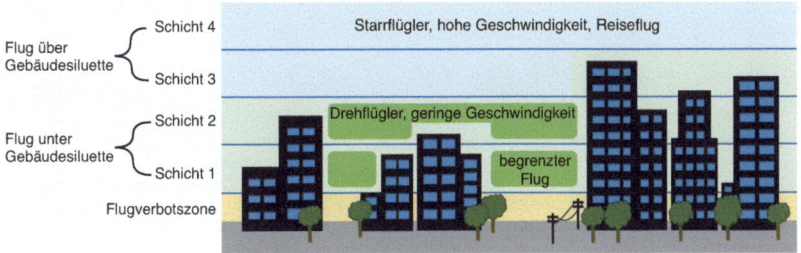

Abbildung 2.23 Vertikale Flugbereiche in städtischen Bereichen [vgl. 177]

Die Grundelemente einer Luftraumstruktur zur Bildung eines Luftverkehrsnetzes sind in der Abbildung 2.24 zusammengefasst. Sie umfasst für dichtere Verkehrsströme die einzelne Luftstraße, in deren Mitte sich eine Flugstreifenbegrenzung befindet. Dabei handelt es sich um eine virtuelle Leitlinie, wie sie bisher in der zweidimensionalen Routenplanung zu finden ist. Auf ihr bewegt sich ein Luftfahrzeug horizontal vorwärts oder rückwärts. Die Markierung von Kurven und Übergängen ist möglich. Für flexiblere und weniger vordefinierte Flugbewegungen werden breitere Flugkorridore angelegt. Drohnen können sich selbstständig positionieren. Um Überholvorgänge auf der gleichen Ebene und mehrere Flugrichtungen gleichzeitig einzuleiten, besteht die Möglichkeit, mehrere Flugwege durch Flugstreifen zusammenzufassen. Flugkorridore mit autonom in Formation fliegenden Drohnen werden gebündelt [178].

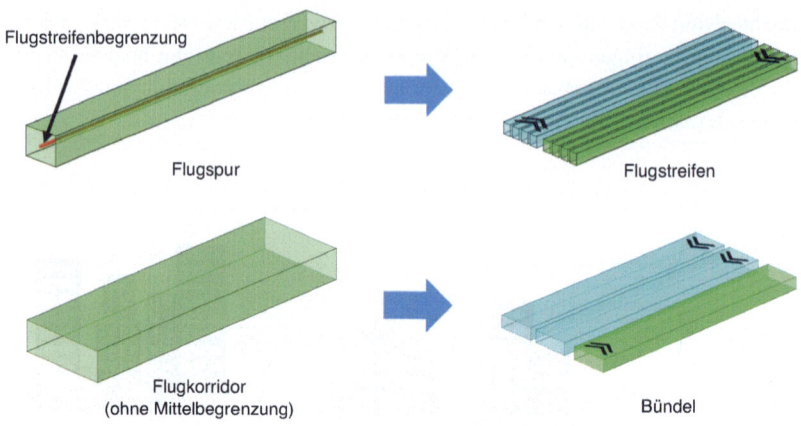

Abbildung 2.24 Basiselemente einer Luftraumstruktur [vgl. 177]

Der Flugverkehr in den verschiedenen Schichten ist eine Form des Netzverkehrs mit geschwindigkeitsabhängigen Prioritätsklassen. Die Einordnung in die richtige Spur und Schicht erfolgt durch eine Flusssteuerung, um einen vorausschauenden Flugverkehr zu gewährleisten. Die Sortierung umfasst Eigenschaften der Flugbewegung. Dies sind Eigenschaften wie die geplante Flugroute und die Flugdauer. Darauf aufbauend erfolgt eine Synchronisation mit den anderen Teilnehmern hinsichtlich der Positionierung bzw. der Flugtechnologien. Im Gegensatz zum bisherigen Langstreckenflugverkehr werden bei dieser Art von Netzverkehr Metriken wie Umlaufzeit, Latenz und Parameter hinsichtlich Quality of Service-Aspekten relevant [165, 178].

Dieser Ansatz muss in der Lage sein, Kollisionen auszuschließen und einen sicheren Flugbetrieb zu ermöglichen. Dies bedeutet, dass der Flugweg in der vertikalen Achse eine einheitliche Spurhöhe aufweist, die für alle zukünftigen UAVs ausreichend ist. Zwischen den Fahrspuren müssen auch in vertikaler Richtung Abstände eingehalten werden, um Luftverwirbelungen der Verkehrsteilnehmer über und unter dem UAV zu vermeiden und ausreichende Sicherheitsgarantien bei ungeplanten Havariesituationen zu geben. Gleiches gilt natürlich auch für den konventionellen Straßenverkehr in horizontaler Richtung. Dort müssen die Abstände so bemessen sein, dass ausreichend Zeit zum Abbremsen zur Verfügung steht.

2.3 Stand der Wissenschaft

In der Abbildung 2.25 ist dies zusammengefasst und um eine symbolische mehrstufige Kreuzung mit Ampel zur Verkehrssteuerung herum dargestellt. Wie eine konventionelle Kreuzung im Straßenverkehr ist sie so optimiert, dass beim Rechtsabbiegen ein Stillstand vermieden wird. Beim Linksabbiegen werden alle Verkehrsteilnehmer der Gegenrichtung angehalten [173, 177].

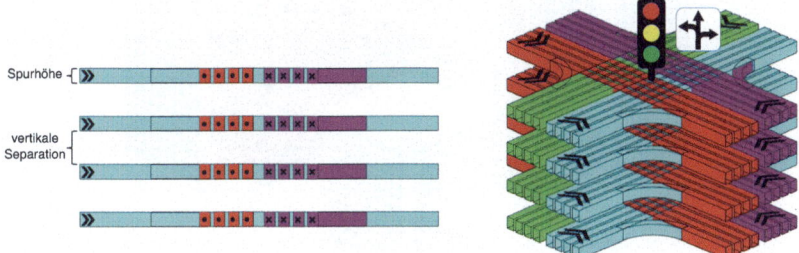

Abbildung 2.25 Flugstreifen mit Kreuzungen und Verkehrssteuerung [vgl. 177]

Eine Variante einer mehrstufigen Kreuzung findet sich zum Abschluss dieses Abschnitts in der Abbildung 2.26. Die Flugbahnen können wie mehrere Autobahnkreuze übereinander definiert werden, so dass im Kreuzungsbereich keine Haltevorgänge mit aktiven Steuerelementen erforderlich sind. Der Richtungswechsel erfolgt durch gleichzeitige Änderung der Flughöhe in eine über- oder untergeordnete Spur. Für das Fliegen in Hochgeschwindigkeitskorridoren im Fernverkehr ist diese Art der Führung zu bevorzugen, mit dem Unterschied einer wesentlich vorausschauenderen Annäherung in hindernisfreier Umgebung, größeren Bewegungsradien und zusätzlichen Abzweigungen für Wendemanöver. Letztere ermöglichen das Linksabbiegen ohne Beeinträchtigung des Gegenverkehrs.

Zukünftig können komplexe Luftverkehrsnetze durch den Drohnenflug im Schwarm in der beschriebenen Weise integriert werden. Es sei auf die Konzepte und Projekte der EU im SESAR U-Space verwiesen, der seit vielen Jahren in der Entwicklung ist. Dieser greift das Prinzip großräumiger Flugkorridore mit einem internationalen UTM auf und soll in naher Zukunft die Grundlage für den ferngesteuerten Einsatz von UAVs [2] bieten. Für die Verkehrsregelung im urbanen Raum hat das DLR ebenfalls ein Schichtenmodell entwickelt [179, 180]. Basierend auf dem Testsystem der NASA existiert ein Konzeptpapier der FAA [173].

70 2 Grundlagen und Stand der Wissenschaft

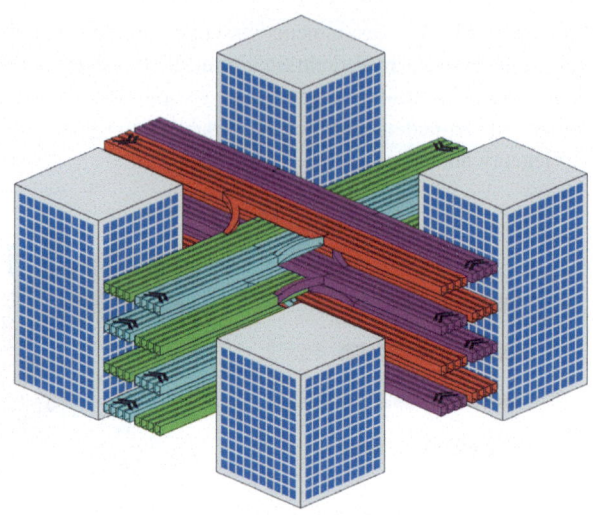

Abbildung 2.26 Beispiel einer Luftraumstruktur [vgl. 177]

Zusammenfassend wurde in diesem Kapitel ein tiefer Einblick in das Fliegen mit Drohnenschwärmen gegeben. Um die Verkehrssteuerung von Drohnenschwärmen zu realisieren, müssen die bodengestützten Beobachtungssysteme und das Schwarmsystem miteinander kommunizieren. Die Drohne wird zur Multisensorplattform mit lokalen Möglichkeiten der Datenverarbeitung und Möglichkeiten der gezielten, steuernden Einflussnahme zur Optimierung des Verkehrsflusses durch externe Systeme [181].

Auf dieser Basis entsteht im Drohnenschwarm ein fliegendes Ad-hoc-Sensornetzwerk. Die in diesem Sensornetz eingesetzten komplexen Systeme müssen getestet und auf ihre Eigenschaften hin untersucht werden. Der Feldtest der Komponenten wird exemplarisch bei [182] durchgeführt. Ein Ergebnis ist die Empfehlung, den Test in einer risikoarmen Umgebung außerhalb von Laborbedingungen durchzuführen.

2.3 Stand der Wissenschaft

Open Access Dieses Kapitel wird unter der Creative Commons Namensnennung 4.0 International Lizenz (http://creativecommons.org/licenses/by/4.0/deed.de) veröffentlicht, welche die Nutzung, Vervielfältigung, Bearbeitung, Verbreitung und Wiedergabe in jeglichem Medium und Format erlaubt, sofern Sie den/die ursprünglichen Autor(en) und die Quelle ordnungsgemäß nennen, einen Link zur Creative Commons Lizenz beifügen und angeben, ob Änderungen vorgenommen wurden.

Die in diesem Kapitel enthaltenen Bilder und sonstiges Drittmaterial unterliegen ebenfalls der genannten Creative Commons Lizenz, sofern sich aus der Abbildungslegende nichts anderes ergibt. Sofern das betreffende Material nicht unter der genannten Creative Commons Lizenz steht und die betreffende Handlung nicht nach gesetzlichen Vorschriften erlaubt ist, ist für die oben aufgeführten Weiterverwendungen des Materials die Einwilligung des jeweiligen Rechteinhabers einzuholen.

Konzept 3

Im Sinne dieses Kapitels wird der Drohnenschwarm als mobiles Sensornetzwerk in einem sich schnell verändernden Umfeld des Luftverkehrs verstanden. Um den hohen Sicherheitsanforderungen gerecht zu werden, ist es notwendig, sich von einem reinen Verständnis der Missionsplanung als Berechnung kürzester Wege zu lösen. Vielmehr handelt es sich im weitesten Sinne um die Disziplin, die zwischen den agilen, technischen Fortschritten und den gesellschaftlichen Aspekten des sicherheitsrelevanten Betriebs aus der traditionellen Luftfahrt vermittelt. Als Inkubator und Werkzeugkasten für die Entwicklung von Technologien in sicheren Testumgebungen, die schließlich reale Innovationen vorantreiben und den Einsatz von Drohnen im Schwarm in neuen Anwendungsfällen beschleunigen. Dies wollen wir nach Abbildung 3.1 skizziert untersuchen.

Das Rollenmodell der Interaktion der Drohnen über die Bodenstation mit dem Remote-Piloten rückt in den Mittelpunkt der Betrachtung. Dieses wird in die Simulationsumgebung integriert, um über Parameter Formationen für die Entwicklung von Drohnen in Risikosituationen zu identifizieren. Über die Hardwarebeschreibung aller wesentlichen Komponenten der Flugregelung, Kommunikation, Lokalisierung und Sensorik zur Datenerfassung wird der Drohnenschwarm zusammengesetzt. Ausgehend vom Hardware-in-the-Loop-Ansatz durch die Kombination von Simulation, Software und Hardware wird eine Teststrecke entwickelt. Diese ermöglicht es, die schwarm-spezifischen Eigenschaften hinsichtlich der Missionszuverlässigkeit zu verifizieren. Abschließend werden evidenzbasierte Anforderungen an eine schwarmfähige Anwendung für Missionsplanung, Systemüberwachung und Bodenkontrolle abgeleitet.

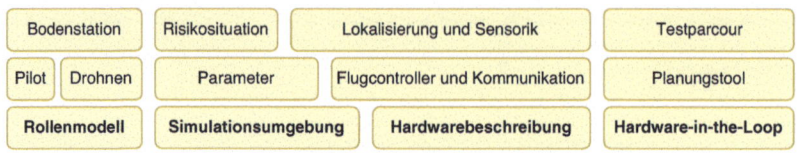

Abbildung 3.1 Konzepte zur Analyse von Drohnenschwarmsystemen

3.1 Rollenmodell für ein fliegendes Sensornetz

Es wurde speziell auf die Begriffsbildung der Missionsplanung und des UAV-Schwarms eingegangen. Aus heutiger technischer Sicht gibt es in der unbemannten Luftfahrt vor allem Entwicklungspfade für konventionelle Flugzeuge mit langen Zeithorizonten. Die Forschungsliteratur hat eindrücklich den Weg der Agilität und Vielseitigkeit aufgezeigt, auf dessen Basis derzeit Fluggeräte aus der Kategorie der unbemannten Drohnen entstehen. Durch den evidenzbasierten Ansatz entstehen iterativ in hoher Geschwindigkeit neue Komponenten und daraus standardisierte Flugmodelle. Damit werden Einsatzmöglichkeiten fernab der bisher üblichen Anwendungen in der Luftfahrt möglich [182].

Im Gegensatz dazu führen die höheren technologischen Entwicklungsgeschwindigkeiten zu deutlich kürzeren Produktzyklen. Sie umfassen Zeiträume von mehreren Jahren oder Monaten und liegen unter denen, die sich in der konventionellen, bemannten Luftfahrt etabliert haben. Dies führt zu einer Pionierphase mit einer Mischung aus neuen und etablierten Akteuren in der unbemannten Luftfahrt, die auf früheren Erfahrungen aufbaut. Viele Start-ups greifen diese Situation auf, indem sie auf Standardkomponenten zurückgreifen und diese schrittweise bedarfsgerecht weiterentwickeln. Dies begünstigt den effizienten Bau maßgeschneiderter Drohnen und fördert gleichzeitig parallele Entwicklungen. Als agiles Entwicklungsparadigma verstanden, bietet dieser Schulterschluss Chancen. Dabei geht es um neue Ansätze zur kontinuierlichen Optimierung von Fluggeräten und unterschiedlichen Fluginfrastrukturen. Sie definieren die Interaktion des Piloten mit dem Fluggerät neu [35, 183].

Die Notwendigkeit ergibt sich, wenn beispielsweise die herstellerspezifischen Systeme von Firmen wie DJI oder Yuneec im professionellen bzw. konsumentenorientierten Umfeld als geschlossenes System betrachtet werden. Für Airbus und Boing mit ihren Ökosystemen gilt dies in ähnlicher Weise. Demgegenüber steht mit der PixHawk-Architektur eine Open-Source-Basisplattform, die unter dem Dach der Linux Foundation von der Dronecode-Initiative betrieben wird. Um diese herum

3.1 Rollenmodell für ein fliegendes Sensornetz

werden mit Akteuren aus Forschung und Entwicklung offene Komponenten entwickelt. Aus einer Graswurzelbewegung innerhalb der Forschung hat sich eine Community von Unternehmen und eine aktive Entwicklergemeinde etablieren können [184].

Allen diesen Ansätzen ist gemeinsam, dass sie gesetzeskonform sein müssen und stets die Zuverlässigkeit des Flugbetriebs eines einzelnen Flugobjekts, aller anderen Akteure und letztlich der Umwelt gewährleisten müssen. Dies muss unbedingt in Übereinstimmung mit der Risikoklassifizierung der ICAO und der bisherigen Praxis der Flugsicherung [36] geschehen.

Dies erfordert ein Verständnis der Missionsplanung im weiteren Sinne. Es bedeutet, den Begriff weg von dem häufig synonym verwendeten Teilaspekt der Flugwegplanung zu verwenden. Vielmehr wird die Planung autonomer Missionen für Drohnenschwärme in dieser Arbeit als umfassende Disziplin zum gegenseitigen Verständnis von Mensch und Technik in der modernen Luftfahrt verstanden. Denn die diskutierten Besonderheiten der mit hoher Geschwindigkeit voranschreitenden Entwicklungen und die aus Sicherheitsgründen etablierten Rahmenbedingungen scheinbar gegensätzlicher Ansätze aus der konventionellen Luftfahrt werden zur Normalität. Dies erfordert die Etablierung der Missionsplanung als vermittelnde Disziplin, die eine Scharnierfunktion einnimmt und Methoden für ein multiperspektivisches, interdisziplinäres Systemverständnis entwickelt. Dies ist wichtig für das Systemverständnis als solches, das im theoretischen Teil mit den dargestellten technischen Abläufen erkennbar wird. Hinzu kommen die abstrahierten Vorgehensweisen, die bei der Entwicklung und dem Einsatz von Drohnen zu beachten sind [35].

Die Drohne ist ein fliegendes System. Im Einklang mit den bisherigen Betrachtungen wird die Drohne als fliegender Universalcomputer mit einer großen Variation an individuell bestückbarer Sensorik und Peripherie verstanden. Folglich wird die Drohne in diesem Sinne zur effizienteren Lösung komplexer Probleme durch Parallelisierung im Schwarm integriert. Dementsprechend stellt der Drohnenschwarm als solcher ein fliegendes Sensornetzwerk dar, das die Plattform zur Durchführung einer Vielzahl von echtzeitfähigen Rechenoperationen, komplexen Flugmanövern und Messungen zur Datenerfassung bildet. Durch nachweisbar zuverlässige Steuerungs- und Regelungsverfahren werden automatisiert vorgegebene Ziele erreicht [185].

Diese Ziele können, wie man es von den heute üblichen Drohnenschwärmen im Unterhaltungsbereich kennt, die Ausführung von exakt vorberechneten Choreographien sein. In Kombination mit Lichteffekten, die an der Drohne angebracht sind, stellen sie eine Alternative zum Feuerwerk dar. Durch die geringe Größe und das damit verbundene geringe Gewicht handelt es sich um ein risikoarmes, in sich geschlossenes System. Dieses ist nicht ohne weiteres für den freien Luftraum einsetzbar und der Entwicklungspfad bleibt entsprechend begrenzt [182].

Vielmehr müssen die Drohnen die gleiche Flexibilität aufweisen, die sie im manuell gesteuerten Einsatz bieten. Der konsequente Schritt zur Datenerfassung durch mehrere Drohnen im Schwarm ermöglicht die agile Durchführung komplexer Szenarien in vielschichtigen, vor dem Flug unbekannten Umgebungen. Damit einher geht die Entwicklung von Technologien und Verfahren, die insbesondere die veränderten Interaktionsformen mit dem Remote-Piloten abdecken. Eine solche potenzielle, reale Entwicklungsumgebung wurde mit Precision Farming bereits skizziert. Sie schafft den risikofreien Raum für weitgehend autonome Entwicklungen, die dann industriell umgesetzt werden.

Diese zum Teil sehr technischen Betrachtungen werden nun unter dem Gesichtspunkt der Interaktion beleuchtet. Denn das automatisierte Schwarmsystem umfasst in der Entwicklungsumgebung die Ebene der am Einsatz beteiligten Akteure. Die Interaktionen der Drohnen innerhalb einer Gruppe von Akteuren müssen plausibel und zuverlässig sein. Aus diesem Grund werden, ausgehend von der globalen Perspektive, die Verantwortlichkeiten schrittweise detailliert analysiert. Dies soll helfen, Überschneidungen zwischen den Akteuren zu vermeiden und dient dem besseren Verständnis der Mensch-Maschine-Interaktion.

Die Hauptakteure eines Schwarmsystems im lokalen Umfeld sind der Remote Pilot, die Bodenstation und die einzelnen Fluggeräte, die zu einem Drohnenschwarm gruppiert sind. Die Interaktion zwischen dem Remote Pilot und dem Drohnenschwarm erfolgt über die bidirektionale Vermittlung der Bodenstation. Der Remote Pilot sendet abstrakte Kommandos über einen Controller, der z. B. über Buttons in eine graphische Oberfläche integriert sein kann, an die Bodenstation. Die Bodenstation setzt die Kommandos anhand der ihr zur Verfügung stehenden Telemetriedaten entsprechend in eine spezifische, globale Befehlskette um und überträgt diese über mehrere drahtlose Verbindungswege an den Drohnenschwarm. Das bedeutet, dass jede einzelne Drohne direkt oder indirekt über ihre Nachbardrohnen mindestens einmal die gleiche Befehlskette übermittelt bekommt. Anschließend erfolgt die dezentrale lokale Prüfung auf Plausibilität, Integrität und tatsächliche Umsetzbarkeit in der geflogenen Umgebung mit den in den Drohnen vorhandenen Ressourcen. Gibt es kein negatives Veto, wird die Kommandokette im Flugregler in lokale Kommandos umkodiert. Über den Motorcontroller wird das Fluggerät gesteuert, die integrierte Sensorik entsprechend der Zielvorgaben justiert und die gewonnenen Daten in verwertbarer Qualität bzw. Quantität zur Verfügung gestellt. In umgekehrter Reihenfolge gelangen wesentliche Informationen zur Bodenstation und zum Fernpiloten [176]. Dies ist in Abbildung 3.2 gezeigt.

3.1 Rollenmodell für ein fliegendes Sensornetz

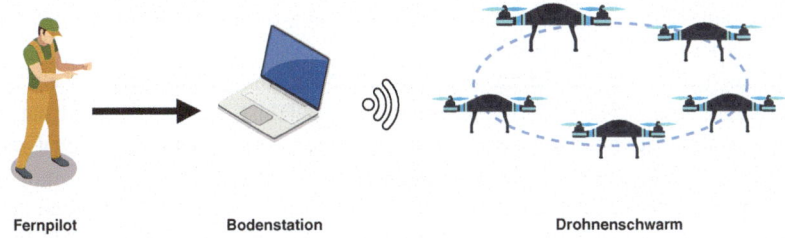

Abbildung 3.2 Rollenmodell der Akteure des Drohnenschwarms [vgl. 25]

3.1.1 Verantwortlicher Fernpilot

Im Gegensatz zu allen im Folgenden vorgestellten Akteuren zur Etablierung von schwarmtauglichen Systemen für den Betrieb von UAVs handelt es sich beim Fernpiloten bzw. der Fernpilotin um eine natürliche Person und entsprechend ausgebildetes Fachpersonal. Dies zeigt Abbildung 3.3. Als verantwortliche Person muss er bzw. sie die Automatisierungsroutinen während des gesamten Fluges überwachen und globale Eingriffe vornehmen. Die manuelle Steuerung kann naturgemäß nicht parallel für jedes einzelne Schwarmsubjekt direkt übernommen werden. Daher ist

Abbildung 3.3 Fernpilot

der Remote Pilot auf die hohe Zuverlässigkeit der Bodenstation und den risikoarmen Betrieb der Drohnen angewiesen.

Gleichwohl hat der Fernpilot durch die Möglichkeit eines gegenüber der Maschine erweiterten Risikoverständnisses die Befehlsgewalt. Unterstützt durch alle nachfolgend beschriebenen Assistenzsysteme obliegt dem Fernpiloten die bedarfsorientierte Beobachtung in unklaren Situationen und eine grobe Bewertung der im Missionsverlauf generierten bzw. gewonnenen Datensätze. Während des Fluges erfolgt die kontinuierliche Überprüfung der Funktionsfähigkeit der Instrumente aus der Ferne und die anschließende Fehleranalyse bei Abweichungen.

Dies umfasst auch die Wartung, Kalibrierung und den ordnungsgemäßen Betrieb der installierten Komponenten vor, während und nach dem Flug. Die Weiterentwicklung bzw. im industriellen Reifestadium die Konfiguration des UAV-Systems sind wichtige Kernaufgaben des Fernpiloten. Bei der Komponentenentwicklung geht es um die Integration von Sensorik, Verfahren zur zuverlässigen Missionsdurchführung, den Einbau von Steuerungs- oder Flugbetriebskomponenten. Die Konfiguration umfasst die Überprüfung der Batterieleistung und die Einstellung der Lage- und Positionierungssysteme.

Die Beantragung von Flugrechten, die Erkundung der Wetterbedingungen und die Vor-Ort-Analyse von Risikobereichen und -faktoren spielen eine wichtige Rolle in der Tätigkeit des Langstreckenpiloten. Im Anschluss daran ist es häufig Aufgabe des Remote-Piloten, die Datenauswertung mit anschließender weitergehender Analyse zu übernehmen bzw. die Daten an die zuständigen Stellen weiterzuleiten [186].

3.1.2 Vermittlungsinstanz Bodenstation

Mit der Bodenstation werden dem verantwortlichen Fernpiloten und den Fluggeräten innerhalb des Schwarms über die Zwischeninstanz am Boden mehrere Aufgaben simultan entgegengenommen. Der Fernpilot bekommt die Möglichkeit, als lokaler Leitstand mit dem Schwarm zu interagieren, während die Drohnen wichtige Informationen über das vom Schwarm erwartete Verhalten bekommen. Sie ist in (Abbildung 3.4) symbolisch als Notebook gezeigt.

3.1 Rollenmodell für ein fliegendes Sensornetz

Abbildung 3.4 Bodenstation

Der Fernpilot wird durch die in der Bodenstation ausgelösten Routinen grundsätzlich in die Lage versetzt, den gesamten Schwarm gleichzeitig zu überwachen und durch die Auslösung von Kurzbefehlen steuernd auf alle Flugbewegungen Einfluss zu nehmen. Bei Bedarf ist jederzeit der Zugriff auf die Steuerung einer einzelnen Drohne mit hoher Befehlspriorität gewährleistet. Die Bodenstation weist den Fernpiloten auf Anomalien hin und fordert verantwortliche Entscheidungen an. Eine Ad-hoc-Bodenstation ermöglicht die Definition der Missionsziele und die optimierungsgestützte Festlegung der zu verwendenden Flugwege. Dies kann kurz vor und während des Fluges erfolgen.

Die Überwachung der Missionsdurchführung erfolgt durch eine kontinuierliche Abfrage des aktuellen Zielerreichungsgrades. Der Schwarm wird kontinuierlich hinsichtlich der Telemetriedaten, der Positionsdaten, der Funktionsfähigkeit der Kollisionsvermeidungseinheit und des Datendurchsatzes für die Informationsverarbeitung überprüft. Die geolokalisierten Positionsdaten werden mit den Planungsparametern abgeglichen. Diese werden durch Geofencing in Übereinstimmung mit den für den Flug festgelegten Gebieten eingegrenzt und zielen auf die Einhaltung der im Überfluggebiet geltenden Flugrechte ab.

Vor jedem Flug erstellt die Bodenstation ein Statusprotokoll über einen Pretest aller eingesetzten Soft- und Hardwarekomponenten. Für besonders kritische Anwendungen können vereinfachte Hardware-in-the-Loop-Routinen in einer Sandbox-Umgebung hilfreich sein. Diese stellt den korrekten Systemzustand beim Start jedes Flugobjekts sicher. Die Bodenstation bildet das Entwicklungswerkzeug für den Feldtest mit der Darstellung aller Echtzeitdatenströme. Diese können auf Schwarmebene und je nach gewünschter Entwicklungstiefe bis auf jede Subkomponente der Hardwareebene ausgelesen und über Diagramme interpretiert werden. Mit Hilfe der Bodenstation kann die Sensorintegration getestet, kalibriert und der Flug freigegeben werden [187].

3.1.3 Kontrolleinheit Fernsteuerung

Grundsätzlich kann davon ausgegangen werden, dass es sich bei der Fernsteuerung um eine vereinfachte Form der Bodenstation handelt, die sich auf wesentliche Kernfunktionen konzentriert. Bei genauerer Betrachtung kann jedoch festgestellt werden, dass der Fernpilot deutlich näher an die Drohnen im Schwarm und deren Steuerung heranrückt. Dies ermöglicht eine direkte Einflussnahme auf die Bewegung des Gesamtsystems oder einer einzelnen Komponente. In umgekehrter Richtung kann das Schwarmsystem sowohl visuelles als auch haptisches Feedback direkt empfangen. Dies lässt sich in der Abbildung 3.5 erkennen.

Abbildung 3.5 Fernsteuerung

Dies ergänzt die Automatisierungsroutinen des Drohnenschwarms um präzisionsgeführte Steuereingriffe im Nahbereich und die Möglichkeit, gewünschte Verhaltensweisen zu trainieren, die im weiteren Missionsverlauf vielseitig adaptiert werden können. Dies ermöglicht neben der Einhaltung der rechtlichen Rahmenbedingungen bei Anomalien und Havarien insbesondere die Reaktion auf kritische Situationen. In diesen kann sich ein sehr hoher Automatisierungsgrad nachteilig auswirken.

Vor und während des missionsspezifischen Fluges werden daher wesentliche Zustandsinformationen über den Gesamtzustand des Systems, die gewählten Flugparameter und Telemetriedaten visuell aufbereitet dargestellt. Dies erstellt Checklisten und deckt Aspekte der Positionierung, Flughöhe oder Geschwindigkeitsregelung in Abstimmung mit den Autopilotfunktionen innerhalb der Drohnen ab. Diese werden wie in der Bodenstation vollständig übertragen, aber selektiv ausgegeben. Zur Unterstützung im Wartungsfall geben abstrakte Fehlermeldungen Informationen und Unterstützung durch Hinweise zur Lösungsfindung. Sie sind nach Dringlichkeit, Risiko und erforderlicher Reaktionszeit abgestuft. Schließlich kann die

3.1 Rollenmodell für ein fliegendes Sensornetz

Fernsteuerung zur Unterstützung des Verkehrsmanagements eingesetzt werden. Eine Lotsenfunktion ermöglicht die Kommunikation mit anderen Verkehrsteilnehmern.

Die Generierung der visuellen Daten kann durch eine mehrstufige, nachgeschaltete Qualitätssicherung verbessert werden. Der Fernpilot kann sich auf die Datengewinnung konzentrieren und erhält beim Flug mit hohem Automatisierungsgrad die filterbare Spiegelübertragung der Daten. Während des Fluges erfolgt die simultane Entscheidungsfindung durch die Datenlage [48, 53].

3.1.4 Schwarmsubjekt Drohne

Die Drohne ist das ausführende mechanische System im Drohnenschwarm. Sie ist in Abbildung 3.6 gezeigt. Beim Typ Quadrocopter werden die Bewegungen im dreidimensionalen Raum direkt durch die Rotation der Rotorblätter ausgelöst oder im Schwebeflug vollständig kompensiert. Die Drohne setzt die Befehlskette entsprechend in Hardwareimpulse um und führt diese aus.

Abbildung 3.6 Einzeldrohne

Ein zentraler Aspekt ist die Zuverlässigkeit des Systems und die Ausführung der Befehle, die einerseits tatsächlich in der gewünschten Weise erfolgen und andererseits mit nur geringen Abweichungen exakt den Vorgaben entsprechen muss. Insbesondere in der Umgebung unbekannter Hindernisse und bei sehr geringen Abständen zu anderen Drohnen ist dies immer ein Kompromiss. Die Drohne soll möglichst mit einem hohen Grad an Autonomie agieren und gleichzeitig von außen präzise orchestriert werden können. Dazu muss die Drohne selbstständig Aufgaben priorisieren und planen.

Dazu ist in der Drohne ein Flugregler mit redundanten Lage- und Positionierungssystemen und einem separaten Datenverarbeitungssystem integriert. Dieser führt die gewünschten Flugmuster entsprechend der Befehlskette aus. Sicherheitskritische Routinen sind vollständig von der Entwicklungsumgebung gekapselt. Dies sind insbesondere die Kameras zur Kollisionserkennung, das Gyroskop mit Neigungserkennung und das System zur lokalen bzw. globalen Positionierung. Diese Daten müssen über die Sensorfusion plausibel und mit geringer Latenz in Aktionen umgesetzt werden. Jeglicher Eingriff von außen wäre bei hohen Fluggeschwindigkeiten und großen Übertragungsdistanzen kontraproduktiv und gegenüber der lokalen Datenverarbeitung nachrangig.

Darüber hinaus wird die Sensorik zur Erfassung und teilweisen Verarbeitung der Daten im Sinne der Missionsziele in die Drohne integriert. Diese soll unabhängig vom Fluggeschehen agieren, da die Qualität der resultierenden Daten im Vordergrund steht. Sie sollen sich zielgerichtet und effizient auf die Durchführung der gewünschten Messungen konzentrieren. Über das Datenverarbeitungssystem werden die Daten geprüft, lokal zwischengespeichert und an die Akteure am Boden weitergeleitet [50].

3.1.5 Integrierte Schwarmeinheit

Ein Schwarm ist definiert als eine Gruppe von mindestens drei Drohnen, die miteinander interagieren, um kooperativ delegierte Aufgaben zu erfüllen. Dies ist in Abbildung 3.7 gezeigt. Die beschriebenen Hauptfunktionen des Schwarms werden zusammenfassend durch gemeinsame Kommunikation, präzise Lokalisierung und Strategien zur Kollisionsvermeidung ermöglicht.

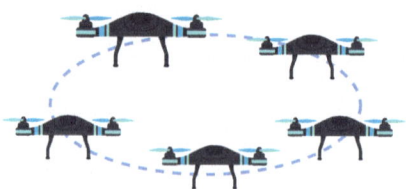

Abbildung 3.7 Drohnenschwarm

3.1 Rollenmodell für ein fliegendes Sensornetz

Dazu kommunizieren die Drohnen untereinander bidirektional in einem teil- oder vollvermaschten Netzwerk. Dieses dient als in sich geschlossene Abstraktionsebene für die übergreifende Anwendung. So werden innerhalb des Schwarms gemeinsame Befehlsketten ausgetauscht und im Gegenzug Nachrichten über die aktuelle Position der Drohnen allen Teilnehmern zur Verfügung gestellt.

Die Kommunikation der Positionsdaten ermöglicht die Koordination der Drohnen untereinander. Dies ist die Grundvoraussetzung für die Entfernungsberechnung, die Synchronisation und die Laufzeitabschätzung. Sie ist notwendig für den Abgleich der Fluggeschwindigkeiten und die vorausschauende Vermeidung von Kollisionen.

Mit diesen Informationen können die Drohnen zu Formationen zusammengeführt werden, um im Schwarm gleichzeitig ähnliche Flugbewegungen auszuführen. Alternativ ist auch ein gegenteiliger Ansatz möglich. Dann kann der Schwarm fragmentiert aus verschiedenen Perspektiven in unterschiedlicher Weise geflogen werden. Dies kann nach einheitlichen Mustern oder deterministisch erfolgen, so dass die Ziele in einem definierten Bereich und Zeitintervall erreicht werden.

Die Koordination sollte durch einen gemeinsamen Konsens innerhalb des Schwarms durch alle Entitäten erfolgen, um die Effizienz zu erhöhen. Die dezentrale Organisation nach gemeinsamen Verfahren hat den Vorteil der Skalierbarkeit durch Hinzufügen oder Entfernen von Drohnen. Dies kann über ein Protokoll erfolgen, das allen Teilnehmern bekannt ist. Informationen über die Art der Nutzlast und die verfügbaren Sensoren zur Durchführung von Messungen werden gemeinsam genutzt. Dies eröffnet die Möglichkeit einer anwendungsbezogenen Aufgabenteilung. Die Interoperabilität zur kooperativen Problemlösung für die spätere Zielerreichung wird schrittweise verbessert [4].

3.1.6 Ergänzende Akteure und Verkehrsmanagement

Neben den bereits betrachteten primären Akteuren zur direkten Interaktion innerhalb des fliegenden Schwarmsystems, ist es vorteilhaft weitere Einflüsse sekundärer Akteure zu erkunden. Um die Komplexität der Interaktionen und Zuständigkeiten annähernd zu erfassen, ist vom Einfluss äußerer Beteiligter stets auszugehen.

Wenn von praktikablen, komplexen Einsatzszenarien ausgegangen wird, zählen eine Vielzahl von bodengebundenen Objekten zu Partnern der Interaktion mit dem Schwarm. Im Beispiel der Präzisionslandwirtschaft können dies Landmaschinen, lebende Tiere und Pflanzen, sowie die Landarbeiter als Solches sein. Dies ist dem erweiterten Interaktionsradius des Drohnenschwarm zu verdanken, der auf diese teilweise beweglichen Hindernisse oder zu befliegenden Objekte reagieren und teilweise auf ihre Anforderungen zur Umsetzung der Mission im Einzelnen eingehen soll.

Einige bisher wesentliche Sondergruppen der Fernpiloten wurde bisher nicht betrachtet. Es handelt sich um die Entwickler von Drohnensystemen. Sie haben die Aufgabe standardisierte Flugprofile für die eingesetzten Drohnen zu entwickeln. Sie programmieren und konfigurieren die Drohnenhardware und testen sie anschließend in kritischen Situationen. Datenspezialisten können die gesammelten Informationen aufbereiten. Dazu werden Verunreinigungen gezielt gefiltert und die Rohdaten innerhalb von Diagrammen, Karten und dreidimensionalen Punktwolken aufbereitet. Daraus leitet sich die anschließende Auswertung und die Entscheidungsfindung nach Maßgabe der Missionsziele ab.

Die globale über den Drohnenschwarm hinausgehende Verkehrsflusssteuerung spielt beim steigenden Einsatz von Drohnen eine prioritäre Rolle. Insbesondere sollte neben der Bodenstation für die interne Koordinierung eine unabhängige, externe Detektion und Eingliederung in den Luftraum erfolgen. Dies muss unter Einbeziehung externer konventioneller Teilnehmer des betriebenen Luftverkehrs geschehen, da beide Bereiche sich gegenseitig stark beeinflussen können. Die unabhängige Luftraumüberwachung kann unterstützt durch die Flugsicherung, unter Hilfenahme eines UTM-Systems über das überwachende Personal im Tower erfolgen, wie es es bereits als Architektur gezeigt wurde. Dieses Vorgehen macht den Schwarm und seine Einzelentitäten sichtbar. Zugleich lassen sich regulatorische Bestimmungen hinsichtlich ihrer Einhaltung durchsetzen. Bei definierten Start- und Landbereichen in dicht besiedelten Gebieten oder komplexen Industriumgebungen ermöglichen sie die Koordinierung zur effektiven und ausbalancierten Nutzung der vorhandenen Ressourcen.

Die Rollen innerhalb des Schwarmsystems wurden aus ihrer jeweiligen Perspektive betrachtet und die jeweiligen Grenzen innerhalb ihres Aktionsradius mit ihren direkten Interaktionspartnern erfasst. Um das Gesamtsystem mit seinen übergreifenden Interaktionsformen umfassender darzustellen, sind einige wichtige Interaktionsszenarien als Use Cases der Hauptakteure in Abbildung 3.8 zusammengestellt. In Verbindung mit der veränderten Interaktionsweise des Fernpiloten mit der Drohne verdeutlicht dies, wie vielfältig die Komplexität des Systems in Erscheinung tritt. Die Akteure beeinflussen gegenseitig das Verhalten im Gesamtkontext des Schwarms. Die Abbildung zeigt beispielhaft die jeweiligen direkten und indirekten Abhängigkeiten.

3.1 Rollenmodell für ein fliegendes Sensornetz

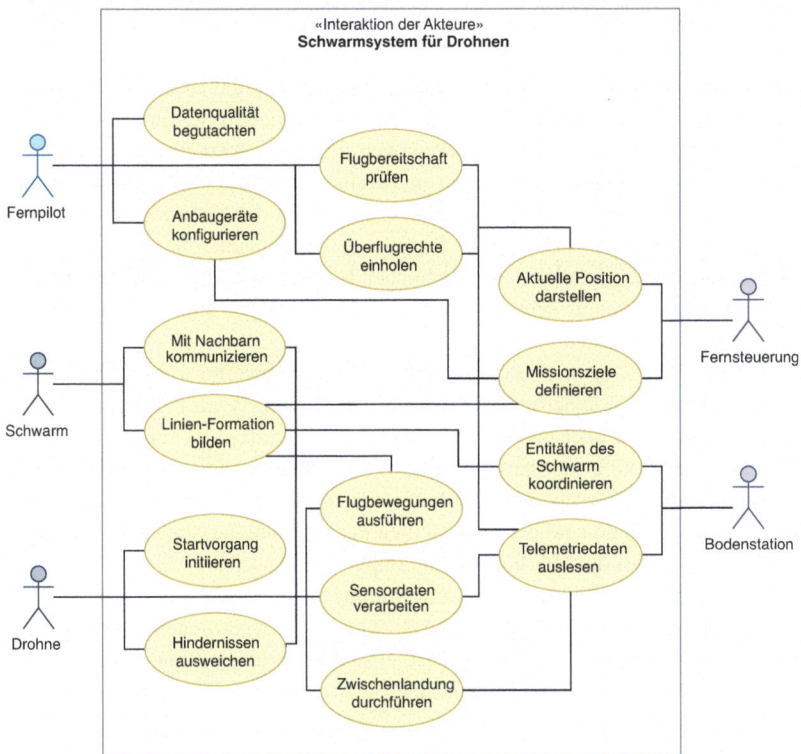

Abbildung 3.8 Anwendungsfälle der Akteure im Schwarm

Die Hauptakteure treten durch die exemplarisch ausgewählten Anwendungsfälle innerhalb des dargestellten UAV-Schwarmsystems miteinander in Interaktion. Es wird von links nach rechts vom vereinfachten Fall einer vom Fernpiloten eingeleiteten Flugmission ausgegangen. Der Fernpilot wird über die Abstraktionsebene des Schwarms in die Lage versetzt, die Interaktion mit jeder Einzeldrohne durchzuführen. Dazu wird mindestens eines der rechts aufgeführten Assistenzsysteme der Bodenstation oder die Kommunikationsfernsteuerung verwendet. Damit wird die indirekte Steuerung der Drohne über das Schwarmkonzept relevant.

Vor jedem Flug sind vom Fernpiloten die Anbaugeräte zu konfigurieren, die Flugbereitschaft zu prüfen und die Überflugrechte entsprechend den Besonderheiten des Überfluggebietes einzuholen. Dies geschieht auf der Grundlage der durch die Fernsteuerung dargestellten Position und der Missionsziele. Aus den definierten Missionszielen kann in Abhängigkeit von den Anbaugeräten eine Linienformation gebildet werden. Dazu kommunizieren im Schwarm die jeweiligen Nachbarn miteinander und führen nach der von der Drohne initiierten Startprozedur die zur Linienbildung notwendigen Flugbewegungen aus. Dies setzt die kontinuierliche Verarbeitung von Sensordaten voraus, die parallel gefiltert als Telemetriedaten von der Bodenstation ausgelesen werden. Dies ermöglicht die Koordination der Entitäten des Schwarms hinsichtlich der Zuweisung der geplanten Sollposition in der Formation und den Abgleich der tatsächlichen Istposition. Dabei kann es innerhalb des Schwarms notwendig sein, der Drohne Flugbewegungen zum Ausweichen von Hindernissen zu befehlen.

Weitere Flugbewegungen können innerhalb des Schwarms von der Bodenstation auf Basis der Telemetriedaten angefordert werden. Wenn beispielsweise die Batterieladung einer oder mehrerer Drohnen das Eingreifen des Fernpiloten erfordert, kann durch die Bodenstation eine Zwischenlandung eingeleitet werden. Die Drohne führt die entsprechenden Flugbewegungen zur Zwischenlandung durch und der Fernpilot erhält anhand der dargestellten Position und der Statusinformationen zur Flugbereitschaft die Möglichkeit, die Batterie zu tauschen.

Während der Durchführung des Schwarmfluges zur Erreichung der definierten Missionsziele begutachtet der Fernpilot die Qualität der gewonnenen Daten. Dies umfasst die Analyse der Verwendbarkeit, eine Plausibilitätsprüfung und bei visuellen Darstellungen eine erste Inhaltsanalyse zur Interpretation. Dies schafft die Grundlage für die erkenntnisgetriebene Zusammenstellung von Handlungsanweisungen und die Modellierung, basierend auf den gesammelten Daten in Form von Darstellungen. Dies können z. B. Diagramme, Karten oder 3D-Punktwolken sein.

3.2 Simulationsumgebung und Testobjekte

Im vorangegangenen Abschnitt dieses Kapitels wurde anhand des Rollenmodells ein kleiner Einblick in die Komplexität der Interaktion gegeben. Bei der Betrachtung der Missionsplanung als umfassende Disziplin mit Werkzeugen zur Beschreibung und Entwicklung von UAVs im Schwarmsystem sollte ein besonderes Augenmerk auf möglichst umfangreiche Tests gelegt werden. Dies hilft, die Eigenschaften besser zu beschreiben und Fehlersituationen für die weitere Behandlung zu identifizieren.

Wie bei der Entwicklung von Soft- und Hardwarekomponenten üblich, kann dies mit Hilfe einer Simulationsumgebung erfolgen. Eine solche Simulationsumgebung ist eine Variante der Sandbox, in der problematische Systemzustände keine realen Auswirkungen auf die Einsatzfähigkeit des Drohnenschwarmes haben. Es

3.2 Simulationsumgebung und Testobjekte

handelt sich um eine leere Hülle und idealisierte Umgebung, die gezielt beeinflusst wird. Vielmehr schafft das Vorgehen einen modellhaften Raum, um unter annähernd realistischen Bedingungen kritische Eigenschaften multiperspektivisch zu untersuchen. Diese treten im realen Versuch zum Teil nur sehr selten auf, bergen Gefahren für die nähere Umgebung oder müssen mit hohem Aufwand gezielt herbeigeführt werden.

Dementsprechend ist es sinnvoll, wichtige Aspekte aus der Simulation später regelmäßig mit der Drohnenhardware durchzuführen oder einzelne Tests direkt in diese zu integrieren. Insbesondere bei entsprechend agilen Entwicklungsprozessen erscheint dies zur Einhaltung der Regularien empfehlenswert. Dabei kann eine Validierung, wie sie nach dem Prinzip der Continuous Integration üblich ist, vor jedem Flug äquivalent zu den definierten Testfällen durchgeführt werden. Anschließend steht für die Zustandsbewertung ein Vergleich mit den idealen Ergebnissen aus der Simulationsumgebung zur Verfügung. Beim Vergleich hinsichtlich vorhandener Abweichungen vom Sollzustand kann von einem Erfolgsfall oder von einem unerwünschten, fehlerhaften Verhalten ausgegangen werden, auf das eine adäquate Reaktion seitens der Schwarmakteure erfolgen muss. Ist dies nicht möglich, muss der Flug als gescheitert angesehen werden.

Einfluss auf die Untersuchungen hat die Frage nach den notwendigen Parametern. Innerhalb der Simulationsumgebung liegt der Fokus darauf, welche Aspekte vorrangig in die Simulation integriert werden sollen. Denn die Umgebung beginnt, wenn sie aus technischer Sicht entwickelt wird, mit zu importierenden Umgebungseigenschaften aus der realen Welt. Dies geschieht auf der Basis angenommener physikalischer und atmosphärischer Grundlagen, um aerodynamische Eigenschaften und Materialstrukturen zu modellieren. Die Simulation erzeugt dazu ein Modell einer virtuellen Umgebung mit Parametern, die das gewünschte Verhalten der später beschriebenen virtuellen Hardwarekomponenten beeinflussen [188].

Der große Vorteil dieses Ansatzes ist die schnelle, wiederholbare und verteilte Entwicklungsmöglichkeit. Je nach Anwendungsfall kann die Umgebung gezielt so angepasst werden, dass im späteren Verlauf des Systementwurfs die physikalischen Gerätespezifikationen außerhalb der Simulation den realen Gegebenheiten entsprechen. Damit wird sie zur Grundlage für eine durchgängige Nutzung als Predictive Test für die Zuverlässigkeitsbewertung [189].

Die Umgebung kann somit genutzt werden, um gezielt Veränderungen in der Umgebung des Prüflings nachzubilden. Dies können Eigenschaften sein, die durch wechselnde Wetterbedingungen hervorgerufen werden oder in speziellen Höhenlagen auftreten. Die Simulationsumgebung beinhaltet die gezielte Entwicklung von Verfahren zum Testen eines Schwarmsystems. Dazu können Hindernisse, Barrieren und vom Flug ausgeschlossene Bereiche gehören. Die Simulationsumgebung bietet auch Verbindungen zur Außenwelt, so dass Geoinformationen und Ortungsverfahren getestet werden können.

Es ist anzumerken, dass der in diesem Abschnitt bevorzugte Ansatz, eine Simulationsumgebung für Systemtests und die sichere Entwicklung aller Komponenten von Drohnenschwärmen zu schaffen, sehr technisch ist. Der entgegengesetzte Ansatz zielt darauf ab, die Drohnenhardware als Basis für die weiteren Tests als gegebene, abstrahierte Annahme zu betrachten. Die technologische Entwicklung ist hier zweitrangig. Vielmehr werden die bereits beschriebenen Wechselwirkungen zwischen den Systemen, die Kommunikation, Optimierungsstrategien, Prozessabläufe und Abschätzungen über mögliche Vorgehensweisen innerhalb einer Supply Chain betrachtet.

Neben den eingangs beschriebenen Vorteilen der schnellen und wiederholbaren Tests werden auch die Grenzen beschrieben. Wie jedes Modell kann auch eine Simulationsumgebung zur Untersuchung von Drohnenschwärmen häufig nicht die gesamte Komplexität des Gesamtsystems abbilden. Denn je nach Testszenario und abhängig von den zu untersuchenden Eigenschaften der enthaltenen Komponenten gibt es eine oder mehrere entwickelte Hindernisstrecken. Somit findet durch die Auswahl der untersuchten Aspekte und der jeweils verwendeten Simulationsparameter innerhalb des Modells eine Eingrenzung statt. Mit anderen Worten: Es besteht jeweils die Möglichkeit, in der vorausgesetzten Spezialisierung auf Teilaspekte des Systems für Drohnenschwärme einzugehen. Eine Simulationsumgebung zur Verifikation von Systemkomponenten kann möglicherweise nur eingeschränkt eine qualifizierte Aussage über die Effizienz der später geplanten Flugmissionen liefern.

3.2.1 Parameter und Zielstellungen der Umgebungsmodellierung

Das **physikalische Modell** bildet Basis der Simulationsumgebung zur Entwicklung von Drohnensystemen für den Schwarmflug zur Anwendung. Es enthält die Grundlagen der Materialeigenschaften des Fluggerätes. Das bedeutet die Verwendung einer Umgebung in welcher sich alle später darin enthaltenen Objekte möglichst verhalten, wie es im Feldtest geschehen wird [190]. Das bedeutet ein Vorhandensein der Schwerkraft und von Materialien wie Metall, PLA, Carbon oder Holz. Sie müssen sich verformen, Lasten aushalten und Verbindungen mit anderen Bauelementen eingehen können.

3.2 Simulationsumgebung und Testobjekte 89

Aerodynamische Parameter sind essenzielle Voraussetzung für die Simulation des Flugverhaltens. Der entsprechend konfigurierte Luftdruck anhand atmosphärischer Grundlagen ist eine der für den Flugvorgang notwendigen Voraussetzungen. Sie fließen in Abhängigkeit der Bewegungsweise in die Umsetzung der Berechnung von Bewegungsvorgängen ein. Es braucht bei Drohnen die Abbildung von durch Luftströmungen ausgelöste Wechselwirkungen. Die allgemeinen Grundlagen für die Bewegungen wurden aus der Perspektive der Drohne vor und während der Flugprozedur im Abschnitt 2.2.1 skizziert. Die Simulation umfasst interne kinematische und dynamische Größen, wie die Massenmatrix, Zentrifugalkräfte, Transformationsmatrizen und ihre Ableitungen. Diese werden parametrisch im Modell angepasst angewendet. Eine Voraussetzung der Simulationsumgebung zur präzisen Vorhersage von erwarteten Resultaten ist eine effiziente Berechnung von Matrizen für Körperpunkte. Da die Orientierung im Innen- und Außenbereich verschiedenartig geschieht sind verschiedene Koordinatensysteme zu unterstützen [191].

Dieses schließt die **Oberflächengestalt** der Umgebung ein. Dies umfasst die Oberfläche vom Untergrund und der Umgebung als solches beschaffen sind. Ob sie glatt und reflektierend erscheinen, wie es bei Gebäude mit Fenstern erwartet wird. Baumgruppen und Gräser werden anders reagieren, wenn Wirbelschleppen auftreten und sich teilweise Verformen. Bei Wirbelschleppen handelt es sich um gegenläufige Luftverwirbelungen hinter fliegenden Flugobjekten. Hindernisse in der Umgebung sind demnach unter anderem durch die Parameter durch Rauheit, Härtegrad und Farbgebung des Materials, sowie eine bestimmte Reflexionswirkung des Windes in Kombination mit den Flugobjekten gekennzeichnet. Der Untergrund besitzt in der Landwirtschaft sandige, steinige oder lehmartige Eigenschaften. Das dem Boden Eigenschaften übergebene Relief kann regelmäßig durch importierte Daten der Sentinel-Satelliten ergänzt werden. Eine Fläche kann um reale Gegebenheiten und Eigenschaften des Bodenmaterials erweitert werden. Hindernisse, Bäume, Flüsse und Bebauung beeinflussen anhand ihrer Flächendimensionen und Formgestalt die zur Verfügung stehenden Flugmöglichkeiten [191].

Die eingesetzten **Objekte** sind relevant für jeden Simulationsvorgang. Diese besitzen innerhalb der Umgebung eine Objektbeschreibung, die alle in die Simulation eingebrachten Strukturen umfasst. Die festen oder beweglichen Strukturen werden über Attribute in ihren Eigenschaften erfasst. Es handelt sich um die Komponenten des UAV, wie es der Flugcontroller, die eingesetzten Sensoren, ein optionales Steuersystem und schließlich die Propeller sind. Als Objekte im Modell gelten auch alle **Hindernisse**, wie sie als Bäume, Gebäude, Zäune, Pylone, Verkehrswege oder natürlich gegebene Wasserstellen und Berge auftreten können. Für Konzepte des Geofencing und Pfad- bzw. Korridorsteuerung können virtuelle Begrenzungen eingesetzt werden. Dies bedeutet beim Einsatz von Pfaden des Fluges oder als Erweiterung des Konzeptes mittels **Flugkorridoren**, diese Strukturen durch Attribute in die Simulationsumgebung einzubringen [192, 193]

Zum **Monitoring des Systems** werden innerhalb der Simulationsumgebung umfassende, detaillierte Protokolle und Metriken bereitgestellt. Sie bieten während der Durchführung von Tests die Grundlage zur Einschätzung der Zustände und Verhaltensweise aller zu testenden Komponenten, der Einflussfaktoren der Umgebung und des Zusammenspiels aller Akteure, innerhalb des Drohnensystem für den Schwarmflug. Dies geschieht in Abhängigkeit der situativen Gegebenheiten der Testszenarien und auf Grundlage der simulierten Umgebungseigenschaften. Die spezifizierten Parameter sind teilweise fixiert und damit unveränderlich. Alternativ sind sie während der Simulation, als Teil der modellierten Umgebung unterschiedlich starken Schwankungen unterworfen. Neben den Umgebungs- bzw. Objektparametern handelt es sich um den Zustand auf Objektebene, die von allen Akteuren kommunizierten Befehle, den angewendeten Datendurchsatz und Umlaufzeiten. Je nach Anforderung, vorhandenen Rechenressourcen und Detailgrad der gewünschten Simulation werden die Daten hinsichtlich aller integrierten Objekten bereitgestellt und im Dashboard analytisch dargestellt. Im Nachgang der Simulation bieten die Protokolldaten den Vergleichswert zur Reproduzierbarkeit der Ergebnisse. Im Prozess der Softwareentwicklung zur Umsetzung der Algorithmen werden zusätzlich Werkzeuge zur Analyse von ausgeführten Programmcode bereitgestellt [194, 195].

Schnittstellen zur Kommunikation innerhalb und mit der Simulationsumgebung ermöglichen die Prüfung der Leistungsfähigkeit unter hoher Last. Durch die Integration mit der Software zur Steuerung des virtuellen Flugcontrollers können Steuerverfahren entwickelt werden. Externe Schnittstellen integrieren die Basisstation. Es wird die Beeinflussung durch äußere Interaktion hinsichtlich menschlicher Einflussnahme ermöglicht. Die spätere Integration realer Software-Hardwareentwicklungen ist sichergestellt. Dieses wird durch virtuelle Signale zur **Lokalisierung** innerhalb verschiedener Koordinatensysteme ergänzt. Dieses lässt die Orientierung über verschiedene Positionierungssysteme unter angepassten Qualitätsgesichtspunkten nachbilden [196].

Die **Entwicklung von Testfällen** fasst die Grundlagensituationen, Standardsituationen und besonders risikoreiche Situationen in Datenbanken zum Management zusammen. Sie werden durch Eigenschaften definiert, die eine Komplexität und Risikoklassifizierung umfassen. Innerhalb der Simulation werden gesammelt erzeugte Metriken zugeordnet. Grundlagenfälle können sich anhand verschiedener Start- und Landeverfahren orientieren, während Standardfälle den Flug in Linien-, Kreis- oder Rechteckform und Manöver zur schnellen Änderung von Richtung oder Höhe umfassen. Sie decken Situationen mit unterschiedlichen Härtegraden

3.2 Simulationsumgebung und Testobjekte

und Hindernissen in verschiedener materieller Gestalt und Dimensionen ab. Bei der Festlegung gibt es jeden Testfall in freien und geschlossenen Umgebungen. Risikoreiche Situationen dienen als Benchmark für die Ausfallsicherheit und Leistungsfähigkeit des Drohnenschwarms. Im nächsten Abschnitt erfolgt die ausgiebige Befassung mit diesen Fällen [197, 198].

Der eingesetzte **Umgebungsgenerator** erzeugt anhand der festgelegten Schwarmbestandteile und vordefinierter Testfälle eine Menge von Konfigurationsvariablen, mit deren Hilfe die Simulationsumgebung aufgesetzt wird. Um möglichst viele Szenarien zufällig zu simulieren, bietet es sich an eine Vielzahl zu simulierender Umgebungen zu generieren. Auf diese Weise werden viele unterschiedliche Standardszenarien und Risikofälle abgedeckt, die im realen Umfeld selten auftreten. Dies umfasst im erweiterten Test das Training von Modellen zur Kollisionsvermeidung, sodass einem Schwarmsystem virtuelle Trainingsflüge zur Verfügung stehen. Beim ersten Realflug hat das Schwarmsystem auf diese Weise bereits viele Flugstunden absolviert. Insbesondere lassen sich Verkehrsbewegungen, die im heutigen Flugverkehr nicht stattfinden, bereits in der Systementwicklung hinsichtlich ihres Einflusses abbilden [189, 199].

Die **3D-Umgebung** hat die Aufgabe alle bisher beschriebenen Bestandteile der Betrachtung einer Simulationsumgebung zur Untersuchung, Beschreibung und Entwicklung eines Systems von Drohnen im Schwarm, als grundlegenden Teil der Missionsplanung zusammenzuführen. Sie bietet insbesondere eine grafische Oberfläche im Sinne einer virtuellen Umgebung als Werkzeug zur Steuerung, Testüberwachung und flexiblen Entwicklung [200].

Die **Simulationsumgebung** betrachtet die Entwicklung des Drohnenschwarmes als einen einzigen Prozess, der wiederum Erkenntnisse über solche Systeme liefert. Aus diesen Erkenntnissen können in umgekehrter Entwicklungsrichtung reale schwarmfähige Drohnenmodelle und deren Komponenten entstehen. Die Umgebung unterstützt somit den Fokus auf das Entwicklungsobjekt und dient als Inkubator in symmetrischer, horizontaler Weise zur Systemverbesserung und Hardwarekonstruktion. Innerhalb der Umgebung finden Simulationen statt, ähnlich wie reale Testflüge in einer geschlossenen Laborumgebung. Diese sind nicht notwendigerweise grafisch oder in Echtzeit, sondern können als regelmäßig durchgeführte Testroutinen verwendet werden.

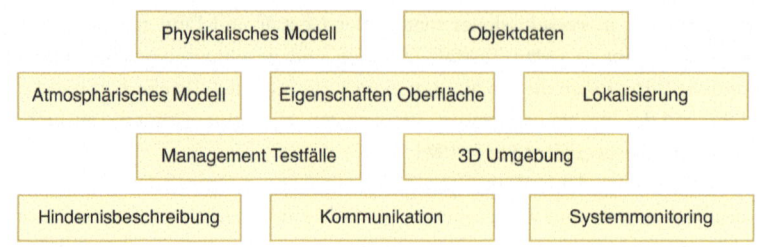

Abbildung 3.9 Teilaspekte einer Simulationsumgebung [191]

Eine Zusammenfassung ist in Abbildung 3.9 aufgeführt. Die erweiterte 3D-Umgebung kann als **virtuelle Umgebung** gestaltet werden. Dabei steht die Ausgabe der Objekte als möglichst fotorealistische Darstellung für die menschliche Wahrnehmung im Vordergrund. Die Anwendung von Konzepten der Augmented Reality oder Mixed Reality kann die Simulation aus Sicht der Entwickler und potenziell zu schulenden Fernpiloten integral ergänzen. Systeme können vollständig getestet und Flüge virtuell durchgeführt werden. Dieser Ansatz eröffnet neue Möglichkeiten für eine an unterschiedlichen Anforderungen orientierte, alternierende Interaktion mit dem Piloten. Neben der Ebene der haptischen Steuerung durch Tasten, Knöpfe und haptisches Feedback wird die präzise Steuerung durch Augen und taktile Gesten situativ entwickelt [188, 201].

Zusätzlich kann eine Simulationsumgebung einen **digitalen Zwilling** erzeugen. Dabei handelt es sich ebenfalls um eine erweiterte Simulationsumgebung, die in der Lage ist, mehrere Simulationen in Soft-Echtzeit zusammenzuführen und multiperspektivisch ablaufen zu lassen. In diesem Sinne können Testfälle, die auf das System des Drohnenschwarmes ausgelegt sind, spezialisierte Interaktionsmöglichkeiten und die Missionsdurchführung kombiniert geplant werden. Dies geschieht in einer global-galaktischen Simulationsumgebung, die als digitaler Zwilling die Prozesse der Entwicklung, Planung, Durchführung und Auswertung umfassen kann. Daraus können unter Hinzunahme weiterer Flugobjekte und der im Flugkorridor angewandten Luftverkehrsregeln neue bidirektionale Erkenntnisse generiert werden. Diese umfassen insbesondere Aspekte und Besonderheiten des Verkehrsflusses und der Reaktion von Flugobjekten auf die vergleichsweise höhere Verkehrsbelastung. In der digitalen Fertigung werden zunehmend digitale Zwillinge eingesetzt [202].

Im vorangegangenen Abschnitt 2.1.4 wurde die engere Missionsplanung präzisiert und eine Vielzahl von Arbeiten zur Pfadplanung analysiert. Darüber hinaus besteht mit der Entwicklung eines Verkehrsmanagementsystems die

3.2 Simulationsumgebung und Testobjekte

Notwendigkeit, **Flugkorridore** zu etablieren, die für die Entwicklung von Schwarmsystemen Vorteile und Herausforderungen bei der Koordination vieler Flugobjekte gleichzeitig darstellen. In heutigen Flugumgebungen gibt es noch keine Flugkorridore, die detaillierte Verkehrsregeln und Steuerungsoptionen bieten. Sowohl die Fernpiloten benötigen entsprechende Trainingseinheiten, als auch alle am Drohnenschwarm beteiligten Systeme müssen auf diese Gegebenheiten vorbereitet sein und auf Basis der Anforderungen für einen sicheren Flugverkehr arbeiten. In einer zur virtuellen Umgebung bzw. zum digitalen Zwilling erweiterten Simulationsumgebung können daher die Steuerungseingriffe zur Verkehrslenkung realitätsnah entwickelt und getestet werden. Fernpiloten können Erfahrungen für den zukünftigen Einsatz von Drohnen im Schwarm sammeln. Denn für heutige Drohnen bieten solche Systeme neben Vorteilen auch Herausforderungen, da die Interaktion mit der einzelnen Drohne in der Regel über die vermittelnde Bodenstation erfolgt.

Bei der **Generierung einer Testumgebung** sollten im Vorfeld aus der Analyse die späteren Entwicklungsziele und Prämissen herausgearbeitet werden. Auf diese Weise können später aussagekräftige Ergebnisse und Erkenntnisse aus der Simulation gewonnen werden, die auf reale Situationen übertragbar sind. Wenn es darum geht, wünschenswertes Verhalten in Bezug auf das Umgebungsmodell zu testen, kann die Konzentration auf die energetische Leistung einer Drohne vernachlässigt werden. Vielmehr dürften andere Flugteilnehmer oder Parameter zur Reduzierung des Einflusses externer Umweltaspekte in den Vordergrund rücken. Wenn andererseits ein Drohnenmodell in Kombination mit anderen Schwarmteilnehmern getestet werden soll, kann es besonders wichtig sein, den Einfluss von Interferenzen bei gleichzeitiger Kommunikation zu vermeiden.

Die Simulationsumgebung muss wichtige Aspekte der Bildung von statischen oder variablen **Formationen** abdecken. Neben der datenbasierten Definition von Objekten und Hindernissen im System zum Aufbau der Simulationsumgebung erfolgt die Ablage. Abweichungen von der Sollposition müssen erkannt werden, um Algorithmen auf ihre Funktionsfähigkeit zu testen oder zu trainieren. Formationen können, wie im Abschnitt 2.1.1 zur Schwarmbildung zusammengefasst, an die Natur angelehnte wellenförmige Bewegungsabläufe oder simultan durchgeführte, figurenartige gruppierte Ortsveränderungen der Drohnen sein. Ähnlich den Grundelementen der in die Simulation eingebrachten Objekte sollen die Formationen katalogisiert und in ihrer Struktur beschrieben werden [203].

Um gleichzeitige Bewegungen und eine effiziente Kommunikation zu ermöglichen, sind Mechanismen zur **Synchronisation** und zum **Lastmanagement** der Kommunikation der Teilnehmer erforderlich. Eine Simulationsumgebung kann dies ermöglichen, indem sie Zeitsignale an die Teilnehmer sendet und ein Routing für die gewünschte Kommunikationshierarchie bereitstellt [204].

3.2.2 Simulation kritischer Situationen

Im Abschnitt 2.3.2 zur Kollisionsvermeidung wurden Strategien zur Minimierung kritischer Situationen behandelt, die für den Einsatz des Drohnenschwarmes etabliert werden können. Ein Teilaspekt der Simulation ist die gegensätzliche Fokussierung auf die gezielte Herbeiführung kritischer Situationen. Auf diese Weise werden die Grenzen des entwickelten bzw. eingesetzten Systems ausgelotet. Die entwickelte Sensorik, verschiedene Verfahren und die Reaktion des Gesamtsystems sollen durch gezielte Herbeiführung schwieriger, z. T. nicht einfach zu beherrschender kritischer Situationen auf die Probe gestellt werden. Auf einige besondere Aspekte, die unter diesem Gesichtspunkt hervorzuheben sind, wird in diesem Abschnitt eingegangen [4].

Grundsätzlich treten kritische Situationen dort auf, wo sehr kurze Reaktionszeiten mit kurzen Entscheidungswegen zur Verfügung stehen und stark vom aktuellen Zustand abweichende Reaktionen zu erwarten sind. Begünstigt wird dies durch kurze Distanzen in alle Richtungen, den Faktor Mensch, Wetterbedingungen, hohe Fluggeschwindigkeiten sowie fehlerhafte Komponenten und gestörte Funktionen.

Dies kann in einer anspruchsvollen Umgebung mit vielen Engstellen, untypisch geformten Objekten und veränderlichen Gebietsgrenzen geschehen. Abbildung 3.10 zeigt die wichtigsten zu testenden Risiken bei kurzen Flugdistanzen im landwirtschaftlichen Umfeld. Die sehr kurze Distanz zum Boden beim Start der Drohne und der Flug in geringer Höhe führen zu Risikosituationen.

Abbildung 3.10 Risiko Kurzdistanz zu Personen, Objekten und beweglichen Hindernissen [4]

3.2 Simulationsumgebung und Testobjekte

Der kurze Abstand besteht häufig zu örtlich feststehenden Hindernissen am Boden oder in horizontaler Flugrichtung. Als Beispiel aus der Landwirtschaft können dies Strohballen, Büsche, Bäume, Hügel, Zäune, Windkraftanlagen oder Strommasten sein. In der Simulation sollen die Flugobjekte bei Annäherung unter einen definierten Schwellenwert gezielt Reaktionsvorgänge auslösen. Sie zeigen, dass sie über die Steuerung mögliche Kollisionen erkennen und durch leicht verändertes Flugverhalten vermeiden können.

Kleine Hindernisse führen häufig zu veränderten Luftströmungen in Bodennähe. Das können kleine Steine, Baumreste oder Vertiefungen sein. Die Motorsteuerung muss ausreichend stark und präzise ausgelegt sein. Sie muss in der Lage sein, Luftverwirbelungen aufgrund von Lageänderungen zu erkennen und auszugleichen. Bei sehr kleinen Startmassen sind diese Einflüsse größer und können zum Flugabbruch führen. Start und Landung sind oft komplexere Manöver und erfordern mehr Energie als der spätere konstante Flug. Kleine Hindernisse können weniger gut im Voraus erkannt werden, was die Reaktionszeit verkürzt und die Drohne möglicherweise schneller beschädigt.

Eine Herausforderung für die Simulation sind alle Situationen mit beweglichen Hindernissen, da diese in vielen Fällen pseudo-zufällig generiert werden. Es ist schwieriger, die Reaktion der Drohne ad hoc zu steuern. Denn die zukünftige Bewegung der Hindernisse ist teilweise nicht vorhersehbar. Daher müssen bewegliche Hindernisse kontinuierlich auf ihre Veränderlichkeit hin untersucht werden und mehrere potentielle Risikofälle durch Abschätzungen in Toleranzbereichen annähernd vorhergesagt werden können.

Durch die Einbeziehung des Faktors Mensch ergeben sich in der Interaktion mit dem Drohnenschwarm Risikosituationen aus mehreren Perspektiven. Menschen sind bewegliche, unvorhersehbare Hindernisse, in deren Nähe sich keine Drohne aufhalten darf und die nur in ausreichender Höhe überflogen werden dürfen. Aus einer anderen Perspektive greifen sie in vorhersehbarer oder nicht vorhersehbarer Weise in den Flugablauf ein. Beim teilautomatisierten Fliegen unter Kontrolle und Verantwortung des Fernpiloten müssen die initiierten Aktionen Vorrang haben, während in der Nähe von erkannten Hindernissen die Drohnen solche Befehle durch automatisches Abbremsen zurückweisen sollen [205].

Hohe Fluggeschwindigkeiten verkürzen die Flugzeit und vergrößern den Bewegungsradius. Der Weg bis zum Stillstand der Drohne wird länger, so dass der Abstand zu Hindernissen geringer wird und durch die höhere Geschwindigkeit Luftströmungen in der Nähe von Hindernissen wahrscheinlicher werden. Die maximale Reaktionszeit wird verkürzt und die Flexibilität des Flugprozesses wird erhöht.

Kurzstreckenflug und allgemeines Flugverhalten werden durch wetterspezifische atmosphärische Parameter begünstigt. Sie sind in der Abbildung 3.11 symbolisch zusammengefasst. Sie sollten in der Simulation adäquat nachgebildet werden können. Die Temperatur hat Auswirkungen auf die Dauer der Flugbewegungen, auf die Trägheit der Materialien und damit auf den zur Verfügung stehenden Bewegungsradius. Elektronische Systeme sind bei Kälte und Nässe teilweise nicht oder nur ungenau einsetzbar, da der Innenwiderstand von Batteriezellen steigt und Sensoren ihr Verhalten ändern. Der Sonnenstand hat einen Einfluss auf das Verhalten des Positionierungssystems und auf die Qualität der Abläufe bei optischen Verfahren zur Objekterkennung.

Hohe Windgeschwindigkeiten können einen ähnlich verzerrenden Einfluss auf das Fluggerät haben wie hohe Fluggeschwindigkeiten. Sie können den Startvorgang erschweren oder ganz verhindern. Die Präzision der Steuerung wird bei starkem Seitenwind erschwert, da am Boden und in der Nähe von Hindernissen zusätzliche ungerichtete Luftverwirbelungen entstehen. Diese wirken auf die Oberflächen der Objekte ein und verändern die Bewegungsmöglichkeiten zur Kollisionsvermeidung erschwerend. Im ungünstigsten Fall können die Bewegungen durch Winde sogar bis zum völligen Verlust der Manövrierfähigkeit verstärkt werden, so dass allein die fliegende Masse auf die Umgebung einwirken kann.

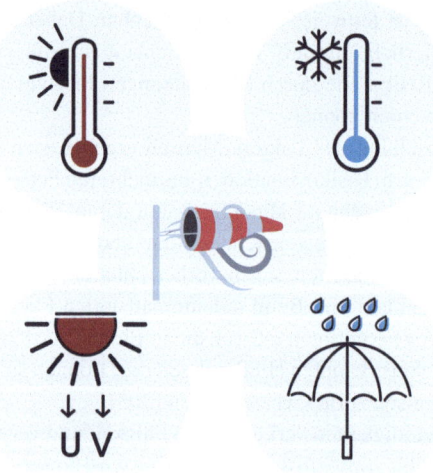

Abbildung 3.11 Risiko Wetterbedingungen und atmosphärische Strahlung

3.2 Simulationsumgebung und Testobjekte

Im laufenden Betrieb treten immer wieder Störungen auf, die durch defekte Komponenten ausgelöst werden können. Einige von ihnen dienen der Lageregelung und sind aus diesem Grund durch mehrere Messsysteme redundant ausgelegt. Propeller können durch Materialermüdung oder Kollisionen mit Hindernissen zerstört werden. Quadrocopter mit vier Propellern sind für den Ausfall einer Einheit ausgelegt. In der Simulation können kritische Situationen durch den Ausfall mehrerer Propeller, fehlerhafte Regelung der Motorsteuerung und teilweise unrunden Drehbewegungen ausgelöst werden.

Das Positionierungssystem stellt eine Kernkomponente dar, die neben dem Steuergerät und den Propellern unterschiedlich von Ausfällen betroffen sein kann. Im Innenbereich kann der Empfang von globalen Navigationsdaten gestört sein oder nicht die erforderliche Genauigkeit erreichen. Im Außenbereich kann es in Gebieten mit starken elektromagnetischen Feldern zu einer Drift des integrierten Kompasses oder Magnetometers kommen. Bei erhöhter Sonnenaktivität kann die Positionsbestimmung plötzlich ausfallen oder es können unerwartete Ergebnisse der Positionskoordinaten berechnet werden. In diesem Fall muss eine Redundanz zur Orientierung durch optische Systeme gewährleistet sein oder die Drohne muss bei geringsten Anzeichen die Landung einleiten.

Abbildung 3.12 zeigt ein Knotenmodell einer Punkt-zu-Punkt-Kommunikation. Einige Hauptknoten können redundant mit allen Nachbarknoten interagieren, während der Knoten oben rechts nur seine eigenen Komponenten und seinen direkten Nachbarn erreichen kann. Wird die Kommunikation durch eine hohe Datenlast im Netz erschwert oder durch den Ausfall nicht redundanter Transportkanäle unmöglich, können unvorhergesehene Kerninformationen zu spät oder gar nicht beim Empfänger ankommen. Die Simulation kann dies gezielt stören [182].

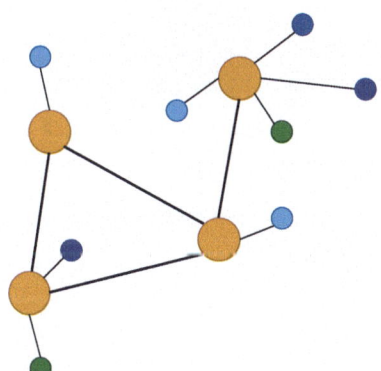

Abbildung 3.12 Risiko fehlerhafte Kommunikation bei Paketverlust durch Last

3.3 Schwarmfähige Drohnenhardware

Um den Drohnenschwarm im oben beschriebenen Simulationsverfahren realisieren zu können, wird in diesem Abschnitt die Drohne durch ihre Komponenten betrachtet und zu einem schwarmfähigen Fluggerät zusammengesetzt. Sie ist im Sinne eines digitalisierten, verteilten und parallelen Rechensystems mit einer Vielzahl von nutzbaren Peripheriegeräten aufgebaut. Das in diesem Kapitel betrachtete Konzept ist ein fliegendes Rechensystem zur programmierbaren und automatisierten Aufgabenerfüllung.

Abbildung 3.13 zeigt beispielhaft die Kernkomponenten einer schwarmfähigen Drohne. Sie sind für die quelloffene PixHawk-Architektur [50] zusammengestellt. Sie zeigen den prinzipiellen Aufbau der Ausführungs-, Kommunikations-, Steuerungs- und Verarbeitungskomponenten. Die sichere Systementwicklung wird durch Redundanz der Flug-, Energie-, Kommunikations- und Positionierungssysteme unterstützt.

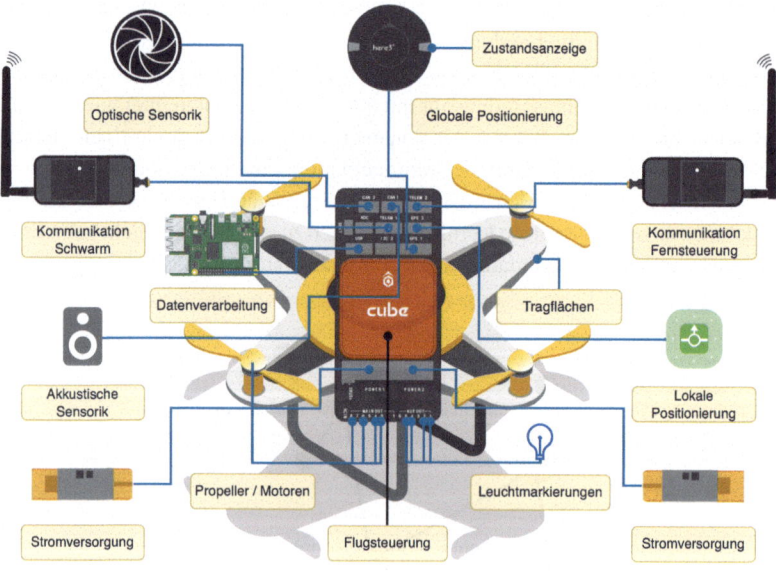

Abbildung 3.13 Bestandteile einer schwarmfähigen Drohne

3.3 Schwarmfähige Drohnenhardware

3.3.1 Flugsteuerung

Die Basiskomponenten der Ausführungsebene werden im Folgenden als funktionale und abstrakte Gegebenheiten betrachtet, da sie letztlich den Aufstieg nach den geltenden aerodynamischen Gesetzen realisieren. Die darauf aufbauenden Eingriffe und Modifikationen sind dagegen Gegenstand der Flugsteuerung.

Abbildung 3.14 Flugcontroller

Die Flugsteuerung erfolgt schnittstellenbezogen durch die Zusammenführung aller zur Flugdurchführung notwendigen Hard- und Softwaresysteme. Alle standardisierten Flugmanöver, wie sie für Start, Landung und die Durchführung von Richtungsbewegungen im Luftraum durchgeführt werden, können direkt durch den Flugsteuerer initiiert werden. Dies geschieht automatisiert durch abstrakte Steuerbefehle nach dem für UAVs entwickelten MAVLink-Protokoll. Die Abbildung 3.14 zeigt beispielhaft einen Flugcontroller vom Typ PixHawk Cube Orange. Er enthält neben allen Schnittstellen für die Steuerungsebene eine inertiale Messeinheit (IMU) in dreifacher, unterschiedlicher Ausführung zur Orientierung und Lageregelung in räumlichen Umgebungen. Für die Höhenregelung sind baugleiche, paarweise integrierte Barometer in den Controller integriert.

Die Umsetzung der Steuerbefehle erfolgt durch einen Hauptprozessor vom Typ STM32H757 mit je einem M7- und M4-Kern für die Nutzung der peripheren Sensorik sowie einem speziell für die Lageregelung reservierten Coprozessor vom Typ STM32F100. Dieses System ist darauf ausgelegt, die höchstmögliche Zuverlässigkeit der Steuerung zu gewährleisten. Dementsprechend ist es mit einem hohen Grad an Redundanz ausgelegt. Dies bedeutet mindestens das Vorhandensein der kritischen Verarbeitungseinheiten in doppelter Ausführung und bei Komponenten mit Vetofunktion in dreifach gekapselter Ausführung. Die Zuverlässigkeit spiegelt sich hinsichtlich der Verarbeitungseinheiten in deren Fähigkeit wider, die von außen übermittelten Steuerbefehle in Echtzeit mit geringer Latenz und hoher Reaktionsgeschwindigkeit auszuführen. Dies geschieht unter allen Umständen mit hoher Präzision, bei groben Bewegungen und fein abgestuften Manipulationen in niedrigen und hohen Temperaturbereichen [206–208].

Auf diese Weise kann jede derzeit auf dem Markt erhältliche Drohne im Flug gesteuert werden. An dieser Stelle kann die Erweiterung des Systems hin zu einer zuverlässigen Schwarmfähigkeit beginnen. Zusammen sind dies bereits die grundlegenden Fähigkeiten zur Kommunikation, Schnittstellen zur Integration verschiedener Lokalisierungsverfahren und die Fähigkeit zur Steuerung des Flugobjektes. Dies ist im Hinblick auf die Zuverlässigkeit, wie sie zur Vermeidung von Kollisionen als notwendig erachtet werden kann, bereits ausgeführt.

Bei der Erweiterung geht es um die Verbesserung der Koordinationsfähigkeit mit benachbarten Drohnen und um die Fähigkeit, Steuerbefehle koordiniert auszuführen. Dies bedeutet in einem ersten Schritt, die Kommunikation so anzupassen, dass sie in wichtigen Fällen breit gestreut und für eine effiziente Steuerung gezielt an die richtige Drohne geleitet wird. Die Kommunikation mit der Bodenstation und der Flugsteuerung kann über getrennte Kommunikationskanäle erfolgen. Die unmittelbare Aufgabe der Flugsteuerung ist die Koordination des Schwarms. Im trivialen Fall wird dies durch ausreichend unterschiedliche Flugrichtungen erreicht. Ergänzend hilft bereits die hinreichend genaue Kommunikation von Position und Fluggeschwindigkeit Kollisionen im weitesten Sinne zu vermeiden [52]

Daraus ergibt sich für eine durch die Flugsteuerung zu überwachende Schwarmformation die Notwendigkeit, ein Verfahren zur zeitlichen Synchronisation aller Drohnen zu etablieren. Damit ist es möglich, die Steuerbefehle für die Fluggeräte mit Zeitstempeln zu versehen und die simultane Ausführung der Bewegungen entsprechend der vorgegebenen Missionsziele sicherzustellen. Alternativ können die Drohnen simultan agieren, indem ihre Systemuhren synchronisiert werden. Die

3.3 Schwarmfähige Drohnenhardware

Koordination der Drohnen zum Formationsflug mit geringen Abständen zu den Nachbardrohnen im Schwarm wird durch eine hinreichend genaue Lokalisierung ermöglicht. Auf diese Weise kann die Position an die Nachbarn übermittelt werden, so dass diese die jeweiligen Abstände der Nachbarn ausreichend in ihre Flugbahn einkalkulieren können [204].

Die Koordinationsfunktion bedeutet für die Flugsteuerung, die zugewiesene Position im Schwarm zu kennen und genau einzuhalten. Eine Teilnehmeridentifikation hilft dabei, jede Drohne im Schwarm zu erkennen und zuzuordnen. Für eine Dreiecksformation kann eine Hierarchie definiert werden, die es ermöglicht, ausgehend von der Ausgangsposition relative Zielpositionen für die Nachfolger zu bestimmen. Im Abschnitt 2.2.2 wurde das Verfahren der virtuellen Struktur beschrieben. Derartige Berechnungen können im Flight Controller durchgeführt werden. In Verbindung mit einer vordefinierten Auswahl geeigneter Figuren kann der Flight Controller die Formationsbildung übernehmen. Die Flugbahnen können durch das Konzept des dezentralen Ansatzes über relative Pfade realisiert werden, die nur eine Übersetzung der gegebenen Steuerbefehle erfordern [209].

3.3.2 Lokalisierungssysteme

Die hinreichend genaue Ortung und Positionshaltung von Drohnen kann durch die Kombination verschiedener lokaler und globaler Ortungssysteme erfolgen. Dies ist symbolisch in Abbildung 3.15 gezeigt. Im Bereich der geodätischen Vermessung haben sich globale Navigationssatellitensysteme (GNSS) mit der Erweiterung durch Echtzeitkinematik (RTK) als Goldstandard etabliert. Durch den Abgleich einer großen Menge von Satellitenpositionsdaten der Systeme GPS, Galileo und Baidu

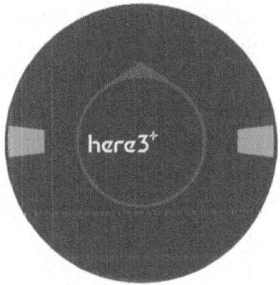

Abbildung 3.15 Lokalisierungsmodul

sowie die Erweiterung durch bodengestützte Referenzempfänger können Objektpositionen durch Triangulationsverfahren hinreichend genau bestimmt werden. Dabei werden Entfernungen und Signallaufzeiten mit den Sollpositionen der Satelliten in Beziehung gesetzt. Dies ermöglicht bei einer ausreichend hohen Anzahl von Satellitensignalen eine Positionsabweichung von 3 Metern. Mit der Erweiterung durch RTK und der damit verbundenen permanenten Verfügbarkeit bodengestützter Referenzsignale ist eine Reduzierung der Abweichungen auf 15 Zentimeter möglich. In vielen Umgebungen und Situationen kann nicht von Bedingungen mit ständiger Verfügbarkeit globaler Ortungssysteme ausgegangen werden [210, 211].

Eine schwarmfähige Drohne sollte durch lokale Verfahren zur Positionsbestimmung ergänzt werden. Es gibt immer mindestens eine Rückfallvariante zur Überprüfung der Plausibilität der Positionsbestimmung und bei mangelnder Signalqualität. Für den ersten Schritt der Entfernungsmessung innerhalb des Schwarms kann das aus dem automobilen Umfeld stammende Ultra-Breitband-Technologie (UWB) verwendet werden. Im Frequenzbereich ab 5 GHz können breitbandige Signale über kurze Distanzen übertragen werden. Aufgrund der geringen Baugröße und der verfügbaren Qorvo-Industriemodule kann die Technologie in Drohnen integriert werden. Über diese Multi-Hop-Mash-Verbindung können lokal relative Positionen, Richtungsinformationen und Zustandsvariablen der Drohnen an ihre Nachbarn im Umkreis von 30 bis 100 Metern übertragen werden. Aus diesen Informationen kann durch angepasste Triangulation die relative Position mit einer Genauigkeit von 3 Zentimetern bestimmt werden. Damit können die Drohnen ausreichend flexibel gesteuert werden. Dies ermöglicht lokal die Bildung komplexer Formationen durch virtuelle Strukturen. Bei Verfügbarkeit eines geolokalisierten Referenzpunktes kann eine unabhängige Messumgebung aufgebaut werden, die sehr kleinräumig erscheint [212].

Zur Lokalisierung müssen die Positionsinformationen der einzelnen Drohnen im Schwarm mit detaillierten Umgebungseigenschaften angereichert werden. Dies bedeutet unterschiedliche Flugansätze, wenn sich Hindernisse in der Nähe der Drohnen befinden. Gleiches gilt für Flüge im Innen- oder Außenbereich, die gezielt Risikosituationen begünstigen können. Flugmanöver sollten in solchen kritischen Bereichen mit geringeren Geschwindigkeiten und in größerem Abstand zu möglichen Barrieren oder Hindernissen durchgeführt werden. Das bedeutet, dass vorausschauende und vorsichtige Änderungen in der Steuerung vorgenommen werden müssen, um ein sicheres Manövrieren zu gewährleisten. Sie müssen regelmäßig mit größeren Toleranzbereichen durchgeführt werden, die sich aus der geringeren Genauigkeit der Positionierung ergeben.

Aus diesem Grund ist es notwendig, Unterschiede und Veränderungen in den Abständen zu Objekten, Hindernissen und Gebietsgrenzen in der Umgebung der

3.3 Schwarmfähige Drohnenhardware

Drohne detailliert zu erfassen. Dies führt bei der Objektkartierung zu einer kontinuierlichen Positionsbestimmung im Nahbereich der räumlichen Umgebung unter Berücksichtigung zeitlicher Veränderungen. Dieses Verfahren kann in Innenräumen vorteilhaft sein, wenn andere Positionierungsverfahren nicht zur Verfügung stehen oder zu ungenaue Messergebnisse liefern. Als besonders effektiv kann der Einsatz eines Lichtdetektion und Abstandsmessung (Lidar)-Systems hervorgehoben werden. Es kann in bis zu 6 Bewegungsrichtungen des integrierten Laserstrahls eingesetzt werden, um schnell Entfernungen in allen Blickrichtungen zu messen und als Ergebnis eine dreidimensionale Punktwolke zu generieren. Die Qualität und räumliche Auflösung des Lidars ist entscheidend für die Generierung der Punktwolken. Die Punktwolken sind detaillierter bezüglich des Geländereliefs oder können größere Distanzen abdecken [213].

Eine weitere Sonderform der Orientierung ist die Umgebungscharakterisierung über die Raumakustik. Die Möglichkeit, hochfrequente, gerichtete Schallwellen auszusenden und die Reflexionen des Raumes über Mikrofonarrays zu erfassen, liefert Informationen über grobe Umrisse und über die Materialbeschaffenheit der näheren Umgebung von Fluggeräten. Dieser Ansatz kann durch akustische Kameras ergänzt werden. Sie sind ähnlich aufgebaut wie bildgebende Sensoren, verfügen jedoch über eine sehr große Anzahl mikroskopisch kleiner Mikrofone. Auf diese Weise können Schallquellen lokalisiert werden, indem mit den Parametern Lautstärke und Richtung veränderliche Größen zur Referenzierung verwendet werden. Bei gleichförmigen, permanenten Schallquellen kann die Orientierung und Positionierung über die Kartierung der Schallquellen erfolgen. Im Zusammenspiel mit den Raumreflexionen können die charakteristische Form, die Hindernisse und das Volumen der räumlichen Umgebung spezifiziert werden [214].

3.3.3 Kommunikation

Die Bedeutung der Kommunikation für Schwarmsysteme wird durch das Vorhandensein einer eigenen Kommunikationsschicht und mehrerer spezialisierter Protokolle mit Schnittstellen unterstrichen. Es wird ein Kompromiss zwischen hoher Zuverlässigkeit und leistungsfähiger Informationsübertragung ausgehandelt. Wichtige Kommandos müssen leichtgewichtig übertragen werden und alle beteiligten Schwarmteilnehmer zuverlässig erreichen. Die Schwarmteilnehmer müssen alle nach außen kommunizierten Datensätze so verarbeiten, dass einzelne Fragmente auf dem Transportweg verloren gehen können und die Sicherheit des Fluges gewährleistet ist.

Um dies zu erreichen, werden verschiedene symmetrische Übertragungskanäle für die gezielte Bereitstellung von Diensten innerhalb und außerhalb der Drohne verwendet. Dies ist in Abbildung 3.16 gezeigt. Für die Steuerung der Drohne ist immer eine Fallback-Schnittstelle vorhanden, um im Havariefall den manuellen Flug über die Bodenstation zu aktivieren. Sensordaten erfordern in vielen Fällen eine höhere Datenrate. Priorisierte Steuersignale sollen generell per Broadcast an alle Teilnehmer gesendet werden und die Fähigkeit zur Synchronisation besitzen. Entsprechend erfolgt eine Aufteilung der Übertragungswege nach Übertragungsart, Informationsmenge und Anforderungen an die Robustheit der Datenverbindung. Innerhalb der Übertragungswege für die Steuersignale wird die Übertragung des Datenverkehrs nach Dringlichkeit priorisiert. Diese Strategien stellen die Möglichkeit einer Notlandung sicher. Bei der Best-Effort-Kommunikation über Mobilfunknetze muss die Integrität des Systems erhalten bleiben [171, 204, 215].

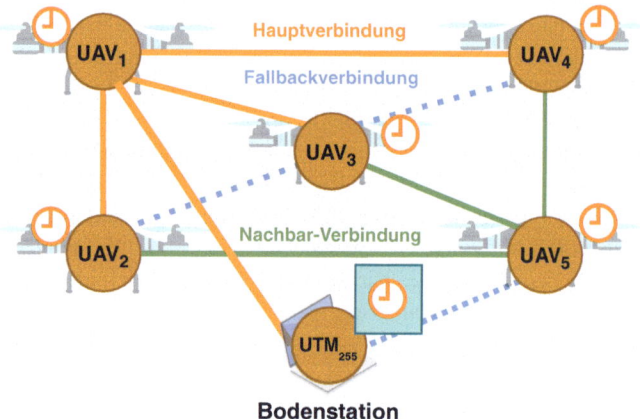

Abbildung 3.16 Kommunikationsarchitektur für den Schwarm

3.3.4 Bodenstation

Die Bodenstation wurde bereits im Abschnitt 3.1.2 als vermittelnder Akteur in der Interaktion des Drohnenschwarms mit dem Fernpiloten beschrieben. Sie nimmt eine Schlüsselstellung in der Kommunikationsarchitektur des Schwarms ein, da alle den Schwarm betreffenden Steuerbefehle über die Bodenstation initiiert werden. Als einzige echtzeitfähige Steuereinheit, ohne die dezentrale Automatisierung in der

3.3 Schwarmfähige Drohnenhardware

Steuerungs- und Verarbeitungsebene der Drohnen, kann die Bodenstation jedoch bei mehr als fünf Drohnen zu Einschränkungen in der Skalierbarkeit der Schwarmgröße führen und erhöht als Single-Point-of-Failure die Ausfallwahrscheinlichkeit der gesamten Drohnenflotte.

Die Bodenstation sollte daher mehrere Kommunikationsmodi hybrid unterstützen, um die zentrale und dezentrale Übertragung von Steuerinformationen und Datenpaketen zu ermöglichen. Die Reaktion erfolgt entsprechend der konfigurierten Situation. Die Paradigmen der zentralen und dezentralen Integration der Bodenstation in den Schwarm wurden bereits im Abschnitt 2.2.2 analysiert. Beide Ansätze weisen Vor- und Nachteile auf. Die schnelle Implementierung und konstante Signallaufzeiten durch direkte Kommunikationswege helfen bei der Realisierung des Drohnenschwarmes. Der dezentrale Ansatz durch einen oder mehrere Uplinks zu einzelnen Teilnehmern kann gezielt auf Fehlertoleranzen und eine große Anzahl von Drohnen optimiert werden. Alle Teilnehmer agieren wiederum als vermaschtes Netzwerk und sind über verschiedene Kommunikationswege miteinander verbunden. In der Praxis sollte die Bodenstation beide Ansätze hybrid unterstützen, um bei Bedarf jede Drohne gezielt ansteuern zu können und gleichzeitig die Kontrolle einzelner Routinen effizient skalieren und an den Schwarm delegieren zu können.

Vielmehr muss die Bodenstation alle Ressourcen zur Verfügung stellen, die eine Einrichtung, Vorbereitung, Programmierung und zuverlässige Beobachtung durch geeignete Instrumente ermöglichen. Die Beobachtung des Systemzustandes innerhalb des Drohnenschwarms muss über eine übersichtliche Schnittstelle erfolgen. Die Drohnen werden übersichtlich mit Positionsdaten in einer Karte dargestellt und mit den Signalfarben grün, gelb, rot markiert. Regelmäßige Systemprüfungen und der Abgleich hinsichtlich Veränderungen der Eigenschaften von Bauteilen und Softwareroutinen erlauben dem Fernpiloten die Einschätzung der tatsächlich vorherrschenden Situation. Sie können sich in Teilaspekten wie den Eingaben des Fernpiloten und den zuvor getesteten Umgebungsverhältnissen unterscheiden. Im Vorfeld gibt es Testabläufe, wie sie bereits in der Simulationsumgebung getestet wurden. Sollte ein Eingriff in den Flugbetrieb erforderlich sein, geben Systemmeldungen Auskunft darüber, welche Anomalien als solche erkannt wurden.

Für eine Menge von bis zu fünf Drohnen müssen die Flugrichtung, die aktuellen Höhenwerte, die Geschwindigkeiten und der Batteriezustand gleichzeitig angezeigt werden. Im Entwicklungsumfeld ist es notwendig, auf Anforderung gezielt alle Logdaten und Parameter der Telemetrie auf der Ebene einer einzelnen Drohne zu erhalten. Eine Fehleranalyse und die gezielte Aufzeichnung zur erneuten Herbeiführung ähnlicher Situationen erweitern den Beobachtungsspielraum [216]. Als Teilfunktion der Bodenstation wird ein schwarmtaugliches Planungstool bereitgestellt. Es dient der Pfadoptimierung und der zukünftigen Reservierung von Flugkorridoren. Aus einem Pool von Sequenzen werden Aktionen generiert. Zwischen dem Start und der Landung werden Positionen in der Spannweite angeflogen. Dazwischen findet der Flug auf geraden oder gekrümmten Bahnen statt. Die angebrachte Sensorik sammelt kontinuierlich Datensätze und sendet diese in komprimierter Form an die Bodenstation zurück. Zur Einhaltung der Grenzen eines zugewiesenen Fluggebietes sind Geofences und künstliche Barrieren in mehreren Ebenen einstellbar. Im Perimeterbereich handelt es sich um harte Grenzen, während die gezielte Überschreitung im Missionsbetrieb zur Gewinnung überlappender Datenpunkte eine wichtige Funktion für die spätere Datenauswertung darstellt.

Diese Vorgehensweise ermöglicht einen koordinierten Einsatz des globalen Schwarmes. Als mit gleichen Aufgaben vertraute Einzelsysteme in fragmentierten Fluggebieten, aber auch durch gezielte Formationsbildung. Diese schwarmspezifische Definition der Formation soll als Funktionskomponente der Bodenstation die optimale Auswahl und Zuordnung der Drohnen unterstützen. Entlang der Ziele der durchzuführenden Mission erfolgt die Festlegung der geplanten Flughöhe, die Positionszuweisung in der Formation und die Planung der Bestückung der Drohnenhardware.

In der Umsetzung ergeben sich Anforderungen an die Hard- und Software in der eingesetzten Bodenstation, die sehr unterschiedlich sein können und Einfluss auf die Interaktionsmittel haben. Für eine kleinere Anzahl von drei bis neun Drohnen könnte eine Bodenstation in der Größe heutiger Fernsteuerungen ausreichen, erweitert um die parallele Programmierung und Beobachtung der fliegenden Drohnen. Dies wäre platzsparend und orientiert sich an den bisherigen Verfahrensweisen zur Ansteuerung der Drohnen aus Sicht des Fernpiloten. Soll die Bodenstation für eine Anzahl von mehr als zehn Drohnen eingesetzt werden oder liegt ein zunehmend wichtiger Aspekt des Einsatzes im Bereich des Verkehrsmanagements, wird sie als dedizierte Hardware in einem Kontrollraum eingesetzt. Die optische Bildauswertung gewinnt an Bedeutung, Daten müssen mit hoher Leistung verarbeitet und verteilt werden. Im ferngesteuerten Umfeld gibt es für den hochautomatisierten Drohnenflug vor Ort kein dediziertes Bodenpersonal zur direkten Steuerung. Dieses steht nur bei Bedarf zur Verfügung.

3.3.5 Optische Datenerfassung

Die Datenerfassung durch verschiedene Arten der optischen Bildgebung ist eine häufig eingesetzte Möglichkeit, um Daten durch Drohnen zu erfassen. Die Drohne fliegt eine festgelegte Strecke in einer bestimmten Höhe, erfasst regelmäßig die Sensordaten und im zusammengefügten Endresultat werden pro Pixel eine bestimmte Fläche zum Erkenntnisgewinn abgebildet. Durch die Anwendung aktiver Pixelsensor (APS) auf der vielfältig einsetzbaren Technologie des Complementary Metal-Oxide-Semiconductor (CMOS) lässt sich innerhalb unterschiedlicher Wellenlängen die Stärke des Lichtes in elektrische Impulse umwandeln. Der Sensor besteht aus mehreren Millionen Fotozellen, die in einer rechteckigen Pixelmatrix angeordnet sind. Je mehr Licht der gewünschten Wellenlänge pro Pixel erkennbar ist, desto höher ist die gemessene Spannung. Teilweise sind Lichtstrahlen verschiedener Wellenlängen unterschiedlich stark, sodass mehrere Schichten durchlässiger Fotozellen übereinander mehrere Wellenlängen im gleichen Bereich simultan erfassen können.

Die erste Kategorie der APS-Sensoren ist auf einen zusammenhängenden Wellenlängenbereich spezialisiert. Alle Wellenlängen mit höheren oder niedrigeren Frequenzen werden abgeschnitten. Gleichzeitig können sie durch die Qualität eingesetzten Linsen besonders sensitiv konstruiert werden. Durch die Verkleinerung der Sensoren kann deren Anzahl auf dem Mikrochip erhöht werden, sodass die Auflösung und der resultierende Informationsgehalt größer aussagekräftiger werden können.

Der RGB-Sensor erfasst das für den Menschen erfassbare Lichtspektrum von 380 bis 780 nm mit roten, grünen und blauen Anteilen. In diesem Bereich lassen sich bei Tageslicht besonders gut Objektumrisse, Oberflächen und Materialien erkennen. Durch die technischen Entwicklungen im Umfeld der Smartphonekameras sind RGB-Sensoren in fast dunklen Umgebungen und einer hohen Bildauflösung mit rauscharmen Daten verfügbar. Sie sind am weitesten verbreitet und in nahezu jeder Drohne verbaut. Durch die große Informationsmenge können die zusammengesetzten Bilder anhand erlernter Muster die Objekterkennung unterstützen. Zur Übertragung der vergleichsweise hohen Datenmenge existieren energieeffiziente, funktionale Kodierungsverfahren [217, 218].

Bei Lichtverhältnissen mit geringer Strahlungsintensität im sichtbaren Spektrum, kann ein Wärmebild im Spektrum von 0,7 bis 1000 μ. Thermale Strukturen und Temperaturen werden bildlich und örtlich erfasst. In den definierten Temperaturbereichen sind die Wärmeleitfähigkeiten von Objekten und Oberflächen erfassbar. Aufgrund der Empfindlichkeit und der Angepasstheit an die Spektren im Infrarotbereich ist starke UV-Strahlung schädlich für den Sensor. Da die Abhängigkeit zum sichtbaren Licht vermieden und Wärme durch Materialien hoher Dichte geleitet wird, werden Drohnen oft zur Erkennung von thermischen Abläufen eingesetzt [219].

Die zweite Kategorie bilden APS-Sensoren die gezielt voneinander abgegrenzte Wellenlängenbereiche im sichtbaren und unsichtbaren Frequenzbereich gleichzeitig erfassen können. Multispektralsensoren besitzen mehrere Kameralinsen und spezialisierte Sensoren werden im Parallelaufbau. Sie enthalten Filter die auf grünes, rotes, tiefrotes und nahes Infrarotlicht für die wissenschaftliche Bildgebung spezialisiert sind. Gleichzeitig verringert sich aufgrund der gewünschten kleinen Baugröße die Auflösung der zusammengesetzten Bilder. Es lassen sich Pflanzen erkennen und Wachstumsprozesse abbilden [217].

Ein weiterer Entwicklungsansatz zielt auf den Einsatz von Hyperspektral-Sensoren ab. Sie bilden über die kontinuierliche Spektralanalyse zusammenhängende Wellenlängenbereiche ab. Beispielsweise den 400–1100 nm Bereich in Abtastschritten von 1 nm. Eine Multispektralbildgebung verwendet eine Teilmenge gezielter Wellenlängen, wie 400–1100 nm in Einzelschritten von 20 nm. Mit einem einzigen Linsensystem wird der Lichtstrahl über Prismen in die gewünschten Wellenlängenbereiche aufgeteilt und auf mehrere CMOS-Sensoren gelenkt. Diese enthalten viele Lagen mikroskopisch kleiner, durchlässiger Bildsensoren. Statt einem Array mehrerer auf einzelne Spektren spezialisierter APS-Sensoren, kann ein einziger Sensor mit Universaleigenschaften eingesetzt werden. Es lässt sich die chemische Zusammensetzung von Materialien erkennen. Die räumliche Auflösung ist eingeschränkt und auf ausreichende Lichtintensität angewiesen. In Abbildung 3.17 sind die Lichtspektren und die Ansätze der Multispektralen bzw. Hyperspektralen Bildgebung zusammengefasst [220].

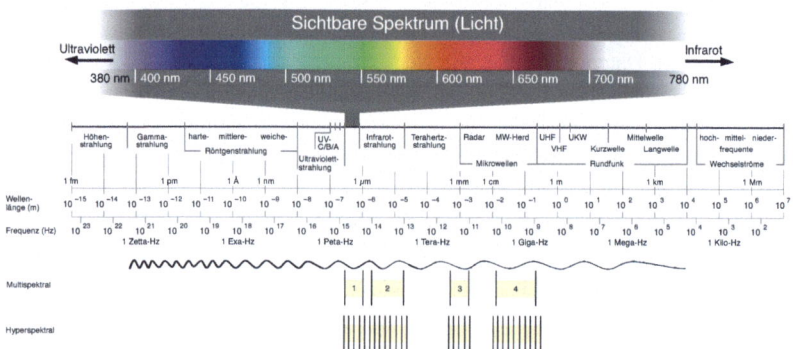

Abbildung 3.17 Elektromagnetisches Spektrum des Lichtes [220, 221]

3.3.6 Virtuelle Sensorik

Neben den häufig eingesetzten optischen Sensoren stehen zahlreiche weitere Peripheriegeräte und Sensoren zur Verfügung, die im Rahmen dieses Abschnittes nur abstrakt angenommen werden. Eine zum Schwarm zusammengeschaltete Gruppe von Drohnen bietet die Möglichkeit zur beliebigen Kombination gleichartiger und unterschiedlicher Peripheriegeräte im Simultanbetrieb. Ein Sensorikbaukasten entsteht durch normalerweise nur sehr schwer zusammenfassbare Sensoren. Um eine Wärmebildkarte in gleicher Auflösung zu erhalten, wie es für RGB-Aufnahmen üblich ist, sollte die 4-fache Menge Bilder erzeugt werden und entsprechend in einem Viertel der Höhe geflogen werden.

Auf diese Weise lassen sich über die Kombination verschiedener Sensoren, neuartige virtuelle Sensoren definieren und testen bevor sie als System-on-a-Chip gefertigt werden. Diese virtuelle Sensorik führt zur Erweiterung der Leistungsfähigkeit des auf diese Weise aufgespannten, verteilten Sensornetzes. Bewegliche Objekte lassen sich durch gleichartige Sensoren in Echtzeit aus mehreren Perspektiven beobachten und in eine 3D-Umgebung überführen. Durch die Realisierung von Tandemflügen mit RGB-, Multispektral- und Wärmebildkameras wird beispielsweise über erweiterte bildgebende Verfahren die präzise Identifizierung von Flora und Fauna realisiert werden können.

In Tabelle 3.1 sind viele der derzeit gängigen, auswählbaren Systeme zur Erzeugung virtueller Sensoren aufgeführt. Es handelt sich um in Drohnen getestete Steuerungssysteme, Lokalisierungssysteme, Verfahren zur Entscheidungsfindung, Kommunikationsweisen und ein breites Spektrum anhand ihrer Bauart für Drohnen geeignete Sensorarten.

Diese Komponenten können zusammenfassend, wie in Tabelle 3.2 gezeigt, in verschiedene Abstraktionsebenen eingeteilt werden. Auf der untersten **Ausführungsebene** sind alle Komponenten angesiedelt, die direkt mit den für den Flug zwingend notwendigen Aufgaben betraut sind. Dazu gehören alle mechanischen, elektrischen und elektromagnetischen Hardwarekomponenten, die tatsächlich an der Drohne angebracht sind. Propeller, Motoren, Flügel, Stromversorgung, Antennen, Status-LEDs und die gesamte angebrachte Sensorik. Sie sind aufgrund ihrer systemkritischen Aufgaben redundant und damit robust gegen Teilausfälle ausgelegt.

Tabelle 3.1 Sensoriktabelle mit Studienlage

Baugruppe	Beschreibung
Steuerrechner	PixHawk [184], RaspberryPi [222], DJI Flightcontroller [223], Arduino [224]
Globale Lokalisierung	RTK GNSS [211], LTE [96]
Lokale Lokalisierung	Motion Tracking [225], UWB [212], Radar [226], Echolot [198], Lidar [213]
Zentrale Steuerung	Kontrollstation [227], Cloud Dashboard [228], Verkehrsmanagementsystem (UTM) [200]
Dezentrale Steuerung	Consensus-Verfahren im Schwarm [229], Hindernismechanismus, lokale Missionspfade, einzelne Fernbedienung pro Drohne [48]
Kommunikation	433 MHz, 833 MHz, 2,4 GHz, 5,8 GHz [178], LoRaWAN, LTE [171], Wifi [230], 5G [96], Satelliten [231]
Optische Sensoren	RGB [218], Multispektral [217], Infrarot [171], Hyperspektral [220], Akkustikkamera [214]
Virtuelle Sensoren	Sensorfusion [6], Künstliche Intelligenz [75], Sensornetzzusammenfassung [232]

In der darüber liegenden **Kommunikationsebene** wird die Interaktion mit allen Steuerungssystemen ermöglicht. Alle innerhalb der Drohne eingesetzten Komponenten, die aus Hard- und Software bestehen können, werden in die Lage versetzt, paketvermittelt Informationen auszutauschen. Steuerbefehle werden bidirektional über separate Protokolle und Steuerleitungen an die ausführenden Komponenten übertragen, um eine zuverlässige Flugführung zu gewährleisten. Der Datenaustausch zwischen den Steuergeräten, den Sensoren und allen externen Schwarmsystemen erfolgt über verschiedene Übertragungswege und -medien. Externe Schwarmsysteme sind alle erreichbaren, benachbarten UAVs und die Bodenstation.

Die **Steuerungsebene** umfasst alle in der Drohne eingebauten Geräte zur Automatisierung der Flugmanöver. Die Systeme sind mechanisch mit der Ausführungshardware verbunden und in der Flugsteuerung zusammengefasst. Über die Geschwindigkeits- und Lageregelung wird das Flugverhalten gesteuert. Über Schnittstellen zu den Verarbeitungssystemen wird die Autonomie der Drohne ermöglicht, während über die Fernsteuerung ein direktes Eingreifen durch die Fernsteuerung im Fehlerfall gewährleistet wird.

Zur weiteren Abstraktion gibt es die **Verarbeitungsebene**. Sie ist notwendig, um die Softwareanwendungen von allen Hardwareaspekten zu abstrahieren. Für die Realisierung eines Fluggerätes in den zukünftigen Automatisierungsstufen 4 und 5 sind neben allen Automatisierungs- und Assistenzsystemen zusätzliche entscheidungsbildende Systeme erforderlich. Neben Algorithmen können teilweise auch Aspekte der künstlichen Intelligenz einbezogen werden.

Tabelle 3.2 Schichtenarchitektur für Drohnenkomponenten [233, 234]

Abstraktionsgrad	Hardware und Softwarekomponenten
Verarbeitung	Companion-Computer, Durchführungsalgorithmen, Sensorfusion, Bodenstation
Steuerung	Motorsteuerung, Lageregelung, Lokalisierung, Flugsteuerung, Fernsteuerung
Kommunikation	Steuerprotokolle, interner Datenaustausch, Datenstrom Sensoren, Mesh-Datenübertragung
Ausführung	Propeller, Motoren, Tragflächen, Stromversorgung, Status-LEDs, Sensorik

3.4 Entwicklungsansatz Hardware-in-the-Loop

In den letzten beiden Abschnitten wurden Aspekte der Generierung einer Simulationsumgebung und der Integration von modellierten Objekten mit unterschiedlichen Attributen diskutiert. Das zentrale Objekt ist die Drohne. Sie wird mit allen Subkomponenten möglichst genau in die Simulation eingebracht. Auf diese Weise dient die virtuelle Umgebung der Analyse möglichst vieler Eigenschaften in Standardsituationen und der gezielten Herbeiführung von zu lösenden Risikofällen. Ausgehend von dieser konzeptionellen Betrachtung wurde der Blick auf die Hardware gelenkt.

Dabei wurde die schwarmfähige Drohne als automatisierte Flughardware betrachtet. Die Untersuchung führte entlang des Entwicklungspfades zur Integration aller Hard- und Softwarekomponenten und mündete in der schwarmtauglichen Systemdrohne. Diese kann aus den realen Hardwarekomponenten anwendungsspezifisch zusammengesetzt werden. Insgesamt werden mehrere schwarmfähige Drohnen zu einem virtuellen Sensornetzwerk vernetzt. Dieses Sensornetzwerk bildet einen integrierten Werkzeugkasten zur flexiblen Bestückung mit Komponenten und zur Durchführung komplexer, dynamischer Flugmissionen.

Die generierte Drohne ist mit allen Softwarekomponenten in der Simulationsumgebung etabliert. Durch ausreichend große Rechenressourcen können beliebig große Drohnenschwarmsysteme hinsichtlich ihres Funktionsumfangs gezielt getestet werden. Die entwickelte und zusammengesetzte Drohnenhardware muss jedoch fernab der kontrollierten Laborumgebung in der Realität getestet werden können. Nicht selten verhalten sich kritische Komponenten abweichend vom Modell. Entsprechend handelt es sich bei den bisherigen Betrachtungen um zwei gegensätzliche Testparadigmen mit Vor- und Nachteilen. Sie können jeweils unterschiedliche Aussagen über erwünschte oder unerwünschte Systemeigenschaften machen. Während die Simulation von Idealisierungen oder gezielt verschlechterten Situationen ausgeht, kann die konstruierte UAV-Hardware belastbare Aussagen im realen Einsatzgebiet treffen.

Bei der Entwicklung von Schwarmsystemen ist es aus Effizienz- und Kostengründen ratsam, möglichst viele Tests in der Simulation durchzuführen. Die Simulation als Modell verhält sich nur näherungsweise wie die getesteten Komponenten einer Schwarmplattform. Umgekehrt ist es durch den zusätzlichen Testaufwand keinesfalls möglich, alle Eigenschaften am Prototypen im Testfeld zu überprüfen. Beide Testparadigmen sollten angenähert werden, um die Testfrequenz zu erhöhen und gleichzeitig die Vergleichbarkeit mit realen Umgebungen zu verbessern. Dies wird ermöglicht, indem die virtuelle Umgebung über Kommunikationsschnittstellen Zugriff auf die beschriebene UAV-Hardware erhält und die verknüpfenden Verfahren im Sinne des Hardware-in-the-Loop (HIL) etabliert werden.

3.4.1 Kombination von Hardware- und Softwaretest

Auf diese Weise wird die Entwicklung für UAVs durch HIL-Tests ergänzt und beschleunigt. Die Unterstützung der Simulationsumgebung durch die gezielte Integration der im realen Flugbetrieb eingesetzten Hardware unterstützt die echtzeitfähigen Testfähigkeiten. Die umfassende Kombination der Flugcontroller mit der Software, die optionale Integration der Sensorik und die Möglichkeit der äußeren

3.4 Entwicklungsansatz Hardware-in-the-Loop

Beeinflussung des Systems durch den Fernpiloten erhöhen die Anzahl der Testvariationen [192].

Diese Kombination aus Software- und Hardware-integriertem Systemtest als Hardware-in-the-Loop-Test etabliert sich in der Entwicklung komplexer technischer Komponenten. Insbesondere die Luft- und Raumfahrt profitiert in der Avionik von HIL-Tests. Durch frühzeitige Tests können Fehler schneller erkannt werden. In der Luftfahrt wird Software für jeden Flugzeugtyp nach DO-178C zertifiziert und die Entwicklung erfolgt häufig nach dem V-Zyklus, wie er in Abbildung 3.18 skizziert ist [235].

In der UAV-Entwicklung sind die Entwicklungszyklen kürzer, so dass die Problemlösung kontinuierlich und agil über HIL-Tests erfolgen kann. In der Forschungslandschaft und in OpenSource-Projekten wird häufig mit Standardkomponenten ohne Prozessmanagement und ohne Validierung des Systems gearbeitet. Die nahtlose Integration von HIL-Tests in den gesamten Entwicklungsprozess gewinnt jedoch zunehmend an Bedeutung, da analog zu Flugzeugen auch für Drohnen eine Zertifizierung eingeführt wurde. Sie entspricht einer CE-Zertifizierung für einen UAV-Typ und umfasst die im Abschnitt 2.1.3 diskutierten UAV-Klassifizierungen C0 bis C4. Sie beschreiben, in welchem Umfang ein UAV im europäischen Luftraum eingesetzt werden darf. Diese Regeln sind in Abbildung 2.1 dargestellt [183].

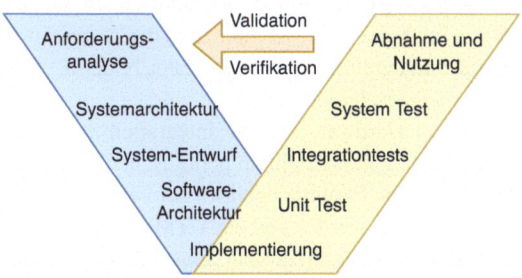

Abbildung 3.18 Entwicklung von Software für die Luftfahrt im V-Zyklus [235]

In der Luftfahrt gibt es Zertifizierungen nur für komplette Luftfahrzeuge. Dementsprechend können vollständig entwickelte Drohnentypen eine CE-Zertifizierung erhalten. Dies erschwert die Entwicklung von Open-Source-Systemen und die Forschung. Eine langwierige Zertifizierung, die die Flugsicherheit erhöht, verhindert Innovationen. In diesem Umfeld gibt es wesentlich vielfältigere, nicht herstellergebundene Modelle mit kurzen Lebenszyklen, die teilweise begrenzte, situative Anwendungsbereiche abdecken. Der Schlüssel zur Verbindung beider Welten ist die durchgängige Verifikation als Teil der Zertifizierung. Sie bedeutet die Erfüllung vordefinierter Verifikationsparameter entlang einer Kette von Testfällen. Diese werden auf alle Komponenten angewendet, so dass ein Gesamtsystem konform zu den jeweiligen Klassifizierungen entwickelt wird.

Im Rahmen der erweiterten Missionsplanung können neben reinen Systemsimulationen insbesondere HIL-Tests eingesetzt werden, um für jede Komponente Standard- und Risikoszenarien zur Verifikation zu entwickeln. Diese können dann aus Subkomponenten zusammengesetzt und für die Entwicklung von Systemen für den Drohnen-Schwarmflug verwendet werden. Die Szenarien können in die Entwicklung des Drohnensystems als Kombination von Hardware und Software integriert werden. Dies geschieht in Analogie zu der in der Softwareentwicklung praktizierten Vorgehensweise, für jede einzelne Programmfunktion Testfälle bereitzustellen. Dieses Vorgehen ist als Teil der Continuous Integration CI in der Softwareentwicklung bei der Übersetzung von Programmcode in Maschinencode verbreitet [202].

Besonders empfehlenswert ist die Generierung von kleinen Testfällen, die bei der späteren Zertifizierung helfen können. Sie können die durchgängige Einhaltung regulatorischer Anforderungen sicherstellen. Die Drohne, alle Akteure im Schwarm und die regulatorischen Aktivitäten sind aufgrund des dynamischen Umfelds regelmäßigen Änderungen unterworfen. Die kontinuierliche Aufrechterhaltung der Konformität durch die Validierung bildet dies ab und bietet die Grundlage, neue Erkenntnisse und Verfahren zu integrieren. Die Kombination der Testverfahren aus der Softwaresimulation und der Integration des Steuergerätes bildet die Grundlage für die Verifikation der Systemeigenschaften.

Durch den Aufbau der Hardware und die Integration in die Hardware-in-the-Loop-Umgebung kann eine hohe Anzahl an periodischen Tests durchgeführt werden. Durch die Integration von Peripheriegeräten zur Fernsteuerung kann die Interaktion des Fernpiloten getestet werden und das UTM reale Kommandos zur Steuerung des Drohnenfluges übergeben. In diesem Sinne können die Tests zur Entwicklung und Integration solcher Systeme für den Schwarmflug unbemannter Drohnen beitragen. Dies fördert die routinemäßige Verifizierung von HIL-Testergebnissen durch den Vergleich mit realen Testergebnissen. Diese werden durch physische Prototypen und anschließende Feldtests untermauert [236, 237].

Wie bereits im Abschnitt 3.2 der Simulationsumgebung ausführlich beschrieben, können die Hard- und Softwarekomponenten in Szenarien getestet werden. Jeder HIL-Test findet in einer Simulationsumgebung statt und erbt durch die Integration aller Teilkomponenten des Schwarmsystems die Möglichkeiten des gezielten Testens in Standard- und Risikoszenarien. Durch den modularen Aufbau der Simulationsumgebung mit der Bodenstation als Software und den über

3.4 Entwicklungsansatz Hardware-in-the-Loop

Schnittstellen angebundenen Flugsteuergeräten können die bereits entwickelten Szenarien angepasst werden. Mit diesem Ansatz können die Eigenschaften eines Fluggerätes unter Laborbedingungen validiert werden. Für die zukünftige Umsetzung von Schwarmflügen im Rahmen der Missionsplanung sollte der Einsatz auf unterschiedliche Weise erfolgen. In einem ersten Ansatz bietet sich der kleinteilige Einsatz von HIL-Tests in allen Phasen einer Entwicklungsaktivität, den anschließenden Testflügen und dem kontinuierlichen Einsatz im regulären Betrieb an.

Während der Entwicklung liegt der Fokus auf der Implementierung von Software mit Algorithmen und der grundlegenden Verifikation von Einzelkomponenten. Anschließend erfolgt die Erfassung des Zusammenspiels der Komponenten und die Integration der Teilsysteme in das Gesamtsystem. Daraus ergeben sich Rückschlüsse für den Einsatz innerhalb eines Schwarmsystems für Drohnen. Ein solches Vorgehen beinhaltet zu jedem Zeitpunkt des Entwicklungsprozesses die Lastbetrachtung hinsichtlich hoher Datenverarbeitungsmengen und maximaler Auslastung der Kommunikationsarchitektur, bevor Funktionsbeeinträchtigungen auftreten. Dies erfolgt im Rahmen des Stresstests durch HIL-Tests. Die Ergebnisse aller Tests werden zusammengefasst und ausgewertet. Sie geben Aufschluss über die korrekte Funktion des Gesamtsystems mit seinen Teilkomponenten. Potentiell kritische Zustände können aus den Gesamtdaten herausgefiltert, gezielt wiederholt und die daraus resultierenden Wechselwirkungen verifiziert werden.

Aus der breiten Datenbasis der HIL-Tests können Laborparameter des optimalen Zustandsbereichs für den Realflug abgeleitet werden. Die in fortgeschrittenen Entwicklungsphasen obligatorischen Feldversuche profitieren von der Anwendung dieser Parameter. Sie können in die Plausibilitätsprüfung des UAV integriert werden und beschreiben den zulässigen Wertebereich aller Sensorkomponenten, der bei korrektem Systemzustand eingehalten wird. Bei ausreichender Datenbasis können sie zu realen Parametern des optimalen Zustandsbereichs verfeinert werden. Dies geschieht durch Flugversuche im realen Testgebiet.

Im Ergebnis bilden die Idealparameter die Grundlage für leichtgewichtige Systemtests auf Basis der Testszenarien. Die Funktionsfähigkeit des Schwarmsystems kann kontinuierlich an jeder Drohne, der Bodenstation und der Fernsteuerung überprüft werden. Die Protokollierung aller Testaktivitäten kann zusätzlich die für die CE-Zertifizierung erforderlichen Validierungsaspekte festhalten und in Havariesituationen zur Fehleranalyse herangezogen werden.

3.4.2 Pfad- und korridorbasierte Verkehrssteuerung

Innerhalb der HIL-Testumgebung stellt die Verifikation der Durchführung von Flugbewegungen und die zuverlässige Aufrechterhaltung robuster Abläufe unter verschiedenen Bedingungen einen wichtigen Untersuchungsgegenstand dar. Beim Ansatz der kooperativen Aufgabenerfüllung im Flug wird sowohl der einzelnen Drohne als auch dem gesamten Schwarm ein hohes Maß an Autonomie zugestanden. Bei der Durchführung von Flugbewegungen muss ein robuster Betrieb gewährleistet sein.

Heutige Drohnen verfolgen bei der Durchführung von Flugbewegungen kontinuierlich ihre Position über Koordinaten in einem Globales Positionsbestimmungssystem (GPS) und fliegen entlang missionsspezifisch definierter Flugbahnen. Die Mission umfasst dabei eine Folge von Koordinaten, Flughöhe und Richtung. Diese Koordinatenfolge bildet eine zusammenhängende Flugbahn. Entlang der Flugbahn finden Bewegungen statt, um die Zwischenkoordinaten zu erreichen. Da es sich um zusammenhängende Knoten handelt, wird im Folgenden von der Flugbahn ausgegangen. Bei Verwendung visueller Sensoren werden auf dieser in gleichen Abständen entsprechende Bilder erzeugt. Schließlich liegt nach Erreichen der vorgegebenen Koordinaten ein Datensatz vor, der zur vollständigen Erfüllung der Missionsziele geführt hat.

Diese Betrachtung der Bewegungsabläufe erfolgt simultan für Drohnenschwärme, die heute überwiegend zu Unterhaltungszwecken eingesetzt werden. In jeder einzelnen Drohne sind jedoch Missionsparameter gespeichert. Diese werden entlang der Flugbahn getrennt voneinander erreicht, so dass sich in der Summe nach außen zusammenhängende Figuren ergeben. Im Gegensatz dazu erfolgt eine passive Kollisionsvermeidung durch vorher abgestimmte Flugbahnen und eine präzise Lokalisierung mittels RTK-GPS. Unterhaltungsdrohnen sind deutlich kleiner und technisch nur scheinbar kooperativ in der Lage, die Missionsziele zu erreichen.

In diesem Abschnitt wird von kooperativen Flugbewegungen ausgegangen, die für eine adaptive Aufgabenerfüllung im Schwarm zwingend notwendig werden. Dieser Ansatz erfordert Änderungen in der Definition von Flugwegen. Es ist notwendig, in der Planung gemeinsame Befehlsketten zu etablieren, aus denen jedes Schwarmsubjekt seinen autonomen Pfad bestimmt. Im Sinne der Autonomie müssen die Drohnen in der Lage sein, ihre Bahnen nach vorgegebenen Regeln adaptiv anzupassen. Es sei auf die bereits im Abschnitt 2.2.2 beschriebenen Potentialfelder zur Kollisionsvermeidung im Schwarm und in der Nähe von Hindernissen verwiesen. Insbesondere im HIL-Umfeld ist der externe Einfluss der Verkehrssteuerung zu berücksichtigen.

3.4 Entwicklungsansatz Hardware-in-the-Loop

Die Beeinflussung der Bewegungsabläufe kann über eine Verkehrssteuerung erfolgen, die den autonomen Drohnenschwarm unterstützt. Keinesfalls sollte die alleinige Kontrolle der Fluggeräte über die bodengestützte Verkehrsregelung erfolgen. Denn die Komplexität der Koordinierungstätigkeit und der mit ihr verbundene Aufwand steigt exponentiell mit der Anzahl der zu überwachenden Flugobjekte. Vielmehr ist es notwendig einheitliche Regeln im Luftraum zu etablieren, indem sie allen Teilnehmern zur Anwendung übermittelt werden und die Verkehrssteuerung deren Einhaltung im Luftraum organisatorisch sicherstellt. Eine beispielhafte Architektur zur Luftraumüberwachung zur Einführung von Regeln für den Drohnenverkehr im Luftraum, haben wurde bereits als UTM in Abschnitt 2.3.2 kennengelernt.

Im Luftraum für Verkehrsflugzeuge sind Flugpfade nicht denkbar, wie sie Drohnen einsetzen. Flugzeuge bewegen sich auf international bekannten Luftstraßen, die im dreidimensionalen Raum festgelegt sind. Sie sind in Deutschland als eine Aneinanderreihung von Wegpunkten entlang von Flugverkehrsstrecken (ATS-Routen) definiert. Diese werden aufgrund ihrer Eigenschaften im dreidimensionalen Raum als Luftstraße festgelegt. Der Verkehr im Luftraum erhöht sich stetig, sodass flexiblere Lösungen und direkte Flugwege von einem Eingangspunkt zum Ausgangspunkt des Luftraums gebraucht werden. Diese werden über Free Route Airspaces mit eigenständiger Routenbildung realisiert [238].

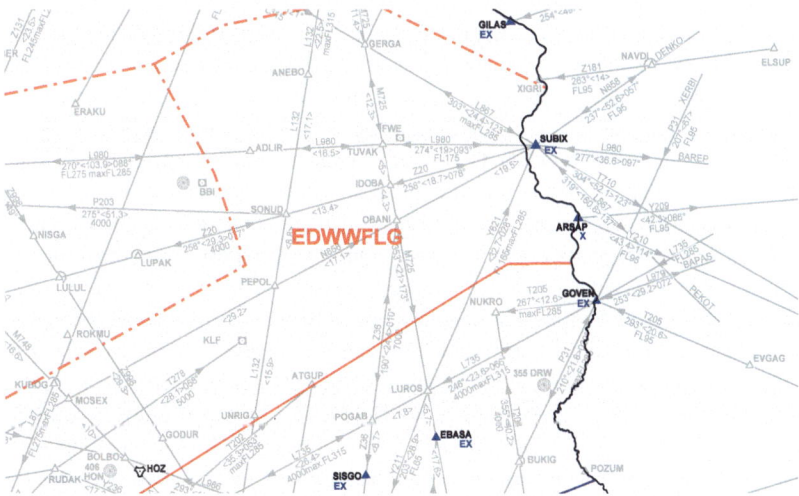

Abbildung 3.19 Flugverkehrsstrecken (ATS-Routes) und Free Route Airspace (FRA) [239]

In der Abbildung 3.19 ist ein Luftraum in der Nähe des Flughafens BER mit Luftstraßen, Wegepunkten und blau gekennzeichneten Ausgangspunkten für den FRA gezeigt. An dieser Stelle ist anzumerken, dass ein Free Route Airspace die bisherigen Luftstraßen durch flexible Knoten mit direkten Verbindungswegen ersetzt. Im unteren als U-Space für den Drohnenverkehr eingerichteten Flugkorridor findet eine simultane Herangehensweise statt.

Daraus folgt nach dem Exkurs in die Luftraumstruktur die Schlussfolgerung, dass Drohnenschwärme in der HIL-Umgebung daran anknüpfen sollten. Denn Flugbewegungen können entlang der flexibel festgelegten Verkehrswege und durch flexible Flugbereiche beschrieben werden. Diese haben wurden in vorhergehenden Abschnitten zusammenfassend als Flugkorridore bezeichnet und mehrspurig in aufeinanderfolgenden Höhenstufen beschrieben. Auf diese Weise lassen sich Prozeduren zur Anforderung und Zuordnung von Flugbereichen für die Drohnen im Schwarm implementieren.

3.4.3 Testszenarien zur Systemintegration

In der HIL-Umgebung werden die Hard- und Softwarekomponenten sowie die einzelnen Akteure des Systems zur Realisierung des Drohnenschwarms systematisch getestet. Dazu wird eine Reihe von Testfällen in unterschiedlichen Szenarien eingesetzt. Diese haben im Vergleich zur reinen Simulation mehrere erweiterte Prämissen. Sie umfassen das Zusammenspiel des Systems im Einsatz mit möglichst realistischen Aufgabenstellungen. In einem ersten Schritt werden die Grundfunktionen als Basisszenario getestet. Dazu gehören Starts und Landungen innerhalb des vorgebenen Bereichs. Dies kann bedeutsam sein, weil dabei die Propeller, das User Interface des Fernpiloten und die Geolokalisierung eingesetzt werden können. Risikofaktoren werden im ersten Schritt explizit ausgeklammert und können in einer weiteren Iteration der Szenarien schrittweise hinzugefügt werden, um die Überprüfung der Standardszenarien zunächst unter kontrolliertem Einfluss durchzuführen.

In diesem Umfeld kann ein Start- und Landebereich optimiert werden, so dass zukünftig schnelle Einsatzmöglichkeiten des Systems im Sinne des Vertiport-Konzeptes gegeben sind. Dabei handelt es sich um urbane Landeplätze, die speziell für den Einsatz von Drohnen konzipiert sind. Statt einer klassischen Landebahn gibt es eine oder mehrere stationäre Flächen, die vertikal angeflogen werden. Auf diese Weise kann ein Vertiport kleinräumig in bebaute Gebiete integriert werden und als angepasste Luftverkehrseinrichtung entlang der Flugkorridore des U-Space [66, 240] den zukünftigen Transport von Fracht oder den Personenluftverkehr ermöglichen.

3.4 Entwicklungsansatz Hardware-in-the-Loop

Im zweiten Schritt werden die Standardszenarien in Aufgaben für den Testbetrieb überführt. Dazu gehört die Integration der Drohnen in den Schwarm. Dieser Prozess erfordert eine zuverlässige Kommunikation mit der Bodenstation und den benachbarten Drohnen. Auf dieser Basis wird die Bildung und Einhaltung vorgegebener Formationen initiiert. Die Drohnen halten während der gemeinsamen Flugbewegung die erforderliche Position zueinander stabil. Durch die kontinuierliche Erweiterung des Schwarms um weitere Drohnen und die Überprüfung der Einhaltung verschiedener Geofences wird die Robustheit der Bodenstation getestet. Damit kann der Eintritt in kontrollierte Luftraumstrukturen verifiziert werden.

Im dritten Schritt werden die Risikoszenarien erstellt. Sie enthalten Aufgabenstellungen, die auf eine möglichst umfassende Überprüfung der Funktionsfähigkeit in Havariesituationen ausgerichtet sind. Dabei handelt es sich um Systemzustände, die zu sehr schnellen Landungen führen müssen. Sie treten in Situationen auf, in denen Komponenten der Drohne oder der gesamten Steuerungsarchitektur ausfallen. In den Risikoszenarien kann für den jeweiligen Drohnentyp der kürzeste Abstand zu internen und externen Hindernissen ermittelt werden. Bei hohen Fluggeschwindigkeiten handelt es sich um komplexe Situationen, die schnelle Reaktionen im Schwarmsystem auslösen.

Es wird von schnell abnehmenden Energiereserven ausgegangen. In solchen Situationen steigt das Kommunikationsverhalten bei gleichzeitigem Absinken der Lastkurve an, so dass es sich um einen Lasttest handelt. Ähnlich verhält es sich bei einer zunehmenden Anzahl von UAVs im Schwarm. Es muss sichergestellt werden, dass alle Kommandos zuverlässig zu jedem Teilnehmer übertragen werden. Solche Risikoszenarien stellen einen Systembenchmark für die Leistungsfähigkeit des Systems dar. Beim Überschreiten von Schwellenwerten führen die Tests mit hinreichend hoher Wahrscheinlichkeit zu bereits bekannten oder unbekannten Fehlfunktionen innerhalb der Drohne.

Ein Vorgehen zur Entwicklung und Überprüfung durch Testszenarien kann wie folgt aussehen:

1. Definition Verhaltensweise / Funktion
2. Zuordnung Grundlagenszenario / Standardszenario / Risikoszenario
3. Festlegung Schwierigkeitsgrad
4. Erwartungsdefinition Systemreaktion
5. Überprüfung Systemreaktion

Die Entwicklung des schwarmtauglichen Drohnensystems im HIL-Umfeld kann nach den beiden Ansätzen Top-Down, Bottom-Up oder als parallele Kombination erfolgen. Der Top-Down-Ansatz wurde für die Beschreibung der schwarmtauglichen Drohne in dieser Arbeit verwendet. Er ist in der Luftfahrt durch die Entwicklung nach dem V-Modell etabliert. Es wurde ein grober Systemüberblick über die Komponenten gewonnen, um die Betrachtung exemplarisch bis auf die Ebene der Sensorik zu vertiefen. Auf diese Weise wurden zunächst die wichtigsten Systeme beschrieben und Details ausgeklammert. Gerade im Bereich der agilen Entwicklung erfordern solche Vorgehensweisen lange Vorlaufzeiten und können an den tatsächlichen Anforderungen vorbeigehen.

Im Gegensatz dazu wurde der Bottom-Up-Ansatz bei der Schichtenarchitektur für Komponenten in Tabelle 3.2 angewandt. Dabei wurden zunächst die Grundprinzipien des Drohnenflugs auf der Ausführungsebene betrachtet, um diese dann bis zur Verarbeitungsebene des gesamten Drohnenschwarmes zu abstrahieren. Der Vorteil dieser Vorgehensweise ist der schnelle Einstieg in die Implementierungsarbeit. Es ist direkt möglich, alle Komponenten separat zu testen und zusammenzuführen. Der Nachteil dieses Ansatzes ist, dass zu Beginn keine Schnittstellen definiert sind und die kombinierte Funktionalität nicht garantiert werden kann. Aus diesem Grund wurde in der Praxis ein hybrider Ansatz gewählt. Standardkomponenten werden getestet und in das Gesamtsystem integriert.

Anhand eines Beispiels werden wichtige Anforderungen an eine schwarmfähige Anwendung für die Missionsplanung, die Systemüberwachung und die Bodenkontrolle zur Aufgabenerfüllung zusammengestellt. Der Testfall umfasst den Startvorgang der Propeller mehrerer UAVs. Dieser wurde vom Fernpiloten durch Betätigung des Startknopfes im Nutzerinterface der Bodenstation ausgelöst. Bei diesem Test handelt es sich um ein Basisszenario mit geringem Schwierigkeitsgrad für das Gesamtsystem.

Die Erwartung liegt vielmehr in der erfolgreichen Bedienung der Benutzeroberfläche durch den Fernpiloten. Diese muss in der Lage sein, ihm die ordnungsgemäße Funktion der Steuerungssysteme durch plausible Zustandsbilder darzustellen. Die Instrumentenansicht gibt für alle beteiligten Drohnen Auskunft über die korrekte Ausrichtung, die Kommunikationsfähigkeit und in der Kartenansicht über die jeweilige geolokalisierte Position. Anschließend muss der Startknopf in der Benutzeroberfläche zweifelsfrei als solcher identifiziert werden können und eine bewusste Auslösung des Startvorgangs der Propeller auslösen. Der verantwortliche Fernpilot muss ihn zwingend auslösen. Ein unbeabsichtigter Start durch Verwechslung muss z. B. durch einen Schieberegler verhindert werden.

3.4.4 Überprüfung im Testparcours

Zur Beschreibung der Eigenschaften und zur Generierung von Testszenarien gehört die gezielte Entwicklung von Vorgehensweisen zum Testen eines Schwarmsystems. Neben der Fokussierung auf in sich geschlossene Aufgaben bietet sich der Einsatz von kombinierten Aufgaben an. Dies wird durch das Konzept des Hindernisparcours für Testzwecke ermöglicht. Innerhalb eines solchen Testparcours kann die Entwicklung durchgängig erfolgen, wenn die Integration in die Flugumgebung erfolgt ist. Bereits in der Simulationsphase können Modelle der Drohne in die Objekttests überführt werden. In der HIL-Umgebung agieren die Drohnen dann mit den Hindernissen, werden von den Flugreglern beeinflusst und sind mit allen Interaktionsmöglichkeiten ausgestattet. Diese sind im Rahmen des ferngesteuerten Fluges für das Erlernen der Steuerprozeduren hilfreich. Die Integration der Drohnen wird gleichzeitig in der Software der Bodenstation abgebildet. Sie ermöglicht durchgängige Tests, die Integration aller Einzelkomponenten in das Gesamtsystem Drohnenschwarm und erfolgt bidirektional durch kontinuierliche Weiterentwicklung. In der Phase der realen Testflüge kann die Teststrecke mit den zuvor simulierten Parametern aufgebaut werden. In den realen Versuchen werden die Laborbedingungen gezielt verlassen. Umwelteinflüsse, wie sie durch Störungen oder Sonneneinstrahlung auf die Technik einwirken, werden getestet. Mit den zuvor generierten Testdaten können die Drohnen weiter optimiert werden.

Dieser Ansatz kann neben einer festen Teststrecke in der HIL-Umgebung und der realen Welt insbesondere variable Elemente beinhalten. Diese wurden teilweise bereits im Abschnitt 3.2.1 durch den Einsatz generativer Simulationsumgebungen mit eingefügten Objekten beschrieben. Im Testparcours können die äußeren Rahmenbedingungen variabel sein, während die Grundstruktur der zu testenden Aufgaben erhalten bleibt. In der Praxis bedeutet dies die teilweise Variabilität der eingebauten Hindernisse hinsichtlich Größe und Abstand. Bewegliche Objekte, wie sie durch Bäume oder Tiere dargestellt werden können, werden einzelnen Testabschnitten zugeordnet. Auf diese Weise kann eine Vielzahl von Szenarien auf einer Teststrecke getestet werden. Szenarien aus den Bereichen Grundlagen, Standard und Risiko können miteinander kombiniert werden.

Der Testparcours kann die Vergleichbarkeit unterschiedlicher Systeme für Flugversuche sicherstellen. Er fungiert als Prüfstand, wenn die Testfälle und Abläufe für die eingebrachte Drohnenhardware festgelegt sind. Eine unbekannte Drohne kann in ein solches Testsystem eingebracht und schrittweise Szenarien unterzogen werden. Es können Charakteristika herausgelesen werden. Drohnen können miteinander verglichen werden. Sie sind als ein geschlossenes System anzusehen.

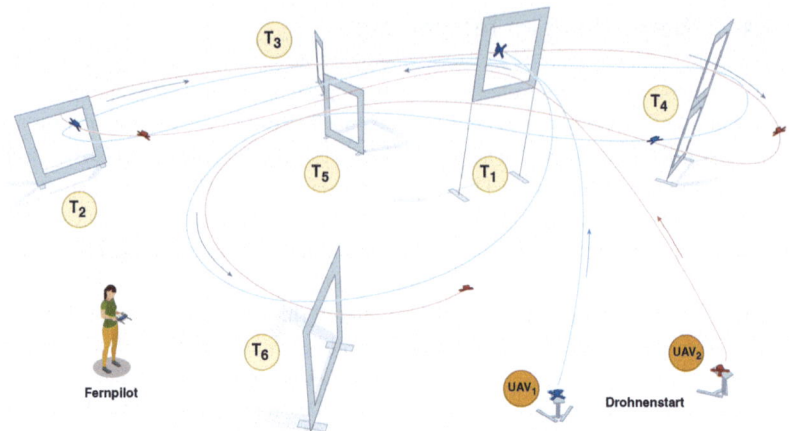

Abbildung 3.20 Racing-Parcour automatisierter Drohnenflug [vgl. 243]

Bei Drohnenrennen kommen klassische Hindernisparcours zum Einsatz. Sie dienen dazu, das Reaktionsverhalten und die Geschicklichkeit im Umgang mit Renndrohnen zu trainieren. Die Drohnen werden im Wettbewerb auf ihre aerodynamischen Fähigkeiten getestet. Vergleich der Fähigkeiten der teilnehmenden Drohnenpiloten und der konkurrierenden Einzeldrohnen im automatisierten Betrieb. Adaptionen dieser Parcours werden zum Teil auch zum Testen von automatisierten Drohnen im Vergleich zu menschlichen Piloten eingesetzt.

Ein Beispiel für eine solche Rennstrecke ist in Abbildung 3.20 dargestellt. Die beiden Drohnen UAV_1 und UAV_2 in den Farben rot und blau haben die Aufgabe, parallel in möglichst kurzer Zeit alle Tore T_1 bis T_6 zu erkennen, die Durchflughöhe und die erforderliche Flügelspannweite zu bestimmen und vor der Partnerdrohne durch Tor 6 zu fliegen. Beide Drohnen werden gleichzeitig durch den Fernpiloten gestartet und während der gesamten Flugdauer fortlaufend überwacht. Da nur zwei Drohnen im Parcours vertreten sind, sind die Schwarmkriterien von drei kooperierenden Drohnen noch nicht erfüllt. Dennoch kann durch komplexe Flugmanöver das Schwarmverhalten bereits teilweise getestet werden. So können beide Drohnen ihre Geschwindigkeit in Abhängigkeit von der gegenüberliegenden Drohne variieren. Es ist auch möglich, die Reihenfolge des Durchfliegens der Tore zu verändern und die Tore T_6 und T_2 aufgrund ihrer Breite gemeinsam zu durchfliegen. Am Tor T_4 können kleinere Drohnen übereinander fliegen, wenn sie anschließend eine Wartezeit aushandeln [195, 241–243].

3.4 Entwicklungsansatz Hardware-in-the-Loop

Open Access Dieses Kapitel wird unter der Creative Commons Namensnennung 4.0 International Lizenz (http://creativecommons.org/licenses/by/4.0/deed.de) veröffentlicht, welche die Nutzung, Vervielfältigung, Bearbeitung, Verbreitung und Wiedergabe in jeglichem Medium und Format erlaubt, sofern Sie den/die ursprünglichen Autor(en) und die Quelle ordnungsgemäß nennen, einen Link zur Creative Commons Lizenz beifügen und angeben, ob Änderungen vorgenommen wurden.

Die in diesem Kapitel enthaltenen Bilder und sonstiges Drittmaterial unterliegen ebenfalls der genannten Creative Commons Lizenz, sofern sich aus der Abbildungslegende nichts anderes ergibt. Sofern das betreffende Material nicht unter der genannten Creative Commons Lizenz steht und die betreffende Handlung nicht nach gesetzlichen Vorschriften erlaubt ist, ist für die oben aufgeführten Weiterverwendungen des Materials die Einwilligung des jeweiligen Rechteinhabers einzuholen.

4 Vorgehensweise und Ergebnisse

In diesem Kapitel werden die Konzeptstudien in die Prozessarchitektur überführt. Sie dient dazu, die Beschreibung, die Entwicklung und den Betrieb von schwarmtauglichen, automatisierten UAV-Systemen durchgängig zu begleiten. Sie trägt zur Einordnung des Entwicklungsstandes bei. Die Betrachtung erfolgt aus Sicht des disziplinären Ansatzes der Missionsplanung exemplarisch anhand von Führungs-, Kern- und Unterstützungsprozessen. Der gewählte Ansatz ermöglicht es, hybride Entwicklungsansätze zu verfolgen. Dies ist in Abbildung 4.1 skizziert. Die Prozesse werden am Beispiel der Entwicklung einer fliegenden Sensorplattform für Drohnenschwärme untersucht. Sie dienen dem Einsatz in der digitalen Landwirtschaft.

Zunächst wird auf Basis der entwickelten Prozesslandkarte der Einsatz einer Prozessarchitektur für die Entwicklung eines fliegenden Drohnensystems begründet. Dies geschieht entlang wichtiger Managementprozesse im Lebenszyklus eines Drohnensystems. Im Ergebnis führt die Betrachtung der Architektur zu den Kernprozessen mit umfassenden Software-, Hardware- und Feldtests. Auf der grundlegenden Ebene der Unterstützungsprozesse werden die Tests durch Simulation, Analyse der UAV-Hardware, Verkehrsregelung, Aspekte der Formationsbildung und den Evaluierungsprozess begleitet.

Abbildung 4.1 Entwicklung der Prozessarchitektur anhand von Fallbeispielen

4.1 Prozessarchitektur

In den vorangegangenen Kapiteln und Abschnitten dieser Arbeit wurden grundlegende Aspekte zur Entwicklung von Verfahren und Technologien untersucht, die zu einem Zusammenschluss von Drohnen zu einem Schwarm führen können. Es wurden Anwendungsfälle detailliert beschrieben, um ein grundlegendes Verständnis für den Flugbetrieb zu erlangen. Dies geschah unter Berücksichtigung sicherheitsrelevanter Annahmen, die durch Verkehrsregeln, Technik und Gesetze induziert werden. Diese Erkenntnisse werden in einer Prozessarchitektur für die Entwicklung eines Systems zur Untersuchung eines Drohnenschwarms gebündelt.

Die Prozessarchitektur dient der strukturellen Gestaltung von allgemeinen Prozesssystemen und ist in der Informatik zur Beschreibung von Prozessen in Software, Hardware und Rechnernetzen etabliert. Sie gilt dort als Rahmenwerk zur Beschreibung aller notwendigen Aktivitäten zur Durchführung betrieblicher Prozesse, die zur Entwicklung von System- oder Anwendungssystemen verwendet werden [244]. Im Bereich der Geschäftsprozesse ist es ein Werkzeug zur Untersuchung von Unternehmensarchitekturen, Richtlinien, Verfahren, Logistik und Projektmanagement in Organisationen. In Prozesssystemen mit unterschiedlichem Komplexitätsgrad können Zusammenhänge von Prozessen abstrahiert und dargestellt werden [245].

Prozesse sind definiert durch einen Input, einen Output und die Zeit, die benötigt wird, um den Input in den Output umzuwandeln [246]. In Abbildung 4.2 ist dies exemplarisch am Start des Flugprozesses dargestellt. Dieser wird durch die Eingabe über den Startknopf eingeleitet. Der Prozess wertet dann die Eingabe aus und setzt als Ausgabe die Propeller in Drehbewegung.

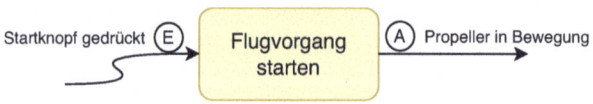

Abbildung 4.2 Prozess Flugvorgang starten

Das Prozesssystem ist eine spezialisierte Menge von Prozessen, die miteinander in Wechselwirkung stehen. Ein Prozess besteht aus einem oder mehreren Teilprozessen und komplexe Prozesse aus mehreren aufeinander folgenden Teilprozessen. Im Allgemeinen können Prozessarchitekturen aufgrund der ererbten Kapselungsfähigkeit von Prozessen hierarchisch aufgebaut sein [246]. Bei [245] wird darauf hingewiesen, dass die in der Softwarewelt übliche Forderung nach hierarchischen Strukturen problematische Auswirkungen haben kann.

4.1 Prozessarchitektur

Häufig sind die Beziehungen zwischen einzelnen Prozessen dynamisch. Diese dynamischen Beziehungen können in stark hierarchischen Modellen nur mit zusätzlichem Aufwand realisiert werden, da durch Abhängigkeiten und Vererbung wechselseitige, unbeabsichtigte Effekte entstehen können. Diese werden in einer komplexen Baumstruktur ausgeglichen.

Prozessarchitekturen konzentrieren sich auf eine Sammlung von Prozessen. Anstatt zu versuchen, jedes Detail in seiner Tiefe im Modell abzubilden, soll vielmehr die Prozessperspektive als Ganzes gefunden werden [247]. Entsprechend dieser Betrachtungsweise können sie als Prozessnetzwerke verstanden werden. Die Aufteilung, oberflächlich als hierarchische Schichtenarchitektur verstanden, kann als Landkarte mit spezifischen Aufteilungen verstanden werden. Die Einteilungen sind in diesem Fall die Möglichkeit, zusammengehörige Prozesse aus unterschiedlichen Kategorien zu entnehmen [245–248].

Bei Ould [245] werden die Kategorien Einzelfallprozess, Fallmanagementprozess und Fallstrategieprozess verwendet, um Arbeitsstrukturen in Organisationen zu erfassen. Organisationen stellen eine Variable dar, die jeweils als Team, Abteilung, Geschäftsbereich oder Branchenumfeld verstanden werden kann. In der Arbeit von Dethloff [247] wird die Prozessarchitektur auf drei hierarchische Ebenen beschränkt, die eine Prozesslandkarte, abstrakte Prozessmodelle und detaillierte Prozessmodelle umfassen. In den Untersuchungen von Reinheimer [248] werden die Kategorien Managementprozesse, Kernprozesse und Unterstützungsprozesse gebildet. Dabei kann jeweils von drei hierarchisch gegliederten Kategorien ausgegangen werden oder aus der Perspektive der Draufsicht einer orthographischen Landkarte von voneinander abgegrenzten Prozessbereichen.

In den tieferen Schichten der jeweiligen Prozesse können aus Sicht der Missionsplanung für Drohnenschwärme die in dieser Arbeit untersuchten Aspekte schrittweise in die Prozessarchitektur eingeordnet werden. Die Prozessarchitektur kann wertvolle Erkenntnisse liefern, um einen Überblick über die Entwicklung, die Beschreibung und den Betrieb eines Schwarm-Systems zu erhalten. Wichtige Teilprozesse können zueinander in Beziehung gesetzt werden und die beschriebenen Werkzeuge der Missionsplanungsstudie finden ihre Anwendung.

Die Prozessarchitektur ist ein bewährtes Werkzeug zur Untersuchung von Prozessen mit dem gewünschten Detaillierungsgrad. Sie sind in der Informatik und im Geschäftsprozessmanagement gleichermaßen etabliert. Entsprechend können fachliche Anforderungen durch Prozesse innerhalb der Architektur abgebildet und in die Entwicklungsprozesse innerhalb einer Organisation integriert werden. Die Anwendung bereits etablierter Ansätze ist im konservativen Entwicklungsumfeld der Luftfahrt von Vorteil. Die hohe Komplexität der eingesetzten Systeme und die Sicherheitsanforderungen führen zu langen Entwicklungszyklen.

Diese schließen eine agile Integration von Neuentwicklungen zur Verbesserung des systemischen Zusammenspiels aus. Aus diesem Grund stellt die Anwendung einer Prozessarchitektur bei der Entwicklung unbemannter Fluggeräte ein Novum dar. Sie stellt einen Kompromiss zwischen einer etablierten Vorgehensweise, die bereits in verschiedenen Anwendungsbereichen die Effizienz der Entwicklungsaktivitäten steigern konnte, und der Abbildung dynamisch angewandter Prozesse dar. Denn eine Prozessarchitektur kann auf höheren Abstraktionsebenen feste Kategorien und Prozesse enthalten, während die Veränderlichkeit der Prozessinteraktion den agilen Entwicklungen in der Drohnentechnologie entgegenkommt.

Die Vorteile der Prozessarchitektur sollen beispielhaft verdeutlicht werden. Abbildung 4.3 zeigt eine mögliche Prozesskette als erste Vorgehensweise zur Integration einer Drohne für den Einsatz im Drohnenschwarm. Die Schritte gehen von einer Drohne aus, die in eine Systemsimulation und einen anschließenden Hardware-in-the-Loop-Test eingebracht wird. Der Testflug vergleicht die Hardware-Software-Integration im realen Betrieb mit den erwarteten Labortests. Schritt für Schritt werden alle Prozesse der Kette kontinuierlich durchlaufen. Auf diese Weise entstehen mehrere Berichte, die die Drohne in ihren Eigenschaften beschreiben, die Missionsziele innerhalb des Gesamtsystems definieren und die laufende Integration durch Hardware- und Softwaretests ermöglichen. Die Ergebnisse des Testfluges werden zusammen mit den Ergebnissen der bereits durchgeführten Tests in einen Auswertungsbericht und einen Gesamtbericht einfließen.

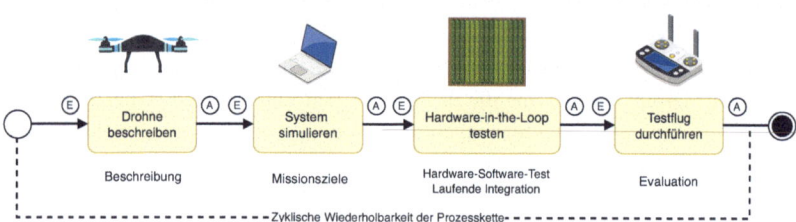

Abbildung 4.3 Iterative Vorgehensweise zur Drohnenentwicklung

In einem ersten Schritt erfolgt die Beschreibung eines bereits entwickelten UAV-Typs anhand von Merkmalen, wie sie durch das Abfluggewicht, die geformte Kontur oder die eingebauten Komponenten vorgegeben sind. Alternativ können diese auch ohne eine zu Beginn existierende Drohne definiert werden, um schrittweise ein spezifisch auf die Anforderungen der Missionsziele zugeschnittenes Fluggerät auszuwählen oder aus Standardkomponenten zu bestücken. In jedem Fall sind in der

4.1 Prozessarchitektur

Beschreibung genügend Eigenschaften spezifiziert, um ein digitales Modell für die Tests zu generieren.

Der zweite Schritt beinhaltet die Systemsimulation. Wie im Konzeptkapitel zusammengefasst, werden die Softwarekomponenten mit den entwickelten Steuerungsalgorithmen kombiniert, um die Interaktionspfade zu analysieren. Schrittweise definierte Testfälle werden entlang aller Systemfunktionen eingesetzt, um reproduzierbare Eigenschaften und mögliche Verhaltensweisen der implementierten Funktionen umfassend abzubilden. Dies ermöglicht einen Einblick in das Softwareverhalten über alle Systemzustände hinweg und bietet erste Testmöglichkeiten direkt während der Implementierung von Prozeduren.

Der Hardware-in-the-Loop-Test eröffnet den Zugang zur Definition von Testfällen unter Laborbedingungen und schafft die Verbindung zwischen Software- und Hardwaretests. Der schrittweise Funktionstest durch Integration der Flughardware kann die im Fluggerät eingebettete Steuerungslogik ausnutzen. Mit Ausnahme der in dieser Phase bewusst nicht montierten Rotorblätter und dem Fehlen von unvorhergesehenen Umwelteinflüssen werden die Tests ähnlich wie in der Realität durchgeführt. Insbesondere die Durchführung in einer konstanten, abgesicherten Umgebung fördert die Reproduzierbarkeit und die gezielte Funktionsprüfung. Unerwartete Fehlerquellen, die zu verfälschten Messergebnissen führen können, werden bei entsprechender Konfiguration des Messaufbaus ausgeschlossen. Im Fehlerfall können Programmabläufe angehalten und der Systemzustand gespeichert werden. Breakpoints können im Programmcode definiert werden. Durch diese Vorgehensweise können Funktionen und Systemzustände wie auf dem Seziertisch vollständig eingesehen werden. Dies ist vorteilhaft für die Entwicklungsqualität und die Implementierungsgeschwindigkeit. In einer realen Testumgebung ist dies über die Luftschnittstelle nicht für alle Komponenten möglich, da systemkritische Zustände in jedem Fall vermieden werden müssen.

Abschließend erfolgt die Portierung auf reale Drohnen auf Basis der zuvor analysierten Entwicklungseigenschaften. Durch die durchgängige Integration der Testabläufe können diese Flugverfahren direkt aus der Hardware-in-the-Loop (HIL)-Umgebung übernommen werden. Einige Tests kritischer Komponenten sollten nur in abgesicherten Umgebungen durchgeführt werden. Diese werden in einem späteren Abschnitt anhand eines konkreten Fluges auf zwei verschiedenen Testgeländen näher beschrieben. An dieser Stelle sei auf die Durchführung hingewiesen. Sie erfolgt nicht in der realen Welt durch fortlaufende, automatisierte Testfälle. Sie wird durch den Fernpiloten initiiert und durchgängig begleitet. Die Schritte der beschriebenen Prozesskette sind aufeinander aufbauend durchzuführen. In jedem Schritt entstehen Dokumente, Konzepte, Implementierungen, Testprotokolle und Metadaten. Diese können als jeweilige Ergebnisse evaluiert und die gesamte Prozesskette zur Verbesserung durch zyklische Wiederholung für die nächste Funktionseinheit erneut gestartet werden. Ziel ist es, am Ende agil eine funktional ausgereifte Drohne, einen Gesamtbericht und ideale Konfigurationsparameter für den Regelbetrieb zu erhalten.

Die Prozesskette kann durch Zyklen mit entsprechender Dauer agil gestaltet werden und kommt den Entwicklungsaktivitäten kleinerer Projekte entgegen. Ebenso kann durch den Top-Down-Ansatz eine Kompatibilität zu strukturierten, definierten vertikalen Methoden geschaffen werden. Hohe Komplexität mit langen Projektlaufzeiten ist jedoch schwer umsetzbar. Das Modell bietet eine gewisse Redundanz, die durch Simulation und Test im Hardware-in-the-Loop-Prozess erzeugt wird. Beide Verfahren haben unterschiedliche Zielsetzungen, können aber im Kern Simulationsszenarien durchführen.

Für den Einsatz in größerem Maßstab fehlt die Möglichkeit der Skalierung der Prozesse. Zwar können die Prozessschritte in einer Erweiterung für mehrere Funktionen oder Testansätze aufgeteilt oder dupliziert werden. Die Übersicht und Nachvollziehbarkeit würde durch die Trennung in gleichnamige Prozesse erschwert. Die Parallelisierung von Prozessen ist dagegen in ersten Ansätzen möglich. Es fehlt eine langfristige strategische Planung. Diese muss durch ein vorgelagertes Aufgabenportfolio von außen kontinuierlich einfließen. Ein Zyklus kann durch die Anforderungsdefinition zu lang oder zu kurz definiert werden. Dies führt zu Leerlauf und Inaktivität bei den Beteiligten in den nachgelagerten Prozessschritten. Ohne steuerndes Management der Entwicklungsrichtung können Fehlentwicklungen ohne Priorisierung und analytisches Vorgehen gefördert werden. Die Entwicklungsrichtung ist nicht bidirektional. Priorisierte Prozesse haben erst in der nächsten Iteration Einfluss auf fortgeschrittene Entwicklungsprozesse. Aus Sicht der Zielsetzung für die Entstehung einer Prozessarchitektur handelt es sich also um erste Silos einer Prozessstruktur, die unbedingt weiterentwickelt werden sollte. Denn in der Entwicklungsrealität laufen die Prozessschritte nicht immer nacheinander ab, sondern parallel und in vernetzter Wechselwirkung zueinander. Testflüge beeinflussen in vielen Fällen direkt die gesetzten Missionsziele, fließen in die Simulation ein und die laufenden Integrationsarbeiten führen zu laufenden Änderungen im realen Testbetrieb.

Die Schritte der Prozesskette werden als Bausteine für die Entwicklung der Architektur aufgegriffen und bereits als wichtige Teilprozesse identifiziert. Sie sollen in Projekten schrittweise zum entwickelten Gesamtsystem führen können. Durch die Symbiose von etablierter Struktur und agiler Entwicklungstätigkeit werden komplexe Sachverhalte abgebildet. Die Prozessarchitektur soll diesem Vorgehen gerecht werden. Durch Abstraktion kann ein hybrides Modell aus statischen Strukturen Vergleichbarkeit bei der Validierung schaffen. Die Forderung nach einer dynamischen

4.1 Prozessarchitektur

Netzwerkstruktur soll die Abbildung agiler Arbeitsprozesse in der Drohnenbranche unterstützen. Dazu hat eine Prozessarchitektur über den Bereich der Managementprozesse ein Korrektiv und bietet einen Inkubationspunkt. Die richtungsweisenden Prozessausgaben sollen gezielt in die Breite der Kern- und Unterstützungsprozesse integriert werden.

Die bisherigen Betrachtungen finden ausschließlich im technischen Umfeld statt, welches durch gesellschaftliche, rechtliche, rollenspezifische und anwendungsbezogene Aspekte angereichert wird. Schließlich ist es für die Planung und Durchführung von Einsätzen autonomer Drohnen im Schwarm unabdingbar, diese zu erforschen und konzeptionell zu betrachten. Bereits in der Einleitung wird auf das enorme wirtschaftliche Potenzial der Drohnenschwarmforschung abseits des Eventfluges hingewiesen. Umso lohnenswerter ist es, die Prozessarchitektur um etwas kommerziellere Ansätze zu erweitern. Aus diesem Grund bietet sich für die Organisation der Entwicklungsaktivitäten die Nennung von Business Units an. Dies wird durch die bei Ould [245] beschriebene Vorgehensweise zur Entwicklung einer Prozessarchitektur unterstützt und kann durch die Kategorisierung nach Reinheimer in die empfohlenen Bereiche adaptiert werden [248].

Beim Entwurf der Prozessarchitektur können folgende Schritte helfen:

1. Identifizierung grundlegender Geschäftseinheiten
2. Identifizierung wichtigster Arbeitseinheiten
3. Identifizierung der Beziehungen zwischen den Arbeitseinheiten
4. Abstraktion von komplexen Prozessen

Die Geschäftseinheiten sind Managementprozessen und Kernprozessen zugeordnet. Als Managementprozesse werden die Missionsplanung, die Entwicklung und der Systembetrieb zugeordnet. Für die Kernprozesse erfolgt die Zerlegung der entwickelten Prozesskette in ihre einzelnen Bestandteile. Daran schließt sich die durchgängige Erprobung über Softwaretest, Hardware-in-the-Loop-Test und Feldtest an. Diese Business Units übernehmen die Koordination strategischer Fragestellungen und können die lösungsorientierte Erarbeitung von Antworten darauf in den entsprechenden Prozessen forcieren. Sie sind nicht notwendigerweise als übergeordnet zu verstehen, sondern eher als Gegenüber der mit ihnen agierenden Arbeitseinheiten.

Die Arbeitseinheiten sind in alle Unterstützungsprozesse eingebunden. Sie treten situativ, nutzenorientiert und flexibel in ein interaktives Verhältnis zu den Kern- und Managementprozessen. Aus der Prozesskette ist hier das Verfahren der Simulation als Arbeitsgrundlage zu finden, da es mit allen Kernprozessen direkt interagiert. Auswertung, Simulation, Hardware, Formation und Flugverkehr werden als

Unterstützungsprozesse bezeichnet. Je nach Entwicklungsschwerpunkt und Entwicklungsstand sind weitere Bereiche sinnvoll.

Die Prozesslandkarte stellt die oberste Schicht der Prozessarchitektur dar. Die Darstellung erfolgt entsprechend in der Draufsicht von oben. Die Bezeichnung der Kategorien als Swimlanes in Anlehnung an die Business Process Model and Notation (BPMN) erscheint naheliegend. Es kann in komplexen Organisationen eine Darstellungsmöglichkeit sein, die in den detaillierteren Schichten der Architektur angewendet werden kann. Ebenso ist die Darstellung durch Aktivitätsdiagramme in Unified Modelling Language (UML) 2.0 eine geeignete Variante guter Notationspraxis. Um die Komplexität der Prozesse beschreibbar zu halten, erfolgt eine Beschränkung auf exemplarische Prozessketten in den unteren Schichten. In jedem Fall sind die Gruppierungen als farblich voneinander abgesetzte Bereiche erkennbar.

Die darin enthaltenen komplexen Prozesse können parallel ablaufen und über die Grenzen der jeweiligen Gruppe hinweg interagieren. Dies ermöglicht eine grobe Aufteilung der Verantwortlichkeiten innerhalb der Organisation. Die Prozesslandkarte als oberste Schicht ist explizit nicht hierarchisch aufgebaut, da die Effizienz und Produktivität zur Zielerreichung insbesondere in der Zusammenarbeit auf gleicher Ebene liegt. Vielmehr werden zusammengehörige Aktivitäten mit ähnlichem Abstraktionsgrad nebeneinander aufgelistet.

Um die Prozesslandkarte zu formen, werden die Managementprozesse oben dargestellt und durch ein richtungsweisendes Dreieck und Rechtecke gekennzeichnet. Zusammen symbolisieren sie einen Richtungspfeil nach oben. Die Kernprozesse sind in der Mitte des Modells von oben nach unten angeordnet. Sie werden vom abstrakten Softwaretest bis zum realen Feldtest eingeführt. Letzteres ist in dieser Arbeit teilweise wörtlich zu verstehen, wenn die Landwirtschaft als Entwicklungsumgebung für das fliegende Sensornetzwerk verstanden wird. Sie werden durch parallele Richtungspfeile von links nach rechts dargestellt. Je nach Entwicklungsschritt bedeutet dies, die Tests zu separieren, schrittweise vorzugehen oder im Rahmen der Continuous Integration zu iterieren. Sie sind als komplexe Prozesse noch stark abstrahiert, da für einige Tests unterschiedliche Eingaben erforderlich sind.

Diese Verbindung zwischen den unterstützenden Prozessen und den weiter oben liegenden Prozessen wird im unteren Bereich durch die nach oben gerichtete Pfeilform symbolisiert. Sie sind durch eine rechteckige Grundfläche gekennzeichnet. Sie sind als Basisprozesse zu verstehen, die als ausführende Instanzen alle darüber liegenden Prozesse unterstützen. Sie können auch mehreren übergeordneten Prozessen die erforderliche Unterstützung bieten. Insgesamt ergibt sich so die in Abbildung 4.4 dargestellte Landkarte der Prozessarchitektur. In den folgenden Abschnitten dieses Kapitels wird diese schrittweise iteriert und anhand exemplarischer Entwicklungen für den Bereich der Missionsplanung von Drohnenschwärmen untersucht.

4.1 Prozessarchitektur

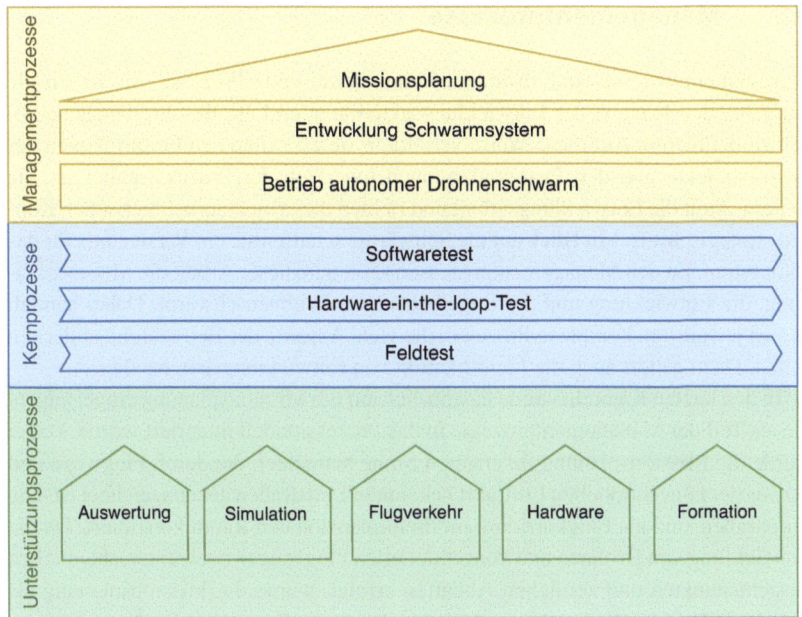

Abbildung 4.4 Prozesslandkarte der Prozessarchitektur zur Schwarmentwicklung

Die hier entwickelte Prozesslandkarte als Teil der Prozessarchitektur schafft einen Konsens über grundsätzliche Vorgehensweisen aus organisatorischer Sicht innerhalb eines zusammenhängenden Systems. Dabei kann es sich aus unternehmerischer Tradition um Zusammenhänge innerhalb einer Organisation handeln. Im Kontext der Softwareentwicklung haben Architekturen immer das Ziel, das Zusammenspiel komplexer Zusammenhänge auf unterschiedlichen Detailebenen zu modellieren. Entsprechend ist die vorliegende Prozessarchitektur eine Methodik, um die Zusammenhänge verschiedener Prozesse im Zusammenspiel zu analysieren. Dazu wird die Sammlung der Teilprozesse als Ganzes zusammengeführt und in einem hybriden Top-Down-Bottom-Up-Ansatz exemplarisch anhand von Entwicklungen durchgeführt [245].

4.2 Managementprozesse

Managementprozesse sind abstrakte, richtungsweisende Prozesse. Sie haben die Aufgabe, den Kontext der Entwicklungsaktivitäten und die Beschreibungsmethoden zu definieren. Auf diese Weise vermitteln sie zwischen den Leitprinzipien der Prozessobjekte und den Prozessaktivitäten innerhalb der Prozessarchitektur. Sie steuern somit die Entwicklungsarbeit und richten diese im unternehmerischen Kontext strategisch aus. Mit Blick auf die Schwärme schaffen sie ein Verständnis für das Ökosystem. Zu den Managementprozessen zählen in dieser Arbeit die Missionsplanung, die Entwicklung und der Regelbetrieb im Drohnenschwarm. Dabei handelt es sich jeweils um komplexe Prozesse, die viele Aspekte der Betrachtung abdecken sollen. Dazu gehört auch die Identifikation von Entwicklungspotenzialen.

In den letzten Kapiteln wurde ausführlich auf die Missionsplanung eingegangen, die als Teil der Managementprozesse in das Prozessmodell integriert wurde. Dabei wurde die Missionsplanung im engeren Sinne betrachtet, die durch Flugwege und die aus der konventionellen Luftfahrt bekannten Luftstraßen gekennzeichnet ist. Die Luftstraßen sind als Flugkorridore im dreidimensionalen Raum konzipiert. Da die Entwicklung von Drohnen und konventionellen Flugzeugen nach unterschiedlichen Gesichtspunkten und zeitlichen Abläufen erfolgt, wurde die Missionsplanung als vermittelnde Disziplin betrachtet. Insbesondere beim Einsatz als Drohnenschwarm ergeben sich neue Herausforderungen. Als solche will die Missionsplanung vermittelnde Werkzeuge für die Entwicklung von Drohnen im Schwarm etablieren, deren Erforschung ermöglichen und den Zugang zum gesellschaftlichen Verständnis dieser Thematik für alle beteiligten Akteure öffnen.

Auf Basis der durch die Missionsplanung bereitgestellten Werkzeuge kann die Entwicklung eines Schwarmsystems für Drohnen durchgeführt werden. Die Entwicklungspotenziale sollen in konkrete technische und organisatorische Umsetzungsstrategien überführt und die Projektplanung durch Meilensteine vorangetrieben werden. Während des gesamten Entwicklungsprozesses sind kontinuierlich angepasste Testfälle erforderlich.

Nachdem ein zuverlässiges System für den Einsatz von Drohnen im Schwarm etabliert ist, kann der Regelbetrieb sichergestellt werden. Die Schulung der Fernpiloten muss hierbei durchgeführt werden. Die Missionsplanung im engeren Sinne wird aktiv betrieben. Sie erfordert die Planung von Flugrouten, die Festlegung von Flugzeitpunkten und lokal vorbereitete Fluggebiete. Die Verfügbarkeit von Luftfahrzeugen wird sichergestellt. Für die zukünftige Planung von Langstreckenmissionen erfolgt die perspektivische Reservierung geplanter Flugräume.

4.2 Managementprozesse

4.2.1 Missionsplanung Drohnenschwärme

Als Grundlage für die Schaffung eines Ökosystems für den Schwarmflug von Drohnen greift die Missionsplanung als Managementprozess eine Auswahl von Möglichkeiten zur Etablierung von Methoden auf. Diese sind als verknüpfte Entwicklungsbausteine geeignet, Konzepte für die Entwicklung von Technologien, Komponenten und Verfahren bereitzustellen. Dazu werden Werkzeuge zusammengestellt, Entwicklungsziele definiert und über Anwendungsziele strategisch geplant. Als Basis für die strategisch ausgerichteten Aktivitäten kann ein tiefes Verständnis für die Entwicklungsaktivitäten in der unbemannten Luftfahrt geschaffen werden. Dabei sind die Grundlagen des Flugverhaltens, einheitliche Definitionen und Methoden der Schwarmforschung relevant. Die Zusammenstellung der Methoden hilft bei der effizienten Vorbereitung von Flugmissionen. Aus dem Verständnis entsteht über die technologische Systemintegration das gewünschte Verhalten der Drohnen im Schwarm, das in Interaktion mit allen beteiligten Akteuren erfolgt. Die Missionsplanung kann auf diese Weise Entwicklungspfade anbieten. Von Beginn an werden Werkzeuge bereitgestellt und parallele Entwicklungsziele identifiziert, um den Aufwand zur Erreichung der Meilensteine zu prognostizieren.

Die im Konzept diskutierten Aspekte des Rollenmodells für den Schwarmflug, der Simulationsumgebung, der notwendigen Fähigkeiten für das Schwarmverhalten und der Entwicklungsansätze können als kombinierte Werkzeuge für die Missionsplanung zusammengeführt werden. Dabei sollten die bestehende Luftfahrt und die Dynamik der UAV-Entwicklung in Einklang gebracht werden. Die in den grundlegenden Abschnitten beschriebenen Verfahren für die Flugwegplanung sind von entscheidender Bedeutung. Sie bilden den Rahmen für die Bereitstellung von Konzepten für die Entwicklung eines Schwarmsystems.

Aus dem gewünschten Flugverhalten mehrerer Drohnen lassen sich die Entwicklungsziele ableiten. Dabei geht es um die angestrebte Zuverlässigkeit von Soft- und Hardware. Der Entwicklungsstand von Technologien, Sensoren, Materialeigenschaften und Koordinationsverfahren wird definiert. Die gewünschte Funktionalität der Geräte und die Einsatzfähigkeit der Drohnen können spezifiziert werden. Für die Entwicklungsumgebung werden zuverlässige Automatisierungstechniken ausgewählt. Die Vorteile der durchgängigen Sicherheitsstrategien und die Vorbereitung auf den passgenauen Einsatzzweck werden generiert. Am Ende stehen die strategischen Entwicklungsziele, die einen Input innerhalb der Planung der Entwicklungsstrategie darstellen. Meilensteine definieren zu bestimmten Zeitpunkten die Möglichkeit der externen Nachvollziehbarkeit des Vorgehens. Innerhalb eines Projektes bedeutet dies die überprüfbare Erreichung der Entwicklungsziele gemäß dem Entwicklungspfad.

Anwendungsszenarien stellen im Umfeld von Ausgründungsparadigmen eine grundsätzliche Möglichkeit der Fokussierung späterer Arbeitsschritte dar. Daraus ergeben sich Anforderungen an die Entwicklungsaktivitäten und idealisierte Kerneigenschaften des UAV-Systems. Diese führen zu einem Fähigkeitenportfolio. Anhand dieses kann diskutiert werden, welche Eigenschaften die Drohnen und die Steuerungsumgebung besitzen müssen, um eine Schwarmmission erfolgreich durchzuführen. Erfolgreich bedeutet in diesem Sinne die vollständige Erfüllung der jeweils definierten Anwendungsfälle mit der Datenerfassung unter den gewünschten Bedingungen.

Aus den als Input gegebenen Zielen kann eine konkrete Entwicklungsstrategie geplant werden. Dies bedeutet das schrittweise Vorgehen, um den Entwicklungspfad für ein funktionales System im Konzept abzubilden. Dabei werden im Zusammenspiel der Prozessaktivitäten realistische Möglichkeiten zur Erreichung der gesetzten Meilensteine diskutiert.

Daraus entwickeln sich über Konzepte Ansätze zur Konstruktion und perspektivisch verschiedene zu entwickelnde Regeln und Verfahren zur Steuerung von Drohnen. Die einzelnen beteiligten Prozesse sind beispielhaft in Abbildung 4.5 zusammengefasst. Die im Konzept aufgeführten Akteure der Interaktion mit dem Drohnenschwarm sind für den Betrieb relevant. Die im Konzept beschriebenen Entwicklungsmodule sind Teil der Missionsplanung. Durch sie wird aus der Zielvorgabe die Montage von Komponenten, im Zusammenspiel die Konstruktion der Drohnenhardware. Es geht um die schrittweise Erprobung, Verifikation und den Einsatz des Drohnenschwarms in Szenarien. Dies ist Teil der Missionsplanung mit der erweiterten Missionsplanung für den autonomen Drohnenschwarm.

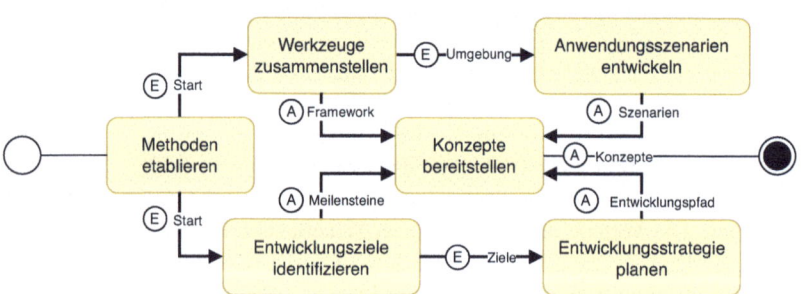

Abbildung 4.5 Missionsplanung über Prozessaktivitäten

4.2.2 Entwicklung Schwarmsystem

Die Umsetzung des Schwarmsystems beginnt mit dem Vorliegen eines Konzeptvorschlags. Dieser enthält entlang eines Entwicklungspfades erreichbare Meilensteine, ein Rahmenwerk mit Vorgehensweisen und Einsatzszenarien für die Drohnen im Schwarmsystem. Die Umsetzung der Konzepte erfolgt parallel in einem Prozessnetzwerk. Dieses beginnt mit der technologischen Analyse, der Optimierung der Algorithmen, der Integration der Komponenten und dem Softwareentwurf. Durch die Kombination der jeweiligen Ergebnisausgaben können Teilaspekte der Entwicklungsprozesse zu strukturellen Systemkomponenten zusammengeführt werden. In Summe wird die Systementwicklung in mehreren Schritten vorangetrieben und durch Testfälle können messbare Meilensteine zum Regelbetrieb erreicht werden.

Für die Entwicklung des Schwarmsystems werden die verfügbaren Technologien beobachtet und ausgewählt, um die im Konzept beschriebenen Ziele zu erreichen. Dies geschieht unter Berücksichtigung der Besonderheiten, die sich aus den skizzierten Anwendungsszenarien ergeben. Für die beschleunigte Entwicklung können dies Technologien sein, die ein TRL-Niveau für den industriellen Einsatz vorweisen können. Wird für den Teilaspekt Kommunikation des Schwarmprojektes die dezentrale Informationsübertragung favorisiert, so kann dies ein ausgegebenes Protokollportfolio sein.

Die Algorithmen zur effizienten Steuerung des Systems werden hinsichtlich der festgelegten Kriterien optimiert. Beispielsweise müssen bei der Zusammenführung von Drohnen zu einem Sensornetzwerk sehr viele Drohnen integriert werden. Entsprechend schlank und schnell müssen die gewählten Verfahren arbeiten. Bei der Kollisionsvermeidung geht es um die Priorisierung von Steuersignalen. Sie liefern eine Flugstrategie, die das Verhalten der Drohnen manipulieren kann. Sobald der Abstand zwischen den Drohnen einen Schwellenwert unterschreitet, wird die Flugrichtung oder die Geschwindigkeit einer oder mehrerer Drohnen angepasst. Auf diese Weise sind alle Arten von Pfadoptimierungen denkbar. Die Ergebnisse der Optimierung fließen in einen nutzbaren Algorithmus ein.

Das Protokollportfolio und der Algorithmus unterstützen den Teilaspekt der Kommunikation. Diese ist notwendig, um das Sensornetzwerk aufzubauen und von der Bodenstation aus auf das System zuzugreifen. Sie bildet die Grundlage für die Koordination des gemeinsamen Drohnenfluges. Es ermöglicht das Design des Sensornetzwerks. Die Art der Kommunikation und der effiziente Umgang mit Nachrichten im Drohnenschwarm sind von entscheidender Bedeutung. Die Topologie des Netzwerks ist im Abschnitt 3.3.3 zur Kommunikation beschrieben.

Die Integration der Komponenten erfordert eine sinnvolle Zusammenstellung der Teile. Steuergeräte, Ortungssysteme, Sensoren und Kommunikationsschnittstellen bilden im Zusammenspiel eine Systemarchitektur. Diese wird im Laufe der Entwicklung immer weiter verfeinert und detailliert. Die Anforderungen an die Systementwicklung und die Systemarchitektur beeinflussen sich gegenseitig. Als wichtiges Ergebnis der Komponentenintegration können die vorbereiteten Schnittstellen angesehen werden. Sie werden für den Softwareentwurf definiert und stellen die robuste Interaktion mit der Hardware dar.

Die geplante Software schafft eine Umgebung für die spätere Befehlsverarbeitung, die Ausgabe der gesammelten Informationen und die Steuerung der Drohnenhardware. Neben der Funktionalität wird auch die Zuverlässigkeit und das Thema Sicherheit in die Umsetzung einbezogen. Dabei geht es um mögliche Reaktionen, die mit Hilfe der nachfolgend verbauten Sensorik oder der Steuerung des Fernpiloten ausgelöst werden. Das Ergebnis ist eine Softwarearchitektur, die auch Schnittstellen zur Verfügung stellt.

Der Softwareentwurf verbindet die Hardwareschnittstellen mit den programmierbaren Softwareschnittstellen. Das entworfene Netzwerk zur Kommunikation zwischen den Schwärmen bietet ein Protokoll zur Steuerung benachbarter Drohnen. Die Softwarearchitektur ermöglicht die modulare Implementierung der Programmierung. Dies schafft eine Kombination aus Hardwareinteraktion und Rahmenbedingungen in der verwendeten Software. Die Programmierung wird für den Einsatz zu einem ausführbaren Programmpaket kompiliert.

Diese Aktivitäten führen durch ihre bidirektionale, sich gegenseitig beeinflussende Tätigkeit zu einer Verbesserung jeder einzelnen Entwicklung, die durch benachbarte Prozesse beeinflusst wird. Die Topologie, das Protokoll und ein Programmpaket verbinden die gewählte Technologie mit dem Design, den Hardwarekomponenten, der Software und den integrierten Algorithmen. Insgesamt erfolgt die Systementwicklung somit als Summe der in den Prozessen durchgeführten Aktivitäten. Um den Entwicklungsstand festzuhalten und regelmäßig zu überprüfen, werden Testfälle definiert und zur Koordination für die Kernprozesse aufbereitet. Die jeweiligen Ergebnisse führen wiederum zur Verbesserung der Systementwicklung. Das Ergebnis ist eine Spezifikation, die den Entwicklungsstand beschreibt.

Der Schutz der Entwicklung aus technischer und konstruktiver Sicht bedeutet, die Innovation als Erfindung zu begreifen. Für die lizenzrechtliche Umsetzung der innovativen Merkmale und Verfahren sind Patente in der Lage, Schutzrechte zu sichern und die Entwicklung auf diese Weise geschützt zu veröffentlichen. In der Tradition von OpenSource-Software sind offene Repositorien im Internet und wissenschaftliche Publikationen für die breite Anwendung von Bedeutung.

Die Koordination aller geplanten Tests in den verschiedenen Phasen der Softwareentwicklung überprüft die Integration und Funktionalität im Detail. Sie erfolgt mit direkter Anbindung an die Kernprozesse. Durch die durchgängige Überwachung

4.2 Managementprozesse

sollen sie valide Ergebnisse liefern und durch die Koordination effizient ablaufen. Die Testfälle können durch ihre Ergebnisse Einfluss auf die Systementwicklung nehmen, den Umgang mit Komponenten anpassen und das Softwaredesign gegen unerwünschte funktionale Abweichungen härten. Am Ende ist sehr genau bekannt, wie sich die Hardware bis zum Flugversuch verhält. Die Ergebnisse werden in Berichten festgehalten und dienen zur Überprüfung der Zielerreichung.

Die Ziele sind entlang der Entwicklungspfade angeordnet und können durch ein geeignetes Zusammenspiel aller Aktivitäten erreicht werden. Die Entwicklungspfade werden nicht nach starren Mustern durchlaufen, sondern in Abhängigkeit von der tatsächlichen Entwicklung. Diese kann zusätzliche Anforderungen mit sich bringen, ist aber insbesondere durch die Fokussierung auf die Szenarien lösungsorientiert. Sie geben durch ihre Realisierung einen ständigen Überblick über den aktuellen Stand der Entwicklungsaktivitäten. Sobald eine ausreichende Anzahl der als notwendig definierten Meilensteine erreicht ist, liegt ein Prototyp vor.

Ab dem strategisch als ausreichend funktional und sicher definierten Entwicklungsstand wird der Prototyp zum Serienmodell und kann in den langfristigen Regelbetrieb überführt werden. Die in den Prototyp integrierten Meilensteine bilden die Entwicklung zum Regelbetrieb ab. Die verschiedenen Entwicklungsprozesse sind in der Abbildung 4.6 miteinander verknüpft.

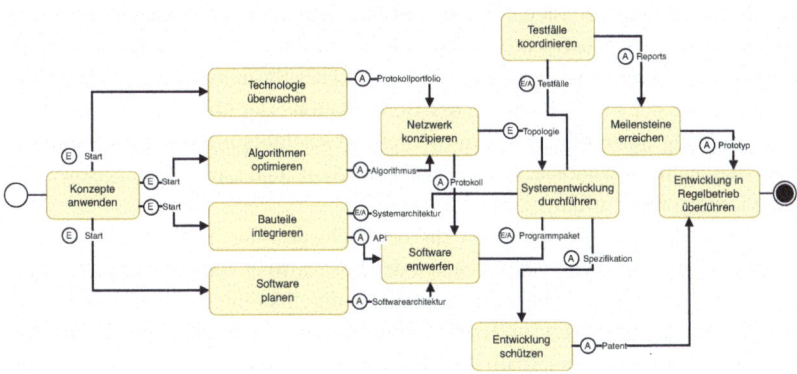

Abbildung 4.6 Entwicklungsprozesse für ein Schwarmsystem

4.2.3 Betrieb autonomer Drohnenschwarm

Für den regulären Betrieb eines autonomen Drohnenschwarmes für den flexiblen, kooperativen Einsatz sind neben der Zuverlässigkeit der Drohnen weitere Prozesse zu organisieren. Diese zielen auf einen zuverlässigen, kontinuierlichen und hinsichtlich sicherheitsrelevanter Aspekte vorbereiteten Drohnenflug im Schwarm ab. Ausgehend von den Dimensionen Fluggebietsfestlegung, Pilotenausbildung und Drohnenkoordination erfolgt die Flugplanung und Durchführung der Bewegungsabläufe in der Luft.

Der Start- und Landeplatz muss mit ausreichenden Sicherheitsabständen zur umliegenden Bebauung, Witterungsbeständigkeit und Anbindung an das gewünschte Fluggebiet ausgestattet sein. Die Festlegung und Erkundung des Landeplatzes und der gewünschten Überflugbereiche muss daher in diesem Verfahren erfolgen. Er umfasst die Beschreibung als Korridorentwurf und beinhaltet eine Rückfallstrategie als Vorlage für das Havariekonzept. Anhand der geplanten Flugbewegungen in der eingegrenzten Umgebung werden die Anforderungen definiert, die an die Fernpiloten gestellt werden und in die Ausbildung einfließen.

Die Ausbildung von Piloten erfordert eine andere Art der Wissensvermittlung, als dies heute im UAV-Umfeld der Fall ist. Die Ausbildung muss die Überwachung umfangreicher technischer Anforderungen und Zulassungsverfahren beinhalten. Die Umsetzung von Steuerbefehlen in Situationen mit unzureichenden Assistenzsystemen muss beherrscht werden. Vor jedem Flug ist, wie in der bemannten Luftfahrt vorgeschrieben, der technische Zustand des Systems zu überprüfen. Über die Bedienung der Flugsoftware in der Bodenstation oder über die Fernsteuerung ist es zukünftig notwendig, alle erforderlichen Genehmigungen entsprechend der Missionsplanung einzuholen. Dazu gehören die Start- und Landefreigabe sowie die Reservierung eines Luftkorridors.

Die Koordination von Drohnen für den Schwarmflug umfasst alle Aspekte der praktischen Flugvorbereitung. Neben der Beschaffung von schwarmtauglichen Drohnen ist die vorbereitende Einsatzplanung durchzuführen. Dazu gehören die Konfiguration der Fluggeräte und die Überprüfung der Eignung der jeweiligen Fluggeräte. Für den Einsatz innerhalb der Missionsziele muss eine Abstimmung erfolgen, die die Einzeldrohne und den Schwarm im Steuerungssystem betrachtet. Dies beinhaltet eine Planung der verfügbaren Ressourcen. Die zeitliche und örtliche Verfügbarkeit muss geplant werden. Dies dient der Reduzierung der Stillstandszeiten und der Sicherstellung der notwendigen Energiereserven. Die Koordination umfasst die Positionierung einer Drohne in der Formation in Bezug auf die geplanten Aufgaben. Dazu wird eine Ausrüstungsliste erstellt.

4.2 Managementprozesse

Die derzeitigen Rechtsgrundlagen sehen keine Standardprozesse für den kooperativen Schwarmflug vor. Ein Prozess für den Regelbetrieb ist die Sicherstellung des Vorhandenseins aller notwendigen Zertifizierungen und das Genehmigungsmanagement in Abhängigkeit des gewählten Fluggebietes. Sobald die zukünftigen Flugkorridore geöffnet sind und ähnliche Luftraumstrukturen im ländlichen oder urbanen Umfeld möglich sind, gelten die Verfahren für den zukünftigen U-Space. Das Ergebnis ist ein großräumig freigegebener Luftkorridor für den Flugbetrieb.

Aus Sicherheitsgründen werden Havariekonzepte erstellt, die in jedem Fall kalkulierbare Risiken durch organisatorische, bauliche und steuernde Maßnahmen minimieren. Der schonende Umgang mit Transportgut, Umwelt und UAV-Hardware bei unvorhergesehenen Fehlfunktionen bietet Schutz. Das Schwarmsystem kann durch Condition Monitoring überwacht werden und über Telemetriedaten mit der Flugplanung und den Unmanned Aerial Vehicle (UAV)s interagieren.

Die Beladung der Drohnen mit der zu transportierenden Sensorik, den Kamerasystemen und der Prozessmesstechnik erfolgt auf der Basis der Stückliste. Das bedeutet, dass die Sensorik anhand der gewünschten Eigenschaften und der zur Verfügung stehenden Nutzlast über eine Stückliste geplant wird. Anschließend werden die Komponenten in die Drohnen eingebaut und über Testskripte und visuelle Kontrollen hinsichtlich ihrer Funktionsfähigkeit bewertet.

Die zeitliche Flugplanung führt zu einer Planung, die einer klassischen Pfadplanung ähnelt. Sie erfolgt auf Basis der Missionsziele und der zurückzulegenden Flugstrecke in Abhängigkeit von der gewählten Position in der Formation. Wichtige operationelle Prozesse für den regulären Einsatz eines UAV-Schwarms sind in 4.7 aufgeführt.

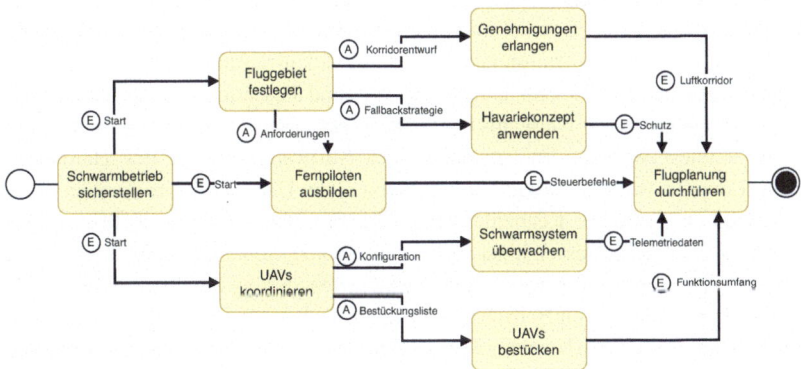

Abbildung 4.7 Betriebsprozesse für den Drohnenschwarm

4.3 Kernprozesse

Die Kernprozesse haben die Aufgabe, die Strategie mit den konkreten Umsetzungsprozessen zu verknüpfen, um den Entwicklungsfortschritt entlang der gesetzten Meilensteine zu erreichen. Sie übernehmen die Verantwortung für die Erfüllung konkreter Aufgaben und definieren die Anforderungen zur Zielerreichung. Die Übergabe des Inputs an einen Kernprozess führt zur direkten Instanziierung und Anforderung spezifischer Unterstützungsprozesse.

Der Softwaretest umfasst die Überprüfung und gleichzeitige Weiterentwicklung der Algorithmen durch kontinuierliche Verbesserung des Programmcodes. Zu diesem Zweck werden Testabläufe entwickelt, die möglichst viele Testaspekte abdecken können. In diesem Entwicklungsstadium handelt es sich um reine Software, die durch Emulation in einer virtuellen Testumgebung mit der gesamten Hardware versorgt wird. Die Software kann in diesem Stadium durch tausende von Prozessen parallel getestet und gezielt auf fehlerhafte Funktionen überprüft werden. Dies bedeutet insbesondere die Integration von Sicherheitstests und die Vermeidung unerwünschter Seiteneffekte. In späteren Entwicklungsstadien eines UAV-Systems können diese Tests nur mit deutlich höherem Aufwand durchgeführt werden. Ein Aufbau der Simulationsumgebung über einen angeschlossenen Supportprozess ist möglich, sollte aber aufgrund des Ressourcenbedarfs und des zeitlich erhöhten Testaufwands abgewogen werden.

Denn der Hardware-in-the-Loop-Test integriert als integralen Bestandteil die detailgetreue Simulation der Flugumgebung mit der UAV-Hardware, die wesentliche Steuerungsaufgaben übernimmt. Einzelne Komponenten werden als modulare Einheiten kontinuierlich in das UAV-System integriert. Hardwaremodule verschmelzen mit den durch Softwareentwicklungen implementierten Algorithmen in der Systemarchitektur. Erstmals vernetzte Kommunikationsstrukturen bilden die Grundlage für die Schwarminteraktion. Die Geolokalisierung erfolgt in der erforderlichen äußeren oder inneren Umgebung, während die Entfernungsmessung durch ideale oder verwässerte Werte aus der Softwareentwicklung gespeist werden kann.

Im Feldtest werden die Ergebnisse des Softwaretests und des Hardware-in-the-Loop-Tests in die Realität umgesetzt. Die UAV-Hardware verfügt über eine deutlich geringere Rechenleistung, wird aber durch rigorose Tests nichtdeterministischen Einflüssen hinsichtlich des Einsatzes unter Echtzeitbedingungen, kritischen Umwelteinflüssen des Windes und der Steuerung durch den Piloten ausgesetzt. Für den regulären Betrieb ist dies unabdingbar, um im industriellen Erprobungsstadium das TRL-Niveau zu erreichen. Nur so kann das Systemverständnis vervollständigt werden.

4.3.1 Softwaretest

Bei der Entwicklung von Schwarmsystemen hat sich gezeigt, dass sehr regelmäßig neue Programmfunktionen implementiert werden. Um den zusätzlichen Aufwand für die Implementierung der Software in die Drohnenhardware zu vermeiden, werden Softwaretests eingesetzt. Für die ersten Entwürfe einer Implementierung entfällt der Overhead der Flugvorbereitung. Um die verwendeten Algorithmen und Steuerungsprogramme für die weitere Entwicklung zu verifizieren, werden diese in Testfällen implementiert.

Die Testfälle für die Software werden in einer Umgebung durchgeführt, die für den Hardware-in-the-Loop-Ansatz und den realen Feldtest geeignet ist. Die Tests müssen wiederholbar sein und werden in der Softwareumgebung gezielt und schrittweise äußeren Einflüssen ausgesetzt. Die Drohnen können in der Softwareumgebung gezielt gesteuert und die erreichte Bewegung mit der ursprünglich gewünschten Umgebung verglichen werden. Es wurde erkannt, dass die Kommunikation, die Qualität der Lokalisierung und die Vermeidung von Kollisionen entscheidende Faktoren für die Bildung des Drohnenschwarms sind. Diese Faktoren müssen auf ihre Funktionalität getestet werden. Im frühen Entwicklungsstadium bieten sich Testszenarien mit zwei Drohnen an. Diese fliegen sehr einfache Bahnen, die parallel, gekreuzt oder trapezförmig definiert sind. Als Testumgebung wird das Gelände eines Sportplatzes mit den Linien eines Fußballfeldes gewählt.

Der Einsatz von zwei Drohnen stellt per Definition noch keinen Schwarm dar. Gleichzeitig können mit diesen zwei Drohnen nahezu alle Operationen des kontinuierlichen Softwaretests durchgeführt werden. Der Fokus liegt darauf, sehr schnell die wichtigsten Parameter zu testen. Dazu gehört die Positionsbestimmung in der Testumgebung. Über diese kann die kontinuierliche Abstandsberechnung zwischen den Drohnen realisiert werden. Die synchrone Übertragung der Steuersignale von der Bodenstation zu den Drohnen und die Anpassungsfähigkeit der Fluggeschwindigkeiten. Diese ersten Entwicklungsschritte zum Drohnenschwarm schließen die Möglichkeit der Skalierung des Schwarms durch Hinzufügen oder Entfernen von Drohnen weitgehend aus.

Die Vorteile eines Fußballfeldes als Modell für Drohnentests liegen in der Standardisierung von Abständen, Positionen und Anordnung wichtiger Linien in den Regelwerken der Fußballverbände [249]. Insbesondere sind Anstoßpunkt, Anstoßkreis und Strafraum geregelt. Diese können als Bezugssystem für die Entfernungsmessung und Positionsbestimmung verwendet werden. Ist zusätzlich die Länge der Tor- und Seitenlinie bekannt, kann die Sollposition bestimmt werden. Diese können in den Softwaretests entsprechend modelliert und die Sensorik auf dem vermessenen Spielfeld qualitativ validiert werden.

Einige Testszenarien, die als nützlich für das Testen von Software entwickelt wurden, werden diskutiert. Sie sind bewusst mit stark reduzierter Komplexität gewählt, um nicht die Pfadoptimierung, sondern die Funktionalität der Schwarmkomponenten zu testen. Abbildung 4.8 zeigt den Parallelflug zweier Drohnen. Ziel ist es, die erfolgreiche Kommunikation zwischen den Drohnen und dem geplanten Distanzsystem auf Basis von Ultra-Breitband-Technologie (UWB)-Sensoren zu testen.

Dazu werden die Flugalgorithmen so gewählt, dass die Drohnen jeweils links und rechts vom jeweiligen Knotenpunkt des Teilkreises und der Strafraumgrenze starten können. Der Abstand der Drohnen an diesen Startpunkten beträgt 18,3 Meter und soll bei gleichzeitiger Bewegung in dieselbe Richtung bis zum Anstoßkreis annähernd konstant bleiben. Damit kann die Kommunikation hinsichtlich der vollständigen Übermittlung der Datenpunkte überprüft werden. Die für spätere Formationen notwendige Synchronisation kann durch eine Zeitreferenz geprüft werden. Diese wird von der Testumgebung oder einer ausgewählten Masterdrohne getriggert. Der synchronisierte Richtungsflug bildet die Grundlage für eine Linienformation. Kleine Abweichungen werden direkt erfasst und später visuell dargestellt. Die Lockerung der festen Fluggeschwindigkeit stellt den ersten Schritt zur Integration der Drohnen in den Schwarm dar. Der Abstand darf dabei 18,3 Meter nicht unterschreiten. Bei Einhaltung dieses Mindestabstandes kann die Kollisionsvermeidung gefahrlos getestet werden.

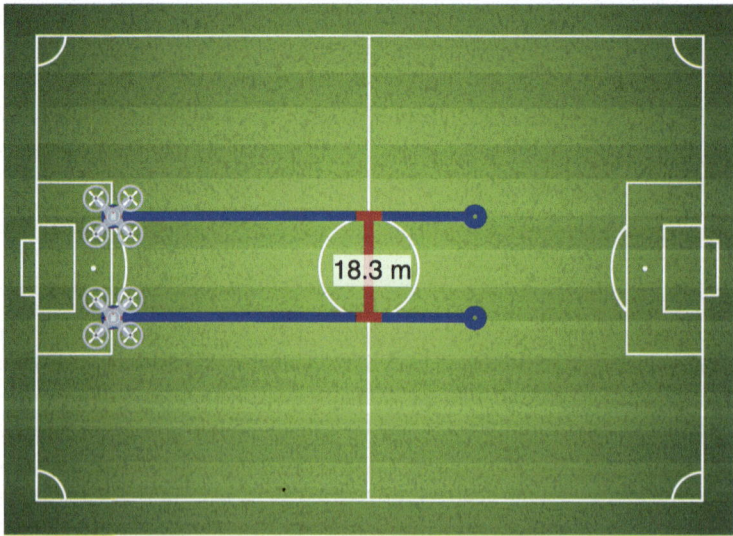

Abbildung 4.8 Abstandsmessung im Parallelflug

4.3 Kernprozesse

Die Anpassung des Testansatzes zur Entwicklung von Verfahren zur Kollisionsvermeidung mit anderen Drohnen wird durch den in Abbildung 4.9 dargestellten Kreuzflug erreicht. Beide Drohnen starten synchron vom Knotenpunkt an der Strafraumgrenze mit der gleichen Geschwindigkeit von 2 m/s in einem Anfangsabstand von 18,3 Metern. Die Flugbahn wurde so gewählt, dass beide Drohnen in der Mitte der geplanten Flugbahn kollidieren.

Der Kreuzflug der beiden Drohnen stellt höhere Anforderungen an die Automatisierung, da beide Drohnen ständig ihre Telemetrieparameter austauschen und Kollisionen vorausschauend erkennen müssen. Durch die Verarbeitung der Distanzmessung und der aktuellen Flugrichtung kann die geplante Mission zu einer gegenseitigen Kollision führen. Während der Durchführung des Softwaretests verringert sich der Abstand zwischen den Drohnen potenziell, bis nahezu kein Abstand mehr gemessen werden kann. Unterhalb eines bestimmten Schwellwertes ist eine Reaktion der Drohnen unvermeidlich. Der Schwellwert muss in Abhängigkeit von Drohnentyp, Gewicht, Ortungssystem und eingebauter Hardware festgelegt werden. Zunächst wird von neun Metern ausgegangen. In einem Testverfahren kann dies für kleine, tatsächlich eingesetzte Drohnen verifiziert werden. Die Drohnen können vorausschauend aushandeln, welche der beteiligten Drohnen in der Nähe der Kreuzung die Vorfahrt erhält. Dies könnte die erste Drohne sein, die sich der Kreuzung nähert. Die Kollisionsvermeidung kann auf unterschiedliche Weise erfolgen.

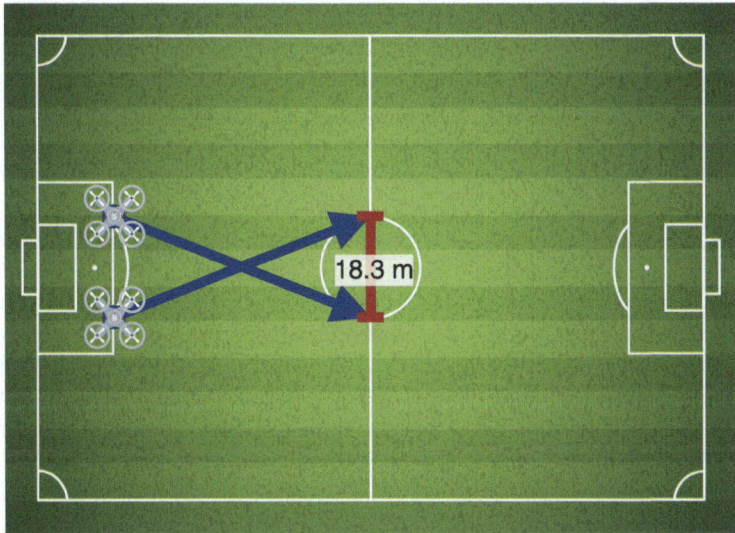

Abbildung 4.9 Abstandsmessung im Kreuzflug

Genau an diesem Punkt beginnt der Softwaretest zusammen mit dem Steuerungssystem zu atmen. Es stellt sich die Frage, welche der synchronisierten Drohnen tatsächlich zuerst am Kreuzungspunkt sein kann bzw. ob sie gleichzeitig dort ankommen. Insbesondere bei höheren Fluggeschwindigkeiten von mehr als 4 m/s ist dies bei der gewählten kurzen Flugstrecke eine Herausforderung. Das gesamte Experiment favorisiert eine annähernd gleichzeitige Ankunft am Kreuzungspunkt. Das Windhundverfahren kann problematisch werden, wenn der Kreuzungsbereich zu klein definiert wird und die begrenzte Ressource des erlaubten Durchfahrtsbereichs zu eng bemessen wird. Im Zweifelsfall werden sich die beiden Drohnen aus Sicherheitsgründen gegenseitig am Passieren des Kreuzungsbereichs hindern, anstatt eine Kollision zu erzeugen. Sie befinden sich dann in einem Deadlock bzw. einer Sackgasse und benötigen Hilfe von außen.

Eine weitere Variante zur Vermeidung dieser kritischen Systemzustände kann die Einführung der Regel sein, dass aus Sicht der Drohne in Flugbahnrichtung rechts befindliche Fluggeräte Vorrang haben. In diesem Fall ist es zwingend erforderlich, die Flugrichtung der Nachbardrohne aus den variablen Positionsdaten zu bestimmen. Sind diese bei Unterschreitung des Schwellwertes entgegengesetzt, werden von der links befindlichen Drohne Maßnahmen zur Kollisionsvermeidung eingeleitet.

Beim Unterschreiten des Schwellwertes von neun Metern reduziert diese Drohne zunächst ihre Geschwindigkeit, so dass sich der Abstand zur anderen Drohne langsamer verringert und die Reaktionszeit verlängert werden kann. Im Idealfall könnte allein durch die vorausschauende Geschwindigkeitsanpassung eine Kollision vermieden werden, obwohl keine Änderung der vorgegebenen Flugbahn erfolgt. Dieses Vorgehen im Rahmen der Kollisionsvermeidung muss der zweiten beteiligten Drohne mitgeteilt werden, wenn deren geplante Flugbahn unbekannt ist und unvorhergesehene Reaktionen vermieden werden sollen. Die Kommunikation muss in diesem Fall höchste Anforderungen an die Zuverlässigkeit der Übertragung erfüllen.

Die von links kommende Drohne kann zusätzlich zur zufällig gewählten Geschwindigkeitsreduktion eine Flugbahnabweichung durchführen. In unmittelbarer Nähe der Kreuzung wird ein Manöver durchgeführt, um die Kreuzung in einem Halbkreis zu umfliegen. Kollisionen werden vermieden, indem die Abstände zwischen den Drohnen ständig berechnet und die Geschwindigkeiten zwischen den Drohnen ausgehandelt werden. Es müssen Methoden entwickelt werden, um im Notfall eine oder sogar beide Drohnen zu stoppen und für eine zufällig gewählte Zeit in den Schwebeflug zu versetzen. Für Quadrokopter mit reduzierter Startmasse ist der Schwebeflug bei geringen Geschwindigkeiten energetisch unproblematisch.

4.3 Kernprozesse

Bei hohen Geschwindigkeiten wird zusätzliche Energie benötigt, um die Drohne entgegen der Flugrichtung abzubremsen.

Eine weitere Variante im Umfeld des Sportplatzes ist der Trapezflug. Diese Weiterentwicklung dient dazu, den Übergang von mehreren Outdoor-Positionierungssystemen und allen wesentlichen Komponenten zur Realisierung eines Drohnenschwarmes zu testen. Beide Drohnen starten an den Ecken des Strafraums in einer Entfernung von ca. 40,32 Metern. Anschließend fliegen sie trapezförmig am Rand des Mittelkreises vorbei. Bei guter Synchronisation beträgt der Abstand an dieser Stelle 18,3 Meter. Sie fliegen kontinuierlich weiter und halten den Schwebeflug in der Mitte der zweiten Spielfeldhälfte. Der Abstand beträgt ca. 9,15 Meter. Diese Grundlinien und Grundabstände sind in der Abbildung 4.10 dargestellt. Eine Kollision kann getestet werden, indem der Flug auf der Begrenzungslinie des Strafraums fortgesetzt wird. Bei diesem Versuchsaufbau ist es nicht Ziel des Versuchs, gezielte Kollisionen herbeizuführen.

Vielmehr sollen die Abstände anhand der vorgegebenen Linienmessung validiert werden. Dazu sind Kommunikation, Ortung und kooperatives Fliegen entscheidend für einen erfolgreichen Versuch. Es soll analysiert werden, wie sich die Steueralgorithmen verhalten, wenn die Kommunikation der Drohnen über größere Distanzen gestört ist und die verfügbare Datenrate sinkt. Es kann getestet werden, was passiert, wenn die Latenzzeiten der Übertragung variieren. Gleichzeitig kann die Kombination mehrerer Geopositionierungssysteme für unterschiedliche Anforderungen der Vermessungstechnik und der präzisen Zusammenstellung von Formationsfiguren an Relevanz gewinnen.

Die Qualität und die Eigenschaften der Positionierungssysteme sind unterschiedlich. GNSS-Systeme sind im Außenbereich universell und global verfügbar. Im Abschnitt 3.3.2 wurde diskutiert, dass globale Navigationssatellitensysteme für eine Lokalisierung im Außenbereich gut geeignet sind. Neben dem europäischen Galileo-System ermöglichen die Globales Positionsbestimmungssystem (GPS)-Signale eine Positionsbestimmung mit einer Genauigkeit von drei Metern. Diese kann durch zusätzliche Basisstationen für die Echtzeit-Kinematik auf 20 Zentimeter erhöht werden. Diese idealen Bedingungen für die Verfügbarkeit von Echtzeitkinematik (RTK)-Daten sind aufgrund des immer zusätzlich notwendigen Zugriffs auf öffentliche Zeitserver nicht immer gegeben. Häufig fehlt die notwendige Mobilfunkinfrastruktur im ländlichen Raum und die Integration von Referenzsignalen in die Steuerungssoftware.

Insgesamt ist eine durchschnittliche Positionsgenauigkeit von drei Metern gegeben, so dass der Abstand zwischen den Drohnen aus Sicherheitsgründen sechs Meter betragen sollte. Grundsätzlich ist der Empfang in Gebieten mit dichter Bewaldung, Bebauung und in der Nähe von Hochspannungsmasten potenziell gestört. In Innenräumen ist er nicht oder nur sehr eingeschränkt möglich. Für den Drohnenschwarm kann dies zu ungenau sein und im automatisierten Betrieb ein Sicherheitsrisiko darstellen.

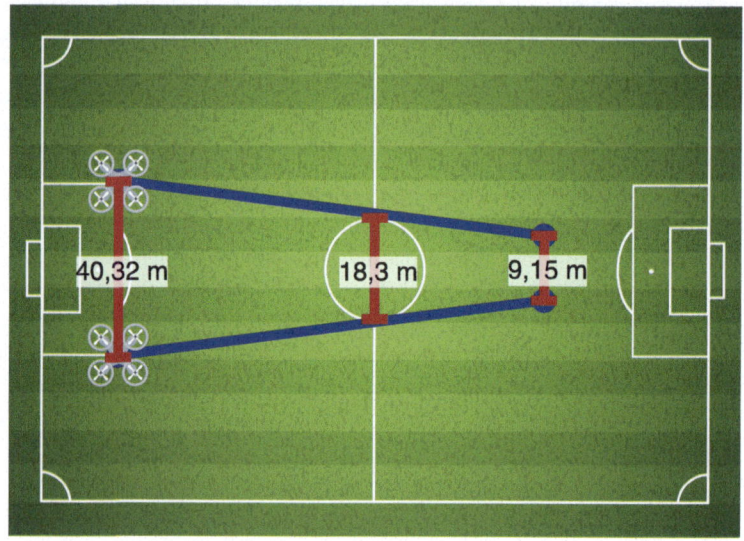

Abbildung 4.10 Abstandsmessung im Trapezflug

Um die Einsatzgebiete für den Schwarmeinsatz zu erweitern und die Genauigkeit bedarfsgerecht zu realisieren, ist die redundante Auslegung von Positionierungssystemen in der Luftfahrt sinnvoll. Im vorgestellten Konzept wurde die UWB-Entfernungsmessung eingeführt. Im kombinierten Nahbereich ergeben sich einige Vorteile. Sie sind gekennzeichnet durch die hohe Geschwindigkeit der Kalibrierung und die Genauigkeit von neun Zentimetern im Nahbereich. Eine Ad-hoc-Verfügbarkeit der Kommunikationsschnittstelle ist realisierbar. Dementsprechend kann ein zwischenzeitlicher Inselbetrieb erreicht werden. Entsprechend kann der Drohnenschwarm von der Entwicklung zusätzlicher Technologien profitieren. Diese können im vorgestellten Trapezflug verifiziert werden. Es kann getestet werden, wie

4.3 Kernprozesse

sich eine Flugregelungssoftware bei fehlender Kommunikation verhält. Die notwendigen Umschaltvorgänge zwischen mehreren Positionierungsverfahren stellen eine Herausforderung für die Entwicklung dar. Die Software muss darauf reagieren und die Schwellwerte für die Priorisierung der einzelnen Verfahren können experimentell ermittelt werden.

Zusammenfassend lässt sich sagen, dass im Softwaretest viele Details und Reaktionen des Systems in den vorgestellten Variationen getestet werden können und die Ergebnisse eine Weiterentwicklung der Algorithmen forcieren. Die für den Schwarmbetrieb notwendigen Fähigkeiten führen zur Formationsbildung und zur kooperativen Durchführung von Flugmissionen.

4.3.2 Hardware-in-the-Loop-Test

Die Softwaretests konzentrieren sich auf die Durchführung von Zustandsüberprüfungen und die Entwicklung kooperativer Algorithmen in Programmen. Die iterative Entwicklung für den Einsatz im realen Schwarmsystem integriert diese Tests in die Hardware-in-the-Loop-Umgebung. Reine Softwaretests können die Ergebnisse direkt in die HIL-Umgebung einbringen, aber auch durch gezielte Anfragen bidirektional interagieren. Dies ist der große Vorteil an dieser Stelle, wenn die Prozesse in einem gleichrangigen, modularen Prozessnetzwerk ablaufen und die hierarchische Strukturierung vermeidbar bleibt.

Aus diesem Grund kann das zweite virtuelle Testszenario des Kreuzfluges weiterentwickelt werden, um die Fähigkeiten des Schwarmfluges zu überprüfen. Es handelt sich dabei um den Systemcheck zur Kollisionsvermeidung im Formationsflug in Abstimmung mit der Flughardware und den Regelalgorithmen. Alle beteiligten UAVs starten in Formation von einem Startpunkt. In der Abbildung 4.11 sind alle Drohnen ausgehend vom Startpunkt, der das Zentrum des virtuellen Verbindungsrings bildet, miteinander verbunden. Ausgehend vom Zentrum haben alle Drohnen den gleichen Abstand. Werden die Abstände zu den direkt benachbarten Nachbarn im Schwarm konstant gehalten, entsteht eine quadratische Formation. Die UAVs werden schrittweise entlang der Diagonalen bzw. der Linie koordiniert die Punkte anfliegen.

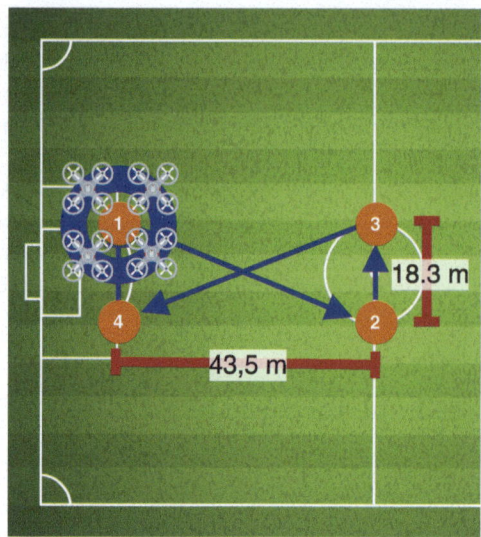

Abbildung 4.11 Systemcheck Kollisionsvermeidung in der Formation

Bei diesem Test darf es zu keinem Zeitpunkt zu einer Kollision im Schwarm kommen, da sonst die Flugalgorithmen Probleme bekommen und ohne weitere Anpassungen den realen Betrieb stören. Die Herausforderung bei diesem zunächst übersichtlich erscheinenden Test liegt in der Kombination der für den Schwarmbetrieb notwendigen Eigenschaften. Neben der Kommunikation, dem kooperativen Fliegen und der Lokalisierung ist insbesondere der kollisionsfreie Formationsflug von großer Bedeutung. Die Drohnen müssen auf jede Richtungsänderung reagieren. Die Geschwindigkeit muss variiert werden, während gleichzeitig nachfolgende Drohnen ihren Vorgängern ausweichen. Die gemeinsame Bewegungskoordination muss eine virtuelle Roadmap aller am Schwarm beteiligten Nachbarn einschließlich ihrer geschätzten Flugparameter beinhalten.

Die Implementierung beginnt mit dem Unterstützungsprozess der Simulation, durch den die Komponenten der physikalischen Umgebung, die Bodenstation und mehrere Steuereinheiten als einzelne Instanzen gestartet werden. Die Aufgaben einer Simulation und der allgemeine Aufbau wurden im Abschnitt 3.2 ausführlich diskutiert. Die emulierten Komponenten müssen in lokalen Containern gestartet werden. Mit der Simulationsumgebung Gazebo können die Komponenten einer Drohne über Objekte emuliert werden. Sowohl funktional über die reine

4.3 Kernprozesse

Beschreibung ihrer Eigenschaften als auch über sichtbare 3D-Modelle. Es wird, wie in allen bisherigen Arbeiten, von einem UAV vom Typ Quadrocopter mit einem Gesamtgewicht von 2,5 kg ausgegangen. Es können auch Hindernisse eingebaut werden, daher wird später im Abschnitt 4.4.1 speziell auf einen landwirtschaftlichen Hindernisparcours eingegangen. Als Bodenstation zur Steuerung des Schwarms und zur gezielten Überwachung wird die Software QGroundControl eingesetzt. Die Software ArduPilot kann über das mitgelieferte Robot Operating System (ROS) für jede der vier Drohnen gestartet werden und wird über das standardisierte MAVLink-Kommandoset mit den Möglichkeiten der Testarchitektur für die Simulation versorgt. Die Drohnensteuerung überträgt virtuelle Telemetriedaten über das Protokoll an Gazebo. Die Simulationskomponenten sind in Abbildung 4.12 mit wichtigen Kernaufgaben zusammengefasst [192, 206, 250].

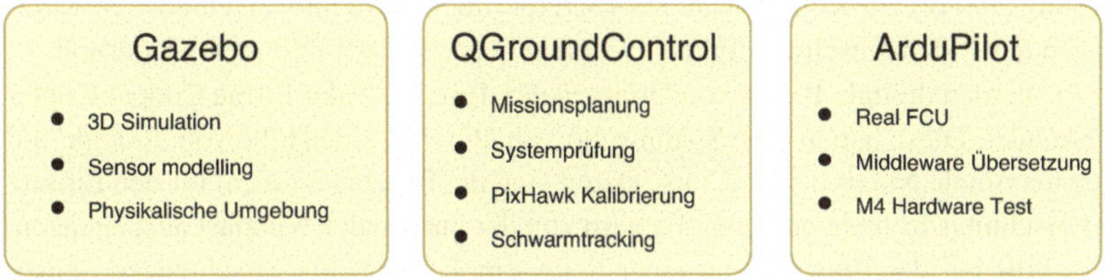

Gazebo	QGroundControl	ArduPilot
• 3D Simulation • Sensor modelling • Physikalische Umgebung	• Missionsplanung • Systemprüfung • PixHawk Kalibrierung • Schwarmtracking	• Real FCU • Middleware Übersetzung • M4 Hardware Test

Abbildung 4.12 Simulation Testumgebung

Einige Anknüpfungspunkte an das HIL-Umfeld sind bereits implizit in die Betrachtung eingeflossen. So ist es in Gazebo bereits möglich, die angebrachten UWB-Sensoren durch Ausgabe von Entfernungen zum Drohnenobjekt zu testen. In QGroundControl kann der Systemtest im Schwarm durchgeführt werden. Das heißt, die Basisstation wird auf ihre Kommunikationsfähigkeit und die Funktionalität des Schwarmtrackings mit den jeweils verbundenen virtuellen Drohnen in Containern der Steuerungssoftware ArduPilot getestet. In ArduPilot existiert bereits eine Anpassung des MAVLink-Protokolls zur Übertragung von UWB-Distanzwerten. Insofern unterscheidet sich die in der HIL-Umgebung eingesetzte Software durch Schnittstellen zur Anbindung der Flughardware.

Der diskutierte Ablauf des Systemtests für den koordinierten Schwarmflug bildet somit die Grundlage für das weitere Vorgehen. Bereits im Konzept wurde davon ausgegangen, dass in einer HIL-Umgebung besonders kritische Situationen erzeugt werden können, die im realen Testflug mit hohem Risiko und enormem Verschleiß der Drohnen verbunden sind. Dementsprechend kann es für das Funktionieren der Kollisionsvermeidung im Schwarm notwendig sein, den minimal erforderlichen

Abstand D_m zwischen den Drohnen zu bestimmen. Dieser hängt von mehreren Faktoren ab. Neben der Größe der Drohne und ihrem Gesamtgewicht beeinflussen die Positioniergenauigkeit und die Fluggeschwindigkeit den Mindestabstand. Die Parameter der relativen Geschwindigkeitsdifferenz zwischen den Drohnen v_r und die entsprechenden Abstände sollen mit Hilfe der variablen Geschwindigkeit bestimmt werden. Vor einer Kollision treten Wechselwirkungen zwischen den Drohnen auf, die sich in Vibrationen äußern. Eine Kollision führt zu einem abrupten Verlust der Steuerfähigkeit, zu Änderungen der Rotordrehzahl und zu einem sofortigen Verlust der Flughöhe.

Dieses riskante Verhalten der Drohnen wird gezielt herbeigeführt. Die schrittweise Verringerung des Abstands zum Zentrum des Verbindungsrings führt zu gleichmäßig kleineren Abständen zwischen benachbarten Drohnen. Die vier im Schwarm gruppierten Drohnen nähern sich aus der als sicher angenommenen Entfernung $28m$ bis zur Kollision an. Dieses Experiment wird mit verschiedenen Variationen der Relativgeschwindigkeit zwischen benachbarten Drohnen wiederholt.

Es werden digitale Bilder von Drohnen des Typs CC 9 der Firma Cooper Copter verwendet. Diese haben eine Spannweite von $463mm$, eine Höhe von $300mm$ und eine maximale Nutzlast von 2,5 kg. Damit sind die Ergebnisse ideal für den Einsatz in Forschungsdrohnen geeignet. Es wird von der maximalen Nutzlast ausgegangen. Dies hilft bei der Entwicklung einer Schwarmplattform für verschiedene Sensoren. Es ist ein konservativer, sicherheitsorientierter Ansatz. Er bildet die Grundlage für den sicheren Betrieb der Drohnen und die Durchführung von risikoreduzierten Feldtests.

Diese Eigenschaften werden in die physikalische Umgebung integriert. Die Flugbahnen werden ausgeführt. Die Kommunikation zwischen Gazebo und QGroundControl, d.h. der Simulationssoftware mit der der Bodenstation, erfolgt auf der lokalen Maschine über Softwareschnittstellen, die über UDP-Sockets generiert werden. Im Gegensatz zur reinen Simulation werden für diesen Labortest vier reale Drohnen mit Flugcontrollern vom Typ OrangeCube auf Basis der PixHawk-Architektur eingesetzt. Diese unterscheiden sich von den realen Flugdrohnen nur durch die bidirektionale Umleitung der Motorsteuerbefehle an die Simulation und die kontinuierliche Übertragung der simulierten Positionsdaten an die Steuergeräte. Abbildung 4.13 zeigt ein Schema des Laboraufbaus für den Hardware-in-the-Loop-Test.

4.3 Kernprozesse

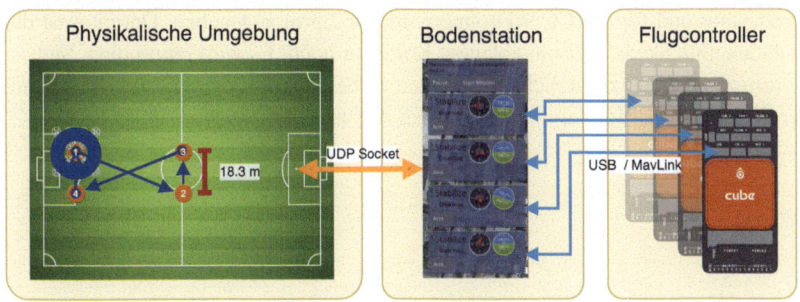

Abbildung 4.13 Schematischer Aufbau Hardware-in-the-Loop-Test

Die Versuche wurden in Abständen von 28 bis 0m und mit relativen Geschwindigkeitsdifferenzen von 0 bis 10m/s durchgeführt. Die Ergebnisse des HIL-Tests sind in Abbildung 4.14 als Funktion der relativen Geschwindigkeitsdifferenz v_r und des Abstands zwischen benachbarten UAVs als d_v dargestellt. Diese sollen kurz näher diskutiert werden, um ein besseres Verständnis für den Einsatz von UAV im Schwarm zu erhalten.

Zunächst wurde eine unkontrollierte Abstoßungsreaktion der Drohnen als lineare Funktion des Abstands zwischen benachbarten Drohnen beobachtet. Sie ist im Diagramm als blaue Linie dargestellt. Sie ist am stärksten ausgeprägt bei einem sehr geringen Abstand von 0 Metern. Dieser Zustand tritt bei einer Kollision in der Realität nicht auf, kann aber für ein Ausweichverfahren unter Ausnutzung der Höhenänderung im Flug relevant werden. Diese kann durch die Triebwerkssteuerung bis zu einem gewissen Grad kompensiert werden, so dass ein Absturz vermieden wird. Ähnliche Verfahren kompensieren ungeplante Seiteneffekte in Bodennähe oder bei plötzlichen Windböen.

Die orangefarbene Linie stellt die maximal zulässige relative Geschwindigkeitsdifferenz $v_r max$ zwischen den Drohnen dar. Die Steuerung der Drohnen muss qualitativ so präzise erfolgen, dass bis zu einem Abstand von etwa 15 Metern die Geschwindigkeitsdifferenz zwischen der vorausfliegenden und der nachfolgenden Drohne 1,6 m/s oder weniger betragen sollte, um Kollisionen kurzfristig vermeiden zu können. Der Bereich darunter bietet einen Spielraum zur Variation der jeweiligen Geschwindigkeiten, die durch eine Flugregelung zuverlässig ausgeglichen werden können. Dies ist sinnvoll, um Hindernissen oder anderen Drohnen außerhalb des Schwarms auszuweichen, ohne den zusammenhängenden Verband zu zerreißen. Der

Mindestabstand für die CC 9 Drohne wird mit 2,5 m angegeben. Darunter ist die Wahrscheinlichkeit einer ungeplanten Kollision hoch. Es wird empfohlen, Sicherheitszuschläge und zusätzliche Rechenzeit zu berücksichtigen. Für die Umsetzung der Potentialfelder im Ad-hoc-Flug ist ein Abstand von 4 m sinnvoll.

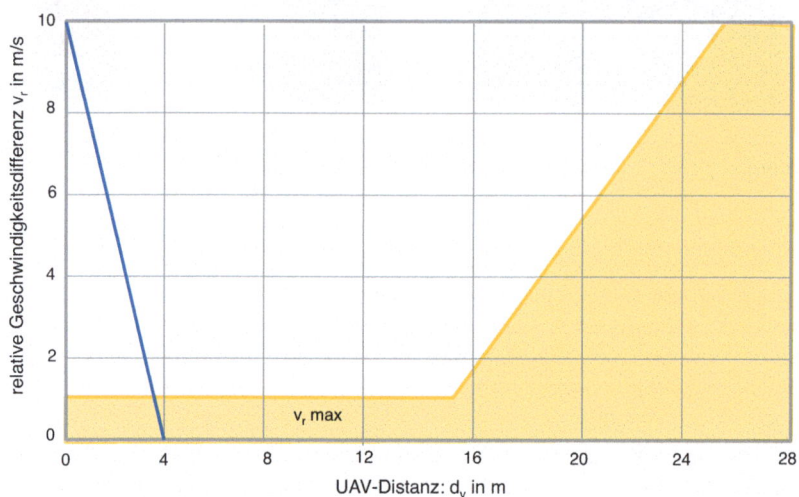

Abbildung 4.14 Kollisionsvermeidung durch Distanzmessung

Dieser erste Durchlauf eines HIL-Tests wurde für die quadratische Formation durchgeführt. Der Mindestabstand zwischen benachbarten UAVs kann als Vorbereitung für weitere Formationen genutzt werden. Die Umgebung kann die Entwicklung von Flugkorridoren im dreidimensionalen Raum fortsetzen. Die Höhenvariation zur Kollisionsvermeidung erfordert eine tiefere Integration der Bodenstation und der im Konzept beschriebenen Abstraktionsebene des Drohnenschwarmes als in sich steuerbare Einheiten.

4.3.3 Feldtest

Sobald das Schwarmsystem oder einzelne Komponenten davon die kritische Hardware-Software-Testphase erfolgreich durchlaufen haben, können Feldtests durchgeführt werden. Sie sind unerlässlich, um die Entwicklung eines

4.3 Kernprozesse

funktionsfähigen Prototyps des Schwarmsystems in eine reale Umgebung zu überführen. In vielen Fällen treten Herausforderungen erst im Zusammenspiel der Systemkomponenten unter realen Bedingungen auf. Das Verhalten der Drohnen im Prototyp weicht in vielen Fällen aufgrund anderer, kritischer Umgebungsbedingungen in der Realität signifikant von den Erwartungen ab. So können z.b. Funksignale im Labor eine höhere Reichweite mit höheren Datenraten aufweisen und dann in der Drohne die internen Komponenten durch unerwartete Interferenzen gestört werden. Im Feldversuch treten organisatorische Herausforderungen und Risiken auf, die bei der Einrichtung eines Testbereichs berücksichtigt werden sollten.

Es werden zwei unterschiedliche Testgebiete "Sportplatz"und "landwirtschaftliche Fläche" „vorgestellt. Diese haben sich als vorteilhaft für die Erprobung einzelner Funktionen, die Interaktion in der Gruppe und die kontinuierliche Überführung der Testszenarien in die reale Umgebung erwiesen. Durch die jeweils in sich geschlossene Umgebung können Drohnen getestet werden, ohne hohe Risiken für die Umwelt einzugehen. Sie können durch die Bodenbeschaffenheit und Eigenschaften für verschiedene Tests spezialisiert werden.

Das Gelände ist durch Zäune abgegrenzt und kann während der Entwicklung von Unbefugten nicht betreten werden. Eine maximale Flughöhe von 10 Metern reduziert das Risiko für Dritte. Gleichzeitig ist das Gelände vollständig vermessen und mit Markierungen für ein Fußballfeld versehen. Die in den vorangegangenen Abschnitten beschriebenen Szenarien können hier direkt umgesetzt werden. Abbildung 4.15 zeigt das orthographische Modell des für die Tests ausgewählten Sportplatzes.

Mit Hilfe einer kontinuierlich fliegenden Referenzdrohne mit RTK-GNSS können alle Experimente aus der Luft kontinuierlich aufgezeichnet und wiederholte Experimente anschließend im Verlauf überprüft werden. An den Rändern des Sportplatzes ist die Fläche von mehreren Scheinwerfern einer Flutlichtanlage umgeben. Auf diese Weise können Drohnen in abgedunkelter Umgebung getestet und beispielsweise Systeme zur Hinderniserkennung in besonderen Situationen optimiert werden. Im Zentrum sind mehrere Testflächen definiert, die für die parallele Erprobung einzelner Aspekte des Schwarmflugs vorbereitet sind und in ihrer Größe flexibel angepasst werden können.

Die Hauptfläche bildet das Testfeld für die Erprobung von Verkehrssteuerungsmechanismen, Formationstests und UWB-Distanzmessungen. Für diesen Bereich gibt es auf der rechten Seite einen Startpunkt, der für Starts und Landungen geeignet ist und über eine vom Rasen abgehobene Plattform aus Aluminium verfügt. Hier können kleine Drohnen gestartet werden, die Probleme mit dem Rasen haben könnten. Für den späteren Regelbetrieb ist es wichtig, die Flugplanung zu testen und mehrere Drohnen synchron zu starten. Für strukturierte Einzeltests stehen spezielle

Randbereiche zur Verfügung. Reifenhindernisse bilden einen Slalomparcours für den gefahrlosen Test der Hinderniserkennung. Eine fehlerhafte Implementierung der Algorithmen verursacht keine Schäden an der Flughardware und beschleunigt direkte Anpassungen der Entwicklungsaktivitäten. Der Torparcours ist der adaptierte Rennparcours aus Abbildung 3.20. Hier können Echtzeitfähigkeiten getestet werden.

Der zweite Testbereich kombiniert alle Testkomponenten in einem komplexen Testbereich. Dabei handelt es sich um ein Volleyballfeld, das von mehreren niedrigen Zäunen umgeben ist. Diese können als Hindernisse aus jeder Richtung betrachtet werden. Die Komplexität ergibt sich aus der notwendigen Fähigkeit zur kooperativen Erkennung der Hindernisse, der geringen Größe der Teilflächen, schnellen Ausweichmanövern und der Anpassung der verwendeten Formation.

Es gibt zwei getrennte Bereiche, den Messplatz und die Auswertung. Auf dem Messplatz werden die Experimente durchgeführt. Die Drohnen können in Software und Hardware vollständig konfiguriert werden. Stromversorgung, Netzwerkanbindung, ein 5G-Testnetz und eine Gesamtübersicht stehen zur Verfügung. Die Auswertung bildet die Grundlage für das Testmonitoring. Gleichzeitig wird der Einsatz von Entwicklungs- und Verkehrsmanagementsystemen umfassend unterstützt.

Abbildung 4.15 Digitales Orthophoto Testgebiet Sportplatz

Die landwirtschaftliche Versuchsfläche ist mit einer Größe von 10 ha für die Durchführung von Versuchen mit größeren Distanzen geeignet. Mit Ausnahme von zwei Bäumen weist es keine komplexen Hindernisse auf. Die Steuersignale können über eine Entfernung von 500 Metern übertragen werden. Die Abbildung 4.16 zeigt die Steuerungsansicht in QGroundControl [216] für einen Trapezflug zweier

4.3 Kernprozesse

Drohnen über die Fläche. Aus regulatorischen Gründen konnten nicht mehr als zwei Drohnen gleichzeitig gestartet werden. Die Software QGroundControl, die als Bodenstation auf einem tragbaren Notebook eingesetzt wurde, ist bei entsprechender Konfiguration und Anpassung der Implementierung in der Lage, bis zu 5 Drohnen über Telemetrie im 433 MHz Bereich zu steuern. Im Hintergrund war zu jeder Zeit für jede einzelne Drohne ein ausgebildeter Fernpilot in der Lage, über die separate Fernbedienung einzugreifen.

In der Oberfläche von QGroundControl [216] können die wichtigsten Zustandsmerkmale farblich gekennzeichnet und Parameter der Energie, Positionierungsqualität und Telemetrieinformationen abgerufen werden. Beide Drohnen können gleichzeitig oder einzeln gesteuert werden. Über die Bodenstation und die UWB-Antennen können beide Drohnen miteinander kommunizieren. Die Knöpfe lösen die Flugautomation für Landemanöver, die automatisierte Missionsdurchführung oder eine Pause im aktuellen Flugablauf aus. Die orangefarbene Umrandung stellt eine geobasierte Grenze dar. Bei Annäherung gehen die Drohnen in den Schwebeflug über. Nach einer Instruktionswartezeit von 3 Minuten beginnt der Rückflug zum Startpunkt.

Abbildung 4.16 Testgebiet landwirtschaftliche Fläche

Ein Aspekt der Durchführung von Feldtests ist die Identifikation der notwendigen Ausrüstung zur Steuerung, Konfiguration, Überwachung und Wartung der Drohnen. Abbildung 4.17 zeigt RTK-Empfänger, Bodenstation auf Konfigurationstisch mit Schnellwechselplatte, Wartungstisch mit Testprotokoll, die beiden vorbereiteten Drohnen, Fernsteuerungen und einen Zubehörkoffer.

In Erweiterung zu den bisherigen Tests müssen alle Komponenten portable Lösungen sein, um eine schnelle Einsatzbereitschaft im späteren Regelbetrieb zu ermöglichen. Mit dem Aufbau ist die Durchführung der Tests innerhalb von 15 Minuten vorbereitet. Fehler sind Teil des Tests. Anomalien können direkt vor Ort in der Software anhand aller Logdaten identifiziert und die entsprechenden Algorithmen angepasst werden. Die gesamte Firmware der Drohnen kann kompiliert und ausgetauscht werden. Die Forschungsdrohnen sind so konstruiert, dass sie bei kleineren Schäden mit vorhandenen Komponenten kurzfristig repariert werden können.

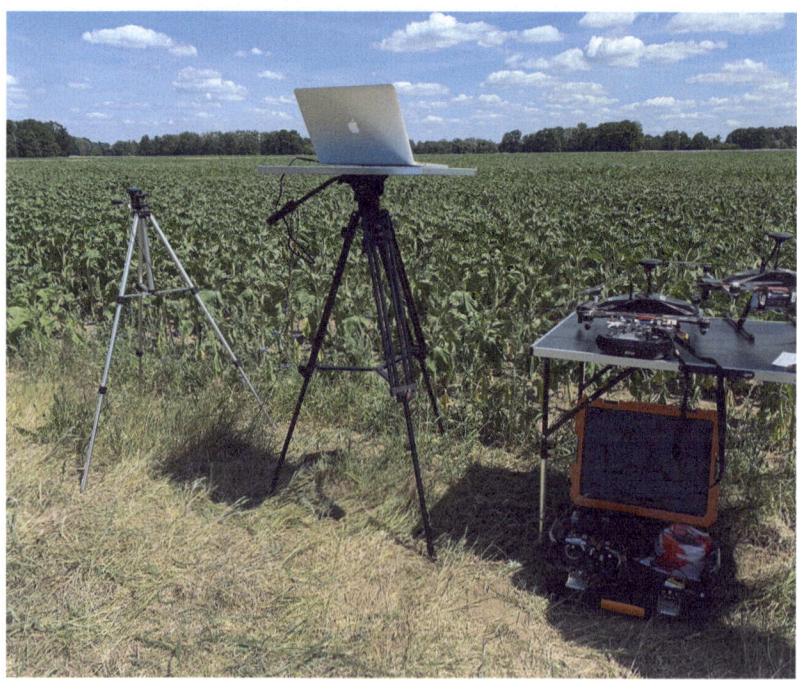

Abbildung 4.17 Mobile RTK-Bodenstation mit Steuertisch, Notfallsteuerung und Wartungsfläche

4.3 Kernprozesse

Im Ergebnis sollen die Drohnen schrittweise über verbesserte Schwarmfähigkeiten verfügen. Dies beinhaltet die Ausstattung mit leistungsfähiger Sensorik und den Einsatz verschiedener Drohnen in der dargestellten Konfiguration. Neben den Forschungsdrohnen vom Typ CC 9 mit ihrer offenen PixHawk-Architektur für die Entwicklung sollen leistungsfähige Industriedrohnen vom Typ Mavic 3T EU bzw. 3M EU die Datenerfassung unterstützen. Durch die Integration in ein gemeinsames Kommunikationsnetzwerk können diese mit abgestimmten Missionsplänen ausgestattet werden.

Auf diese Weise wird das kooperative Konzept des Drohnenschwarms zur Erstellung eines digitalen Zwillings für große landwirtschaftliche Flächen von mehr als 80 Hektar schrittweise realisierbar. Dazu werden die Drohnen mit hochauflösenden RGB-Kameras, Wärmebildkameras und Multispektralkameras ausgestattet. Sie können dann die Flächen schrittweise abtasten. Die Aufnahmen können dann z.B. in ein orthographisches Modell der Fläche umgewandelt und die betrachtete Fläche über die Zeit geglättet werden. Die landwirtschaftliche Nutzfläche wird kartiert.

Eine weitere Möglichkeit, digitale Zwillinge als plastische 3D-Punktwolke zu erzeugen, bietet die Photogrammetrie. Durch die hohe Anzahl an multiperspektivischen RGB-Aufnahmen können KI-Modelle trainiert und durch die integrierten Metadaten ein strukturiertes Geländemodell berechnet werden. Abbildung 4.18 zeigt das Ergebnis der Berechnung aus 277 Bildern für einen Bereich des Testfeldes. Es könnte helfen, Pflanzen anhand ihrer Form zu identifizieren und Erntewege zu verfolgen. Die Rohdaten können in landwirtschaftlichen Simulatoren verwendet werden.

Abbildung 4.18 Hochauflösende 3D-Punktwolke einer landwirtschaftlichen Fläche mit Baum

4.4 Unterstützungsprozesse

Die Unterstützungsprozesse erbringen mit ihrem Output die kontinuierliche Unterstützungsleistung für alle Kernprozesse. Sie bearbeiten konkrete Einzelfälle durch ihre jeweilige Prozessstruktur. Sie sind durch ihre Abgrenzung von den Kernprozessen und der Gruppe der Managementprozesse in sich gekapselt. Dies bedeutet auch, dass in dieser Arbeit keine vollständige Beschreibung aller möglichen Unterstützungsprozesse für den konkreten Anwendungsfall der Entwicklungstätigkeit eines Schwarmsystems von Drohnen zu finden sein wird. Insbesondere die lebendige Umsetzung bedeutet das Hinzufügen und das Beenden von Unterstützungsprozessen. Ein solcher Prozess kann sich dementsprechend auf eine notwendige Aktivität beziehen, die bei der Umsetzung des Projektziels zum gewünschten Ergebnis führen soll.

Die in dieser Arbeit vorgestellten Prozesse konzentrieren sich auf die Entwicklungsarbeit für die Drohnen im Schwarm, basierend auf dem vorgestellten Konzeptkapitel. Dabei geht es um das Zusammenspiel der Komponenten in der Drohnenhardware. Die Steuerungslogik für den konzertierten Formationsflug kann in unterstützenden Prozessen entworfen werden, um sie anschließend in allen detaillierten und umfassenden Testprozessen durchgängig zu verifizieren und für den Regelbetrieb weiterzuentwickeln. Dieses umfasst die Interaktionsformen zwischen den Fluggeräten des Schwarms, der Bodenstation und die Eingriffsmöglichkeiten durch den Fernpiloten.

Die Simulation, die Flugverkehrsplanung, die Analyse der UAV-Hardware, die Datenauswertung und die Formationsbildung wurden durch Experimente exemplarisch weiterentwickelt. Zusammen ergeben die durch Inputs ausgelösten Aktivitäten der parallelen Prozesse kontinuierliche, vernetzte Entwicklungen, die in Outputs zur weiteren Verwendung münden. Durch die Rückkopplung ihrer Aktivitäten mit den bereits schrittweise eingeführten Kernprozessen leisten diese Prozesse einen wesentlichen Teil der Entwicklungs- und Analysetätigkeiten. Die im Realtest erfolgreich umgesetzten Aspekte aus den Unterstützungsprozessen bilden in Summe die Basis für den Regelbetrieb.

Erklärtes Ziel ist es, den technischen Ablauf zu erfassen, um die Zuverlässigkeit und das Verständnis der Ansätze im Schwarmflug zu ermöglichen. Um die Möglichkeiten der wirtschaftlichen Umsetzung in die Betrachtung einzubeziehen, müssen zusätzliche Prozesse außerhalb des Modells in realen Umgebungen berücksichtigt werden. So werden in einem Modell, das viel stärker auf Organisationsstrukturen abzielt, als es die Untersuchungen leisten können, auch die Wirtschaftlichkeitsprüfung oder die Rechnungsstellung zu den unterstützenden Prozessen gehören.

4.4.1 Simulation

Die Simulation unterstützt Prozesse durch die Bereitstellung einer virtuellen Umgebung. Diese Unterstützungsfähigkeit wurde bereits im Konzeptabschnitt 3.2 ausführlich dargestellt. Eine Entwicklung der zugehörigen Simulationsumgebung ist in ihren Grundkomponenten bereits oberflächlich in Abbildung 4.12 sichtbar geworden. Anschließend wurde die Simulation von Drohnenflügen in der HIL-Umgebung zur Anbindung an die Flughardware beantragt. Als Ergebnis wurden virtuelle Flüge im Modell in kritischen Nahbereichen durchgeführt, um Kollisionen zu provozieren.

Ein weiterer Aspekt der Simulation ist die optionale grafische Ausgabe der Tests. Damit können Beobachtungen aus den Feldversuchen in die reine Softwareumgebung zurückgeführt werden und die Gruppe der Softwareentwickler erhält eine nachvollziehbare Rückmeldung über das Fluggeschehen. Damit kann die Simulation als eigenständiges Werkzeug für Systemtests eingesetzt werden. Neben besonders risikoreichen Szenarien können Standardszenarien und Koordinationswege wesentlich schneller getestet werden. Die Simulation kann für viele ähnliche Prozesse schnell angepasst und parallelisiert werden.

Eine solche Simulation kann als komplexes Experiment konzipiert werden, das das Konzept eines Gate Parcours weiterentwickelt. Ziel sollte es sein, alle Aspekte des Drohnen-Schwarmflugs zu integrieren. Dazu gehören die Kommunikation zwischen den Drohnen und der Bodenstation, die Lokalisierung aller Schwarmteilnehmer und das kooperative Verhalten bei gemeinsamen Aufgaben sowie die Überwindung von Hindernissen. Die Softwarekomponenten werden über Schnittstellen miteinander verbunden.

So kann die physikalische Umgebung in der Simulation Algorithmen für die Interaktion enthalten. Diese ermöglichen die Zusammenführung von Drohnen zu einem Schwarm. Die im Grundlagenteil diskutierten Strategien zur Kollisionsvermeidung können eingesetzt werden. Sie ermöglichen die Steuerung des mit ArduPilot realisierten Autopiloten. Dies bedeutet, dass die Adaptivität und Koordinationsfunktion der Bodenstation so angepasst werden muss, dass sie den Schwarm als Gruppe zusammenfassen kann.

Die Drohnenkoordination kann durch die grafische Darstellung der Simulationsumgebung die Experimente als virtuelle Realität visualisieren. In der Entwicklungsumgebung treten immer wieder komplexe Fragestellungen auf, die erst im Feldversuch sichtbar werden. In der agilen Entwicklung hat der Feldtest den Nachteil, dass der Aufwand für die Vor- und Nachbereitung zu groß ist, um nach jeder Änderung im Quellcode den Testprozess neu zu starten. Entsprechend können die Ergebnisse des Feldtests in die Entwicklung von Simulationsszenarien diffundieren.

Im konkreten Fall ist es aus zeitlichen, organisatorischen und umwelttechnischen Gründen nur begrenzt möglich, gezielte Feldtests durchzuführen. Softwaretechnische Änderungen sind an der Forschungsdrohne relativ einfach durchzuführen, erfordern aber immer einen zeitlichen Aufwand zur erneuten Kalibrierung des Systems. Umbauten sind nur mit erhöhtem Zeitaufwand möglich. In der Simulation hingegen müssen diese Komponenten weder beschafft noch mit handwerklichem Geschick an der Drohne montiert werden.

Für die Simulation des physikalischen Antriebs von Gazebo und des Trajektorienflugs im Schwarm sind Tests im virtuellen Testgebiet relevant. Das Testgebiet ist ein Bodenrelief, das visuell mit Barrieren und in virtuellen geografischen Umgebungen mit Geofences für die Schwarmkonfiguration begrenzt ist. Abbildung 4.19 zeigt ein Beispielgebiet für landwirtschaftliche Szenarien und die Kontrollstation. Die Barrieren bestehen aus verschiedenen Materialien mit unterschiedlicher Härte. Einige können überflogen werden, während der Zaun optional eine strikte Begrenzung darstellt. Die Oberfläche ist den weichen Eigenschaften von Gras nachempfunden. Ein Gebäudekomplex ermöglicht das Fliegen im Schatten.

Die virtuelle Umgebung ist in ein kartesisches Koordinatensystem eingebettet, so dass jeder Sensormesswert durch mathematische Berechnungen oder einen virtuellen Sollmesswert validiert werden kann. Rund um das Testfeld befinden sich ein Gebäude für Testflüge und einige Barrieren. Im Vordergrund befindet sich der Landeplatz für fünf Drohnen, die parallel in Trapezformation fliegen. Hauptbestandteil der Simulationsumgebung ist der Hindernisparcours, der aus verschiedenen Drohnentoren besteht. Diese befinden sich in unterschiedlichen Größen, Abständen und Höhen. Zwei dieser Tore sind zu Beginn klein und parallel, zwei höhere Tore liegen näher beieinander und am Ende steht nur noch ein Drohnentor.

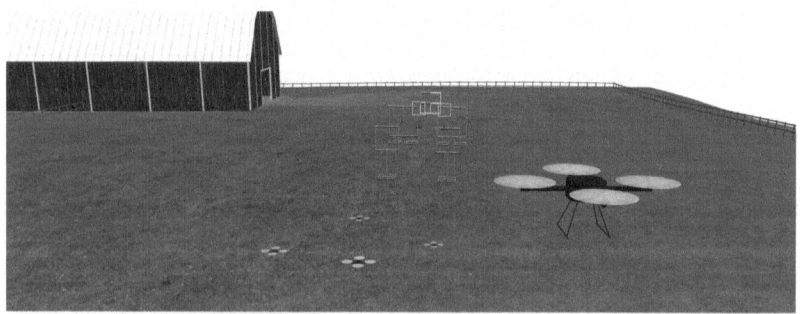

Abbildung 4.19 Grafische Darstellung der Simulationsumgebung

4.4 Unterstützungsprozesse

Zum besseren Verständnis ist der Parcours in der Abbildung 4.20 als Draufsicht mit den einzelnen Objekten skizziert. Der Aufbau des Hindernisparcours ermöglicht verschiedene adaptive Drohnenflüge. Im Sinne eines gemeinsamen Flugprozesses gibt es Bereiche für variable kleine Drohnenschwärme mit der Möglichkeit, Formationen zu bilden. Die Drohnen können nach Bedarf fliegen. Es ist auch möglich, in Gruppen zu fliegen, wenn die Entfernungen größer oder kleiner sind. Dasselbe ist für Flüge zur Erde möglich. Die Steuerungsalgorithmen müssen in der Lage sein, mit verschiedenen Toren von oben oder unten kontrolliert umzugehen. Es ist möglich, durch diese Tore oder über die aufgestellten Barrieren zu fliegen.

Auf diese Weise sind viele Testfälle enthalten, die Nebeneffekte anderer Drohnen auswerten. Dynamische Flüge mit Geschwindigkeitsänderungen sind durchführbar, um die Reaktion des Schwarms zu beobachten und die Broadcastnachrichten für Steuerbefehle zu überwachen. Ressourcen wie Bandbreitenverbrauch, Auslastung der Flugsteuerung, Zuverlässigkeit und ein provozierter Absturz werden untersucht. Möglichkeiten zur Überprüfung der Batteriekapazität und der Rotorleistung werden vorbereitet. Umwelteinflüsse sind zu berücksichtigen. Die Auswirkungen von Temperaturschwankungen und Windgeschwindigkeiten mit Böen werden berücksichtigt.

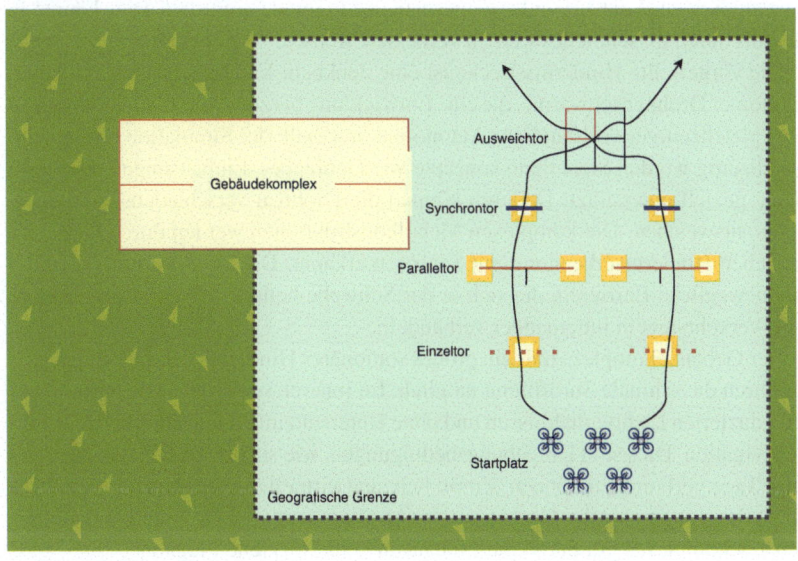

Abbildung 4.20 Simulationsparcours zur Schwarmkoordinierung

Im Beispielszenario sollen die insgesamt fünf Drohnen autonom in Trapezformation [5] starten und kooperativ den Parcours zur Koordinationsprüfung abfliegen. Dabei verlassen sie die Formation auf dem durch die beiden Pfeile gekennzeichneten Flugweg. Die Drohnen tasten sich zunächst schrittweise durch die Einzeltore, bzw. die mittlere Drohne der vorderen Reihe kann aus Effizienzgründen zwischen den Einzeltoren fliegen. Anschließend können die parallelen Tore im unteren Bereich von zwei Drohnen nebeneinander durchflogen werden. Die Drohnen können eine Linienformation [5] einnehmen. Die kleinen Synchrontore dienen der zeitlichen Synchronisation der Flugbewegungen. Die Drohnen sollen selbstständig mit den Nachbardrohnen kommunizieren und dann getaktet in einer Kettenformation durch die Tore navigieren. Am Ende werden die Formationen wieder aufgelöst, da im Ausweichgate eine Kollision mit der Nachbardrohne vermieden werden muss. Am Landeplatz angekommen, nimmt jede Drohne wieder ihren Platz im Trapez ein.

Um das kooperative Schwarmverhalten zu testen, wurde ein komplexer Parcours entwickelt. Die Drohnen sollen die gestellte Aufgabe in möglichst kurzer Zeit bewältigen und müssen dazu mit den benachbarten Drohnen die jeweiligen Positionen tauschen. Die Reihenfolge des Durchflugs wird untereinander ausgehandelt, wobei aufgrund der ungeraden Anzahl von fünf eingesetzten Drohnen eine Priorisierung notwendig ist. Je nach Definition der Aufgabenerfüllung im Regelwerk des Parcours wird die Erkundung alternativer Flugpfade gefördert. Dies könnte in Zukunft durch maschinelles Lernen verbessert werden.

Die vorgestellte Hindernisstrecke ist eine denkbare Variante für die Simulation autonomer Drohnenschwärme, die eine Entwicklung bis zum Automatisierungsgrad 5 bei gleichzeitiger vollständiger Autonomie innerhalb der Simulation ermöglicht. Gleichzeitig werden Sicherheitskonzepte wie Geofences, Einhausungen oder feste Zäune gezielt unterstützt. Dadurch können die Drohnen verschiedensten Hindernissen ausweichen. Die komplexen Metallkonstruktionen werden durch Gates zur statischen Hinderniserkennung mit Sensoren erkannt. Die Drohnen untereinander sind bewegliche Barrieren, die sich in der Schwebe befinden. So können sie ohne feste Verkehrsregeln miteinander verhandeln.

Der Gebäudekomplex stellt ein großes stationäres Hindernis dar. Der Zugang ist nur durch die schmale Toröffnung möglich. Im Inneren funktioniert die Ortung nur bei reduzierten Lichtverhältnissen und ohne Unterstützung durch simulierte Satellitennavigation. Dies sind Umgebungsbedingungen, wie sie in vielen Gebäuden oder unter Tage vorkommen können. Zusätzlich sind virtuelle Barrieren zu berücksichtigen. Die geographische Grenze soll nicht überwindbar sein. Nur innerhalb des Gebäudekomplexes gilt durch die Einhausung eine spezielle Flugzone.

4.4 Unterstützungsprozesse 165

4.4.2 Flugverkehr

Das Fluggeschehen im Luftraum kann für Drohnen im Freifeld über virtuelle Flugkorridore aufgespannt werden. Für die weitere Erprobung werden im Testfeld Sportplatz exemplarisch zwei Ansätze zur Generierung von Flugkorridoren diskutiert. Grundsätzlich handelt es sich dabei um dreidimensionale Geofences. Geofences sind in sich abgegrenzte Bereiche im Luftraum, deren Ein- und Ausflug unter definierten Bedingungen erfolgt.

Im Bereich komplexer Experimente handelt es sich zunächst um eine dreidimensionale, virtuelle Grenze, innerhalb derer jeglicher Flugverkehr beobachtet werden kann. Sie wird optisch in das photogrammetrische Modell des Flugplatzes integriert, wie es in der Abbildung 4.21 dargestellt ist. Dies geschieht über die Operator-ID, die jedes Flugzeug sendet und die von der Bodenstation überwacht werden kann. Ausgehend von den Koordinierungsplänen, die auf der rechts dargestellten mobilen Messstelle aufgebaut sind, können Flugzeiten erfasst und für die Einrichtung des Verkehrsmanagements verwendet werden. Diese Koordination kann Mechanismen zur zeitlichen oder räumlichen Reservierung, zur Abstandshaltung und zur Geschwindigkeitsanpassung umfassen. Der Schwerpunkt liegt auf der Überwachung des Schwarmverhaltens und der kontrollierten Bewältigung komplexer Situationen. Sie geht von einer Weiterentwicklung der im Abschnitt 3.4.2 vorgestellten lokalen Steuerungsmöglichkeiten des europäischen U-Space aus.

Abbildung 4.21 Flugkorridor für Komplexversuche und Verkehrsoptimierung

Der zweite diskutierte Ansatz umfasst die Vorgabe von Flugrouten durch die Konstruktion von Flugkorridoren als in sich geschlossene Luftstraßen. Diese werden exemplarisch als Kreuzung im Testbereich für die Erprobung der Verkehrssteuerung angelegt. Optisch ist dies in der Abbildung 4.22 integriert.

Die vorgeschlagene Breite von 2 Metern erlaubt es, ein oder zwei kleine Drohnen vom Typ Quadrocopter auf der Straße zu platzieren. Ebenso wird der Gegenverkehr mit automatischer Hinderniserkennung in die Verkehrssteuerung einbezogen. Im Kreuzungsbereich wurde als Grundregel das Rechtsfahrgebot in Kombination mit der Rechts-vor-Links-Regelung festgelegt. Durch die Kommunikation mit den Drohnen kann die Verkehrssteuerung davon abweichen und Vorfahrt gewähren.

Um die Komplexität für kleine Drohnen zu erhöhen, müssen alle bereits diskutierten Szenarien in Korridoren umgesetzt werden, damit die HIL-Umgebung von der Verkehrssteuerung profitieren kann. Hinzu kommen große Kreuzungen, wie sie im Abschnitt 2.3.2 anhand der Untersuchungssituation im amerikanischen Raum beschrieben wurden. Für europäische Städte sind unterschiedliche Radien für Kreisverkehre denkbar. Für die Verkehrssteuerung einer ganzen Umgebung könnten Straßenpläne aus OpenStreetMap integriert werden.

Abbildung 4.22 Kreuzungskorridore zur Identifizierung von Verkehrsregeln

4.4.3 Drohnenhardware

Die Analyse der eingesetzten UAV-Hardware hilft bei der Abschätzung der notwendigen Entwicklungsschritte für den Schwarmeinsatz. Sie unterstützt die analytische Bewertung von potenziell mit hoher Autonomie ausgestatteten Flugsystemen hinsichtlich ihrer Fähigkeiten zum gruppierten, kooperativen Einsatz im Schwarm. Da aus regulatorischen und technischen Gründen bis auf den Eventbereich nur sehr eingeschränkte industrielle Lösungen für den Schwarmbetrieb existieren, werden Entwicklungsschritte hin zum Schwarm erforscht. Für die HIL-Umgebung sind die Parameter der Drohnen relevant, um aussagekräftige Simulationsergebnisse für das spezifische Drohnenmodell zu erhalten.

Es wurde bereits in den umfangreichen Untersuchungen festgestellt, dass es sich bei Drohnen um sehr komplexe Systeme handelt, die konstruktionsbedingt sowohl leichte als auch robuste Konstruktionen in den Regelungssystemen erfordern. In dieser Arbeit werden aufgrund ihrer Wendigkeit und Flexibilität im Einsatz kleine Drohnen vom Typ Quadrocopter verwendet. Als reale Drohnen werden die CC 9 Drohnen von Cooper Copter und die Mavic 3 Enterprise Drohnen von DJI eingesetzt.

Als Vertreter der offenen PixHawk-Architektur steht das Drohnenmodell CC 9, Baujahr 2021, der Firma Cooper Copter zur Verfügung. Sie wurde im Rahmen des Projektes UPWARDS im Lausitzer Strukturwandel als Forschungsdrohne mit integrierter Plattform zur weiteren Spezialisierung gebaut. Sie kann mit eigens entwickelten Steuerungssystemen ausgestattet und in Konstruktion und Programmierung spezifisch angepasst werden. Im Gegensatz dazu bieten die DJI Mavic 3 Enterprise Drohnen vom Typ 3T EU und 3M EU mit Baujahr 2023 eine in sich geschlossene Ambrella-Architektur. Die Plattform der Mavic 3 Enterprise kann als Standardmodell für den industriellen Einsatz von kleinen Drohnen bis 1,2 Kilogramm angesehen werden.

Die Kerneigenschaften der Drohne wurden durch die Prüfung der Spezifikationen mit den Parametern Größe, Gewicht, Struktur, Flugdauer, Anzahl der Rotoren und maximale Nutzlast identifiziert. Diese Eigenschaften wurden so gewählt, dass sie in Modelle übertragen werden können. Auf diese Weise sind sie in der Lage, untereinander vergleichbare Ergebnisse zu generieren. Natürlich können Drohnen durch weitaus vielfältigere Attribute wie Materialeigenschaften oder die Form der Rotorblätter charakterisiert werden. Daraus ergeben sich unterschiedlich erweiterte bzw. eingeschränkte Möglichkeiten für die Schwarmentwicklung. Die Drohnentypen besitzen grundsätzlich unterschiedliche Fähigkeiten für die weitere Entwicklung. Gleichzeitig stellen sie Funktionen für die Zusammenstellung von Flugmissionen und die Generierung von Sensordaten zur Verfügung.

Die Abbildung 4.23 zeigt die Forschungsdrohne CC 9. Die Forschungsdrohne zeichnet sich durch den Kompromiss zwischen der notwendigen Gerätegröße, um eine Nutzlast von 900g zu erreichen, und der kompakten Bauform für den praktikablen Feldeinsatz aus. Sie ist vorteilhaft für die flexible Integration von Sensorik und Rechentechnik. Der Transport in einem handelsüblichen PKW ist für bis zu 5 Drohnen gewährleistet. Selbstverständlich inklusive Landeplattform, Kontrollraum und Wartungstisch. Das prototypische, kooperative Schwarmsystem mit Sensorplattform ist damit ähnlich transportabel wie die deutlich kleinere, weniger tragfähige Luminousbee-Drohne für den motivorientierten Schwarmflug im Eventbereich.

Abbildung 4.23 Forschungsdrohne Typ CC 9

Viel flexibler als bei geschlossenen, vollständig spezifizierten Systemen ist jedes Detail konfigurierbar. Jede Zeile des Programmcodes und die Hardwarespezifikationen sind verfügbar. Alle strukturellen Komponenten der Drohne bestehen aus hochwertigen Bauteilen aus dem Modellflugzeugbau. Die Motoren und Propeller, der integrierte Spannungswandler, der LiPo-Akku und die Aluminiumprofile sind handelsübliche Komponenten. Dies bedeutet, dass Ersatzteile verfügbar und die Eigenschaften der einzelnen Komponenten dokumentiert sind.

Die Abdeckhauben sind im Sinne von Industrie 4.0 im 3D-Druck reproduzierbare PLA-Elemente. Sie lassen sich durch 3D-Konstruktionen leicht in ihrer Form verändern, farblich anpassen und in verschiedenen Materialien drucken. Diese Abdeckungen bieten den integrierten Steuergeräten einen witterungsgerechten Schutz. Der Bauraum ist in seiner Entwicklungsfähigkeit völlig variabel. Ein Raspberry Pi kann als Companion Computer integriert werden. Die ausklappbaren Carbonfüße sind als Sollbruchstelle kostengünstig und schnell zu reparieren.

4.4 Unterstützungsprozesse

Bei leichteren Havarien ermöglicht dies eine Reparatur vor Ort, so dass risikoreichere Szenarien überhaupt regelmäßig getestet werden können. Bei schweren Havarien ist es möglich, eine oder mehrere Drohnen mit technischem Wissen und einigen Lötarbeiten innerhalb einer Woche vollständig zu rekonstruieren. Dabei werden viele Erkenntnisse über den Drohnenflug gewonnen und die in dieser Arbeit beschriebene Theorie über das Flugverhalten von Quadrokoptern praktisch umgesetzt.

Diese Tatsachen begünstigen die Entwicklung einer Sensorplattform für den Drohnenschwarm, trotz aller Einschränkungen durch die fehlende CE-Zertifizierung und eventuell schwieriger zu erlangender Sondergenehmigungen. Die Entwicklungstätigkeit kann sehr dynamisch und technisch tiefgehend ohne Medienbrüche und externe, produktpolitisch gefärbte Einflüsse erfolgen.

Voraussetzung ist die vollständige Verfügbarkeit aller Details, um von der reinen Simulation in die reale Entwicklung von Prozessen und neuen Hardwarekomponenten zu gelangen. Diese werden benötigt, um den Autonomiegrad für einzelne Aspekte des Flugverhaltens schrittweise von Level 3 auf Level 5 zu erhöhen.

Technisch bildet die integrierte PixHawk-Architektur des Flugreglers und der zugehörigen Module zur Kommunikation bzw. Lokalisierung die Basis für die maximale Breite der Entwicklungsmöglichkeiten. Strukturen an der Drohne können gezielt angepasst werden, um beispielsweise Kameramodule und Lidar-Sensorik zu integrieren. Es ist möglich, neuartige Systeme in die Middleware der Drohne zu integrieren und die Kommunikation parallel über mehrere Technologien zu realisieren. Für die Integration von UWB, Mobilfunk und Objekterkennung können projektspezifisch entwickelte Module über bestückte Leiterplatten genutzt werden.

Dieses für die Open-Source-Entwicklung von Drohnen konzipierte Ökosystem wurde bereits im Abschnitt 3.3 näher beschrieben und Ansätze zur Implementierung des Schwarmfluges diskutiert. Dabei wurde durchgängig die entsprechende Symbolik der Komponenten verwendet. In der Grundkonfiguration erfolgt die Lokalisierung über ein HERE-Modul und ermöglicht den Einsatz von RTK. Über die redundante Telemetrieausrüstung übergibt die Drohne den Zugang zur Kommunikation mit der Bodenstation und zusätzliche überschreibende Kommandos des verantwortlichen Fernpiloten.

Bei allen Möglichkeiten, die diese Drohnenhardware bietet, ist zu beachten, dass es sich nicht um eine out-of-the-box-Lösung handelt. Drohnenpiloten und Entwickler benötigen Flugerfahrung und die Fähigkeit, alle sicherheitsrelevanten Komponenten zu überwachen, ist unabdingbar. Die Forschungsdrohne bedarf weiterer Verbesserungen für das industrielle Umfeld.

Dafür ist sie voll schwarmtauglich. Eine beispielhafte Drohnenmission für den Einsatz von fünf CC 9 Drohnen auf einer landwirtschaftlichen Fläche von 80 ha zur

Erzeugung eines digitalen Zwillings wurde in [5] beschrieben. Die Kommunikation kann als Netzstruktur eine Schwarmarchitektur für die Sensorik schaffen, wie sie in [251] schrittweise entwickelt und detailliert dargestellt wurde.

In Tabelle 4.1 sind die Spezifikationen zur Übersicht zusammengefasst. Diese Eigenschaften können von diesem Unterstützungsprozess in die Simulation oder andere entwicklungsunterstützende Tests übertragen werden. Sie geben Aufschluss darüber wie die Ansteuerung der Drohne durch einen Piloten und die Bodenstation simultan umgesetzt werden kann.

Tabelle 4.1 Technische Daten Forschungsdrohne CC 9

Eigenschaft	Beschreibung
Diagonaldistanz der Motoren	463 mm
Höhe	300 mm
Anzahl der Motoren	4
Motormodell	KDE 2315XF-885
Maximale Leistung	355 W
Elektrische Geschwindigkeitsregelung	T-Motor F55 Pro II
Propellermodell	T-Motor MS1101
Propellermaterial	Carbonfaser + Polymer
Propellertyp	28,4 x 2,2 cm
Batteriespannung	4S / 14,8 V
Batteriegröße LxWxH	165 x 40 x 70 mm
Batterieverbindung	XT 60
Batteriekapazität	5 Ah
Maximale Traglast	2560 g
Maximale Gebrauchslast (inkl. Batterie)	1420 g
Maximale Nutzlast	900 g
Typisches Leergewicht	1330 g
Flugcontroller	Pixhawk Cube Orange
Flugmodi	Unterstützt, Stabilisiert, GNSS
Unterstützte Navigation	GPS, Galileo, GLONASS
Orientierungslicht	4 x 3 x 0,5 W, rot und weiß
Telemetrie	433 MHz für Basisstation, HERE Flow Sensor
Landegestell	ausfahrbar

4.4 Unterstützungsprozesse

Im Gegensatz zur soeben beschriebenen Entwicklungsdrohne mit ihren vielfältigen Möglichkeiten zur programmatischen Gestaltung des Schwarmsystems sind die Mavic 3T und die Mavic 3M Vertreter der gleichen Hardware-Plattform für Industriedrohnen. Sie ist in der Abbildung 4.24 als Mavic 3T EU dargestellt. Sie sind in allen Aspekten der Flughardware, der Steuerungssoftware in der Flugsteuerung und der Fernsteuerung vollständig entwickelt und technisch auf diesem Stand fixiert. Sie sind in der Europäischen Union CE-zertifiziert. Sie können in der Kategorie C2 geflogen werden, wenn die entsprechende vom Hersteller definierte Firmware und die Sicherheitspropeller des Typs DJI 8658F verwendet werden.

Abbildung 4.24 Industriedrohne Typ Mavic 3T EU und 3M EU

Die Drohnen sind ab Werk für visuelle Kamerasysteme konfiguriert. Die Thermaldrohne 3T verfügt über visuelle CMOS-Sensoren und Objektive für Aufnahmen im RGB- und Infrarotspektrum. Die Spezialkameras sind für den Weitwinkel- und Telebereich ausgelegt. Für die Landwirtschaft kann die 3M multispektrale Daten erfassen. Eine USB-C Schnittstelle bietet Platz für kleine Zusatzgeräte. Ein RTK-Modul für die präzise Vermessung und ein Lautsprecher für die Audioausgabe sind serienmäßig vorhanden. Eine dokumentierte Programmierschnittstelle und ein SDK ermöglichen in gewissem Umfang die Entwicklung eigener Module. Die spezifische konstruktive Anpassung der Drohne für die wissenschaftliche Algorithmenentwicklung ist deutlich reduziert. Es sollten keine konstruktiven Änderungen an der Drohne vorgenommen werden, da diese die Zertifizierung zerstören. Der Zugriff auf die Echtzeit-Telemetrie ist durch die Integration der Fernsteuerung in ein zusätzliches Wifi-Netzwerk eingeschränkt. Über die Fernsteuerung können über das installierte

Android-Betriebssystem eigene Apps installiert und zur Datenerfassung genutzt werden.

Der Fokus liegt auf einer robusten Datenerfassung mit ausgereifter Flugtechnik. Durch die kompakte Bauform, die selbstoptimierenden Akkus, die ausgereifte Fernbedienung und den organisierten Koffer ist der mobile Einsatz in kürzester Zeit gewährleistet. Nicht die Weiterentwicklung von Verfahren in der Luftfahrt, sondern die Anwendungsmöglichkeiten stehen im Vordergrund.

Diese sind aufgrund der eingebauten Komponenten sehr vielfältig. Für die RTK-Vermessung ist die Drohne ab Werk vorbereitet. Vermessungen im Außenbereich sind präzise, regelmäßig wiederholbar und unter widrigen Wetterbedingungen möglich. Für die Beobachtung von Objekten in bis zu 8 km Entfernung ist die Drohne gut gerüstet. Die Bedienung über die Fernsteuerung ist intuitiv, übersichtlich und ohne nennenswerte Latenzzeiten durchführbar.

Die Hardware-Software-Integration ist so ausgereift, dass die Drohne auch von Anfängern gesteuert werden kann. Die Assistenzsysteme ermöglichen die Durchführung von Drohnenflügen mit Grundkenntnissen der Luftfahrt. Die integrierte Hinderniserkennung wird durch verschiedene optische und akustische Sensoren rund um die Drohne realisiert. Abstände zu anderen Objekten können ermittelt werden.

Helligkeitsdetektoren vermeiden direkte Sonneneinstrahlung auf den Wärmebildsensor. Eine Vielzahl von beweglichen und festen Hindernissen kann automatisch erkannt werden. Diese können sich unter, neben oder über der Drohne befinden. Je nach Konfiguration kann die Drohne anhalten oder ein Hindernis wie z.B. einen Baum umfliegen.

Automatisierte Missionsplanungsprogramme ermöglichen die Berechnung der Auflösung und Genauigkeit der für die Kartierung erzeugten Bilder. Vordefinierte Routinen werden automatisiert ausgeführt, während der Fernpilot ständige Eingriffsmöglichkeiten besitzt. Die Klassifizierung kann in Automatisierungsstufe 3 erfolgen.

Für den Schwarmbetrieb werden zusätzliche Applikationen auf der Fernsteuerung benötigt, die die zur Verfügung stehenden Telemetriedaten und visuellen Datenströme weiterleiten können. Die Anpassungen erfolgen an passiven Stellen der Fernsteuerung, während die fliegende Drohne und die Steuerungssoftware grundsätzlich nicht verändert werden müssen.

Die Kommunikation der Drohne mit anderen Schwarmdrohnen kann daher nur indirekt über das Monitoring der Bodenstation erfolgen. Dazu muss eine Umsetzung der Telemetrie- und Steuersignale in das MAVLink-Protokoll mit den entsprechenden Datenpaketen erfolgen. Die Umsetzung der Missionsplanung kann durch Anflugpunkte vorbereitet werden, die dann über die Importfunktion in die

4.4 Unterstützungsprozesse

Flugsteuerung übertragen werden. Der Schwarmbetrieb bleibt auf der Ebene einer vordefinierten Drohnenchoreographie, wie sie im Eventbereich anzutreffen ist. Zusammenfassend steht eine sehr ausgereifte Drohne für den industriellen Einsatz zur Verfügung. Sie deckt durch die bereits integrierten Kamerasysteme in kompakter Bauform außerordentlich viele Anwendungsfälle im Drohneneinzelbetrieb ab. Für den Einsatz im Schwarm ist ein Eingriff in die Kommunikation der Fernsteuerung notwendig. Eine flexible Maschenkommunikation ist ohne Unterstützung des Herstellers nicht möglich. Die Entwicklung im HIL-Umfeld ist in der Tiefe nicht möglich. Die Tabelle 4.2 enthält viele Details zur Erstellung eines digitalen Modells der Drohne.

Tabelle 4.2 Technische Daten der Mavic 3T EU und 3M EU

Eigenschaft	Beschreibung
Diagonaldistanz der Motoren	380 mm
Höhe	108 mm
Anzahl der Motoren	4
Motormodell	DJI 2008
Propellermodell	DJI 8658F CW oder DJI 9453F
Propellermaterial	Carbonfaser + Polymer
Propellertyp	23,9 x 13,5 cm cm
Batteriespannung	4S / 15,4 V
Batteriegröße LxWxH	122 x 40 x 40 mm
Batterieverbindung	8 PIN Verschluss
Batteriekapazität	5 Ah
Maximale Traglast	130 g
Maximale Gebrauchslast (inkl. Batterie)	1050 g
Maximale Nutzlast	710 g
Typisches Leergewicht	580 g
Flugcontroller	Ambrella CV5 SoC
Flugmodi	Langsam, Normal, Sport
Unterstützte Navigation	GPS, Galileo, BeiDou, GLONASS
Orientierungslicht	RGB-LED
Telemetrie	2,4 und 5 GHz, O3 Transmissionsystem
Landegestell	statisch

4.4.4 Auswertung

Die Auswertung der Daten kann durch verschiedene unterstützende Prozesse erfolgen. Die in Echtzeit gewonnenen Flugdaten und Telemetrieinformationen werden in großer Menge in den Drohnen gespeichert und parallel zur Bodenstation übertragen. Dort werden die Daten ebenfalls vollständig protokolliert. Aufgrund der hohen Datenmenge kann ein Fernpilot nicht jeden einzelnen Messwert auswerten und ist darauf angewiesen, diese Datensätze für die Einschätzung des Systemzustandes aufbereitet zu erhalten.

Dies bedeutet in gewisser Weise eine vereinfachte Auswertung der Daten in Echtzeit. Überflüssige Informationen müssen aus der Anzeige herausgefiltert und wichtige Parameter gezielt und schnell erfassbar dargestellt werden. Dies bedeutet den Einsatz verschiedener Diagramme und die Darstellung über eine vertraute, intuitiv verständliche Instrumentenansicht.

Auch die Auswertung der Daten muss durch nachgelagerte Filterung einen maximalen Detaillierungsgrad ermöglichen. Das Ergebnis ist eine Gesamtansicht mit maximalem Detaillierungsgrad. Diese muss sowohl während des Fluges als auch im Havariefall aus dem Flugschreiber unter widrigsten Bedingungen aus dem Telemetrieprotokoll generiert werden können. Diese Vorgehensweise ist in Analogie zur bisherigen Vorgehensweise in der bemannten Luftfahrt zu verstehen.

Im Rahmen der Entwicklung von Drohnen für den Schwarmflug werden, unabhängig davon, ob man von einer reinen Simulation, der HIL-Umgebung oder realen Feldversuchen ausgeht, komplexe Daten von enormem Umfang erfasst. Diese können vom Fernpiloten nicht vollständig in Echtzeit überblickt werden. Der Entwicklungsansatz ist vielmehr darauf ausgerichtet, möglichst viele potenziell relevante Daten zu erfassen. Die Relevanz der Datenaussagen kann bei Bedarf schrittweise durch Clustering-Methoden und mit Hilfe von Big-Data-Analysen überprüft werden.

In jedem Fall sollte während der Entwicklung eines UAV-Systems ein möglichst kontinuierliches und umfassendes Analysematerial gesammelt werden. Denn es kann schwierig sein, die Daten in den Kontext der einzelnen Entwicklungsschritte einer Drohne zu stellen. Sie werden für die Anwendung von Analysemodellen und maschinellem Lernen für eine vorausschauende, in sich konsistente Hardwareintegration mit den Softwaremodulen benötigt. Durchgängigkeit bedeutet, die in den Drohnen integrierten Komponenten, die als Kontrollraum agierende Bodenstation und den Fernpiloten ganzheitlich mit den Steuerungsbeziehungen der Schwarmakteure zu nutzen. Für die Durchführung von praktischen Testflügen und der Entwicklung eines für den Schwarmflug geeigneten Drohnensystems, ist die kontinuierliche Datenauswertung von besonderer Bedeutung.

4.4 Unterstützungsprozesse

Während der Durchführung des Testfluges war aufgrund des starken Höhenverlustes innerhalb weniger Sekunden nicht ersichtlich, warum die Drohne abgestürzt ist. Da der verwendete Flugcontroller aufgrund der PixHawk-Architektur und der verwendeten Flugcontroller-Steuerung ArduPilot über die Funktion verfügt, alle Telemetriedaten als eine Art Flugschreiber kontinuierlich aufzuzeichnen, können die Daten nach jedem Einsatz ausgelesen werden.

Ein Ergebnis ist in der Abbildung 4.25 über die Auswertung des Höhenmessers zu sehen. Die horizontale Achse trägt die Zeit in Minuten und Sekunden, während die vertikale Achse die Flughöhe in Metern angibt. Bei einem Absturz ist die abrupte Höhenänderung nach unten während des Absturzes zu sehen. Dieser wurde während des Testfluges bei näherer Betrachtung des leicht beschädigten Drohnenkörpers offensichtlich durch eine fehlerhafte Verbindungshalterung des XT60-Adapters an der Batterie ausgelöst.

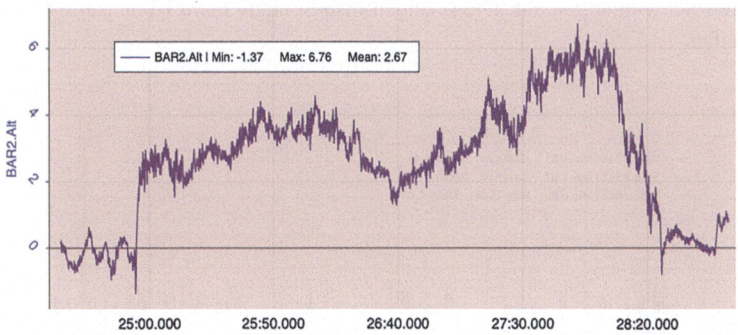

Abbildung 4.25 Schlagartiger Höhenänderung

Die Logdaten zeigen, wie die Drohne nach einem ansonsten fehlerfreien Flugverlauf in Minute 25 der Mission zunächst auf drei Meter absinkt. Danach sinkt die Drohne programmgemäß auf zwei Meter ab und steigt auf eine Höhe von fünf Metern. Danach erfolgt in sehr kurzer Zeit eine Abnahme der Flughöhe mit leichten Ausreißern. Dieser starke Abfall führt schließlich zum Absturz der Drohne in Bodennähe. Der durch den Absturz ausgelöste Ausfall der Spannungsversorgung führt zu einem abrupten Ausfall der Telemetriedaten der Flughöhe. Durch den Ausfall der Spannungsversorgung hat die Drohne vor dem Absturz kurzzeitig versucht, eine Return-to-Home-Routine auszulösen. Dies ist in den Logdaten durch den Wechsel des Flugmodus sichtbar und im Höhendiagramm durch den Beginn des Aufstiegs bei 27 Minuten und 30 Sekunden erkennbar. Es wurde eine typische Anomalie erkannt, die zu einem Absturz führen kann. In Simulationen werden solche Kurven gezielt herbeigeführt, im Feldversuch sollten sie vermieden werden.

Der unkontrollierte Absturz einer Drohne ist das Worst-Case-Szenario bei der Entwicklung von Drohnentechnologie. Er muss unter allen Umständen vermieden werden und zieht eine umfangreiche Analyse der Datenprotokolle nach sich. Es muss geklärt werden, wie es zum Absturz der Drohne kommen konnte und was die Ursache dafür war. Im Fall des gelösten XT60-Steckers stellt sich die Frage, wie genau sich das XT60-Kabel gelöst hat. Denn diese Schnittstelle gilt im Modellbau beim Bau von Booten, Fahrzeugen und Flugzeugen als sehr zuverlässig und aufgrund der robusten Stecker als normgerecht.

In der Abbildung 4.26 ist ein Datenlog des Vibrationsverhaltens der eingebauten Gyroskope in X-, Y- und Z-Richtung dargestellt. Zunächst ist ein normaler Flugbetrieb mit Einflüssen der Propellersteuerung zum Ausgleich leichter Winde dargestellt. Gleichzeitig treten am Ende der Darstellung durch die Drehbewegung der Rotoren Schwingungen auf. Diese zeigen insbesondere beim Höhenverlust starke Ausreißer.

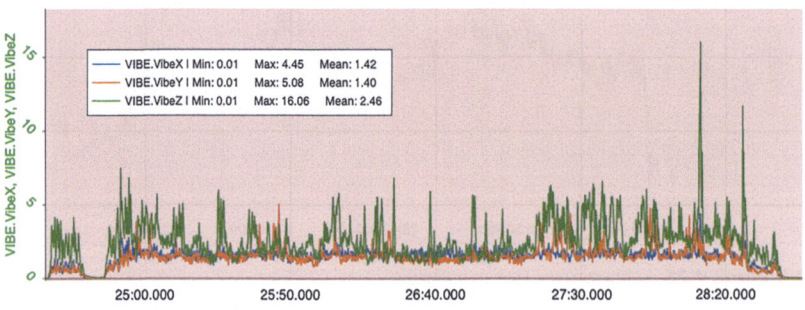

Abbildung 4.26 Zunahme Vibrationensverhalten

Daraus konnte die Schlussfolgerung gezogen werden, dass es einen Einfluss zwischen dem Vibrationsverhalten und der XT60-Verbindung gibt. Zwischen dem LiPo-Akkumulator und dem Spannungsregler der Drohne befindet sich nämlich ein speziell in das Gehäuse eingepasstes rechtwinkliges Verbindungsstück. Dieser soll den zur Verfügung stehenden Bauraum optimal ausnutzen und gleichzeitig die Verbindung an der Unterseite der Drohne vor äußeren Witterungseinflüssen schützen.

4.4 Unterstützungsprozesse

Bei näherer Betrachtung dieses Steckverbinders wurde festgestellt, dass der Stecker nicht bündig mit dem Kabel des LiPo-Akkus abschließen kann. Das bedeutet, dass die Fertigungstoleranz bei der Bestückung dieses Steckers zu hoch angesetzt wurde. Durch Vibrationen kann sich das Kabel innerhalb einer halben Stunde aus der Steckverbindung lösen. Dies geschieht bei leichten bis mittleren Windböen an der Drohne nach ca. 30 Minuten. Das Problem konnte durch einen zusätzlichen Zugentlastungsadapter mit entsprechender Ausführung der Steckverbindung gelöst werden. Alternativ wurde ein Austausch der Anschlüsse an der Drohne sowie der Akkus in Erwägung gezogen. Die Verwendung von XT60-Steckverbindern mit höherer Fertigungsgenauigkeit durch den Einsatz von 3D-Druck und zusätzlichen in die Stecker integrierten Haltehaken erscheint nach marktverfügbaren Standards möglich.

Neben der reinen Entwicklung der Drohnen ist eine gezielte Auswertung der gesammelten Daten notwendig. Bei der Durchführung von rein beobachtenden Flugmissionen können die visuellen Aufnahmen in Echtzeit durch den Fernpiloten mittels Sachkenntnis ausgewertet werden. So können Wildtiere anhand ihrer Bewegungsmuster durch Erfahrungswerte erkannt werden. Einem automatisierten Flug zur Beobachtung großer Flächen sollte der Vorzug gegeben werden, um personelle Kapazitäten effizient einzusetzen und keine Details durch fehlgeleitete Fokussierung auf Randbereiche zu verlieren.

Für die digitale Landwirtschaft sind andere Ansätze erforderlich, da große Flächen über 10 ha nicht manuell beflogen werden sollten. Vielmehr steht die Erzeugung qualitativ hochwertiger, zusammenhängender Karten im Vordergrund. Dieser Ansatz setzt eine weitgehend automatisierte, iterative Befliegung der zu untersuchenden Felder und Flächen voraus. Die Vorgehensweise zur Generierung der Flugpfade und zur einheitlichen Datenerfassung wurde bereits mit den Prinzipien der Missionsplanung im Abschnitt 2.3.1 beschrieben.

Nach Abschluss der Flugoperationen können die gewonnenen Daten weiterverarbeitet werden. Dabei werden alle Datensätze nach der Bewegungsrichtung der Drohne sortiert und anschließend schrittweise aus der Flugbewegung übereinstimmende Strukturen mittels maschinellen Lernens identifiziert, gefiltert und in eine texturierte Punktwolke überführt. Das Ergebnis ist ein Orthofoto und eine 3D-Punktwolke [252]. Abbildung 4.27 zeigt die Verarbeitungskette im ODM.

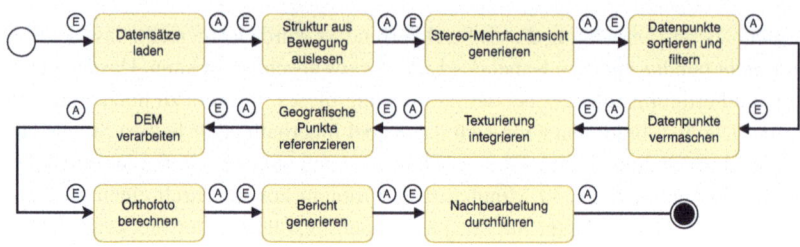

Abbildung 4.27 Rendering Verarbeitungskette ODM [253]

Exemplarisch wurde eine Vermessung mit 551 georeferenzierten Fotos des Sportgeländes durchgeführt. Als Ergebnis konnten eine 3D-Punktwolke, ein digitales Geländemodell und ein Orthofoto generiert werden. Das Foto wurde bereits zur Strukturierung der Testszenarien verwendet. Im ersten Schritt wurden alle Bilder in die Geländestruktur in Abbildung 4.28 eingefügt. Die Drohne flog von rechts oben nach rechts unten. Jedes Bild enthält die Flughöhe und eine GPS-Position in RTK-Qualität. Bei der Fusion wurde die Ähnlichkeit der Pixel zu ihren Nachbarn bestimmt, so dass die Datenreihe Trainingsdaten für multiperspektivische Punkte liefert.

Besteht eine hohe Pixelähnlichkeit zwischen mindestens zwei Punkten, so handelt es sich um einen Match. Diese Matches werden in einer Kette von bis zu 10 aufeinanderfolgenden Punkten identifiziert. Damit ist ein Objekt in mehreren Bildern als solches identifiziert und steht für die weitere Verarbeitung aus mehreren Perspektiven zur Verfügung. Besonders viele Übereinstimmungen über sehr viele Bilder gibt es bei homogenen, großen Strukturen. Mit über 2500 Gemeinsamkeiten pro Bild wird dies besonders beim sandigen Untergrund des Volleyballfeldes deutlich. Im Bereich der Sporthalle rechts unten ist auch das Dach der Sporthalle ähnlich. Hervorzuheben ist die geringere Ausleuchtung in den Randbereichen, bedingt durch die geringere Bildmenge und die unterschiedlichen Strukturen der Bäume.

4.4 Unterstützungsprozesse

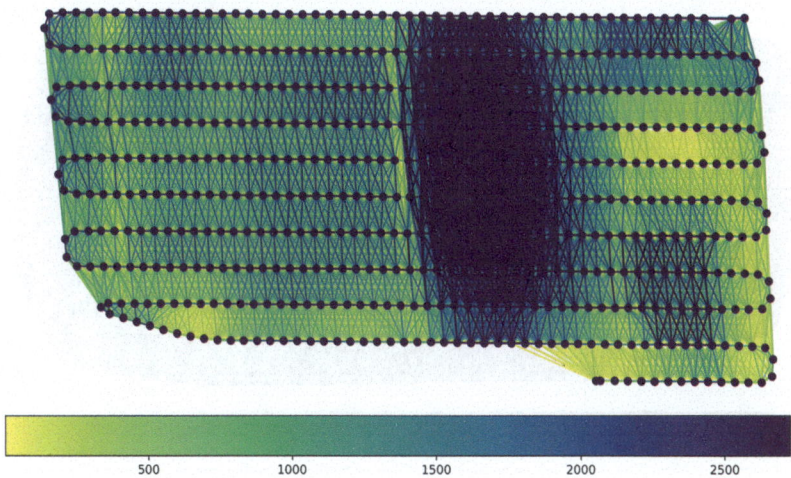

Abbildung 4.28 Anzahl Gemeinsamkeiten zwischen Bildern

Die Datenpunkte wurden also bereits gruppiert und miteinander vermascht. Nach der Integration der Texturen in die gemeinsame Datenstruktur wurden die geographischen Punkte referenziert. Das heißt, sie wurden einer definierten, lokalen Position im Modell zugeordnet und in Abhängigkeit der voneinander abgetragenen Distanzen räumlich referenziert dargestellt. Im Ergebnis wird über das trainierte KI-Modell eine digitale Oberfläche erzeugt, so dass verschiedenen Objekten Höhenunterschiede zugeordnet werden können.

Aus den geographischen Merkmalen in den geolokalisierten Metadaten wurde somit eine 3D-Punktwolke zur Erzeugung eines digitales Geländemodell (DEM). Dieses ermöglicht, wie in der Abbildung 4.29 gezeigt, eine präzise Strukturanalyse nach verschiedenen Höhen. Die Vertiefung des Sportplatzes kann ebenso erkannt werden wie die genaue Höhe des Baumbewuchses. Die Gesamtmessung eines Pakets von mehreren Datensätzen führte vom digitalen Orthofoto zum photogrammetrisch erzeugten 3D-Modell des Testgebietes Sportplatz.

Durch ein an die Pflanzenmerkmale angepasstes Training der Daten ist es möglich, die Pflanzen auf einem Feld nicht nur anhand des Geländereliefs, sondern auch anhand ihrer äußeren Merkmale zu identifizieren. Die Datensätze können als maschinenlesbares Modell über die enthaltenen Metadaten sowohl in die Simulation als auch in die realen Versuche einfließen.

Abbildung 4.29 Höhenklassifizierung im digitalen Geländemodell

4.4.5 Formationsbildung

Um Drohnen im Schwarm kooperative Aufgaben ausführen zu lassen, bietet sich die gezielte Strukturierung in Flugformationen an. Auf diese Weise kann jede beteiligte Drohne spezialisierte Aufgaben übernehmen und ihre Positionierung im bewegten Fluggeschehen gilt als festgelegt. Die Formationen können dabei flexibel zusammengestellte Figuren darstellen. Die wichtigsten Grundformationen sind in Abbildung 4.30 zusammengefasst.

In Abschnitt 3.3.6 wurde gezeigt, dass sich durch die Kombination mehrerer Drohnen virtuelle Sensoren zusammenstellen lassen, so dass z.B. in der Landwirtschaft hochauflösende Messungen verschiedener Spektren durchgeführt werden können. Die Durchführung einer solchen Mission für ein 80 Hektar großes landwirtschaftliches Feld wurde in [5] unter Berücksichtigung der Vorteile einzelner Formationen zur energieeffizienten Aufgabenerfüllung untersucht.

4.4 Unterstützungsprozesse

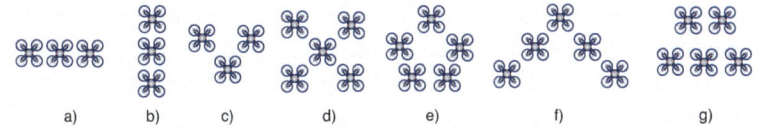

Abbildung 4.30 a) Reihe, b) Kette, c) Dreieck, d) Kreuz, e) Kreis, f) Pyramide, g) Trapez [5]

Die Formationsbildung erfordert eine Koordination der Drohnen. Dazu gibt es verschiedene Ansätze, die im Abschnitt 2.2.2 vorgestellt wurden. Ein Bestandteil der Koordination ist die Kommunikation zwischen benachbarten Drohnen, da durch kurze Signallaufzeiten Positionsdaten ausgetauscht werden können. Eine solche Technologie wurde mit UWB für die Nahbereichskommunikation vorgestellt.

Sie wird im Folgenden exemplarisch in den Laboraufbau integriert, um zu zeigen, welche Softwareanpassungen für die Formationsbildung sinnvoll sind. Dazu wird die in Abbildung 4.31 dargestellte UWM-Kommunikation zwischen Drohne und Bodenstation verwendet. Die Entfernungsmessung zwischen den Drohnen erfolgt über ein Paar 3,5–6,5 GHz UWB-Transceiver DW1000 von Qorvo und je einem STM32-M4-Board zur Echtzeitübertragung. Weitere Komponenten des HIL-Aufbaus sind die Ardupilot-Middleware, zwei PixHawk-Flugcontroller vom Typ OrangeCube, zwei paarweise eingesetzte Holybro-433-MHz-Telemetriefunkgeräte und QGroundControl als Bodenstationssoftware zur Datenerfassung. Für die Kommunikation zwischen allen eingesetzten Komponenten wird das MAVLink Protokoll verwendet. Es dient zur Steuerung der Entfernungsmessung über das M4-Board.

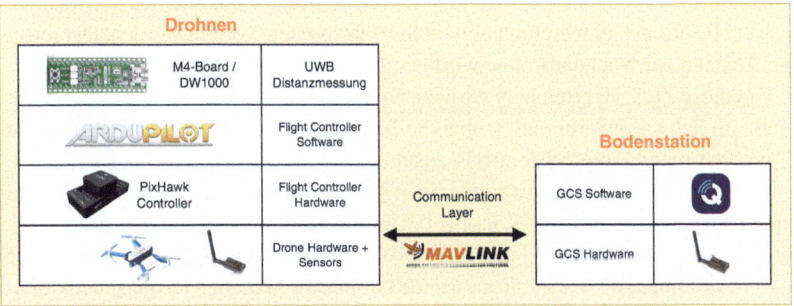

Abbildung 4.31 UWB-Kommunikation zwischen Drohne und Bodenstation

Der Aufbau eines Pakets im MAVLink-Protokoll ist in Abbildung 4.32 dargestellt. Die ersten elf Bytes sind für den Header reserviert und definieren die Eigenschaften des gesendeten Paketes. Neben mehreren protokollspezifischen Markierungen für das gezielte Routing sind Metadaten im Paket-Header enthalten. Zusätzlich enthält das gesendete Paket eine Sequenznummer, eine System-ID für den Schwarmteilnehmer und eine Komponenten-ID für die jeweils installierten Subsysteme. Die Bodenstation als Empfänger und alle UAVs mit ihren jeweils vorhandenen lokalen Komponenten können auf diese Weise gezielt adressiert werden.

Die 255 Bytes der Payload können für eine Vielzahl von spezifischen, vordefinierten Nachrichten verwendet werden. Die Prüfsumme und eine optionale Signatur erlauben die Sicherstellung der vollständigen Übertragung unter dem Aspekt der gesicherten Integrität der übertragenen Daten. Eine Verschlüsselung ist derzeit aus Gründen der Übertragungsleistung nicht spezifiziert.

STX	LEN	INC FLAGS	CMP FLAGS	SEQ	SYS ID	COMP ID	MSG ID (3 bytes)	PAYLOAD (0 - 255 bytes)	CHECKSUM (2 bytes)	SIGNATURE (13 bytes)

Abbildung 4.32 MAVLink v2 Datenpaket mit variabler Payload (Bytes 11–279) [206]

Innerhalb dieses MAVLink-Datenrahmens können Änderungen am Paketinhalt durch Erweiterung des Protokolls vorgenommen werden. Dazu besteht der Übersetzer von MAVLink aus einer Vielzahl unterschiedlicher Dialekte. Diese sind spezifisch für die verwendeten Flugregler und deren verwendete Sensorik. Da es sich um eine vollständige OpenSource-Umgebung handelt, besteht die Möglichkeit, eigene Dialekte zu definieren. Für den Schwarmansatz sind mehrere Erweiterungen in einem angepassten Dialekt notwendig. Die Synchronisation, alle Schwarmteilnehmer und Positionsparameter müssen im Schwarmsystem verteilt werden. Der jeweilige Abstand zur Nachbardrohne wird gemessen und per UWB übertragen.

Um diese Ziele zu erreichen, wird zur Synchronisation eine gemeinsame Zeitreferenz im Schwarm verbreitet, wobei die Basisstation als Masterclock definiert ist. Es werden regelmäßig System-IDs zusammen mit der festgelegten, positionsgebenden UAV-ID aller im Schwarm aktiven Teilnehmer gesendet und die Anzahl der aktuell fliegenden UAVs im Konsens bestimmt. Konfigurationsinformationen wie die maximale und minimale gemessene Distanz und die Messfrequenz werden übertragen. Anschließend sendet die messende Drohne die aktuellen Distanzen inklusive einer Varianz zur besseren Abschätzung der Datenqualität an die Nachbardrohnen.

Mehrere paarweise übertragene UWB-Distanzen können die Orientierungsfähigkeit verbessern. Zur aktiven Kollisionsvermeidung können die Flugrichtung und die

4.4 Unterstützungsprozesse

Koordinaten der Drohnenposition im kartesischen Raum übertragen werden. Dieser Rahmen kann alternativ zur Verkehrssteuerung im dreidimensionalen Raum durch die Bodenstation sowie zur Koordination eingesetzt werden. Der um die Schwarmfähigkeit erweiterte Dialekt von MAVLink für die UWB-Distanzübertragung und die Übertragung der Details aller Drohnen wird in Abbildung 4.33 als XML-Message gezeigt.

```
1  <?xml version="1.0"?>
2  <mavlink>
3    <messages>
4      <message id="43000" name="DRONE_LIST">
5        <description>List of all drones on duty in the swarm.</description>
6        <field type="uint32_t" name="time_boot_ms" units="ms">Timestamp (time since system boot).</field>
7        <field type="uint8_t" name="number_drones_on_duty">Number of flying Drones</field>
8        <field type="uint8_t" name="id_drone_1">System ID</field>
9        <field type="uint8_t" name="id_drone_2">System ID</field>
10       <field type="uint8_t" name="id_drone_3">System ID</field>
11       <field type="uint8_t" name="id_drone_4">System ID</field>
12       <field type="uint8_t" name="id_drone_5">System ID</field>
13     </message>
14     <message id="43001" name="UWB_config">
15       <description>Essential configurations of UWB distance measurement system</description>
16       <field type="uint32_t" name="time_boot_ms" units="ms">Timestamp (time since system boot).</field>
17       <field type="float" name="min_distance" units="mm">Minimum distance the sensor can measure</field>
18       <field type="float" name="max_distance" units="mm">Maximum distance the sensor can measure</field>
19       <field type="uint32_t" name="measurement_period" units="ms">Period of UWB distance measurements</field>
20     </message>
21     <message id="43002" name="UWB_DISTANCE">
22       <description>Distance information measured by the IR-UWB sensors.</description>
23       <field type="uint32_t" name="time_boot_ms" units="ms">Timestamp (time since system boot).</field>
24       <field type="uint8_t" name="target_drone_id">System ID</field>
25       <field type="float" name="var_1" units="mm^2">Variance of current distance reading of sensor 1</field>
26       <field type="float" name="var_2" units="mm^2">Variance of current distance reading of sensor 2</field>
27       <field type="float" name="current_distance_1" units="mm">Current distance reading of sensor 1</field>
28       <field type="float" name="current_distance_2" units="mm">Current distance reading of sensor 2</field>
29     </message>
30     <message id="43003" name="UWB_AGC_ASSIST">
31       <description>Estimated position of near flying drones to assist AGC process in both UWB sensors on-board.</description>
32       <field type="uint32_t" name="time_boot_ms" units="ms">Timestamp (time since system boot).</field>
33       <field type="uint8_t" name="target_drone_id">System ID</field>
34       <field type="uint8_t" name="direction" enum="MAV_FRAME">Coordinate frame</field>
35       <field type="float" name="px" units="mm">x position / Latitude 1</field>
36       <field type="float" name="py" units="mm">y position / Longitude 1</field>
37       <field type="float" name="pz" units="mm">z position / Altitude 1</field>
38     </message>
39   </messages>
40 </mavlink>
```

Abbildung 4.33 MAVLink-Message zur Ansteuerung mehrerer Drohnen

Mit der XML-Beschreibung kann eine schwarmfähige Erweiterung des Dialektes in MAVLink kompiliert werden. Damit nun die Drohnen untereinander diese Pakete verarbeiten können, wird Ardupilot um diese abwärtskompatible MAVLink-Variante erweitert und auf die Pixhawk-Flugcontroller übertragen. Um QGround-Control als Bodenstation nutzen zu können, geschieht dasselbe in einer Entwicklerversion der Software. Die UWB-Kommunikation zwischen den Drohnen im Schwarm und die Steuerung der Bodenstation über die Telemetrie ist in Abbildung 4.34 skizziert.

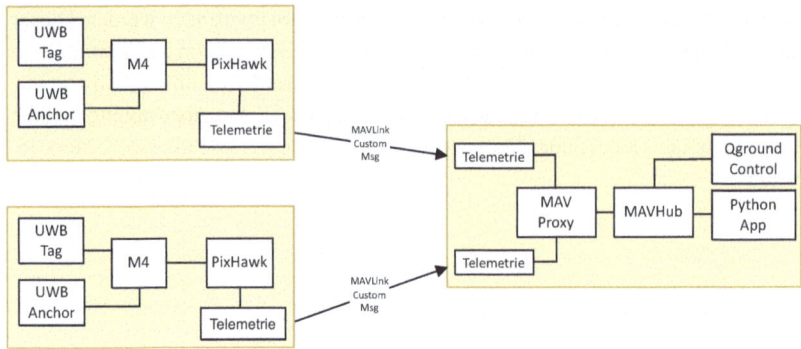

Abbildung 4.34 HIL Komponenten im UWB-Testaufbau

Die praktische Umsetzung unter Laborbedingungen ist in Abbildung 4.35 dargestellt. Die Flugregler der Drohnen sind frei beweglich. Die Entfernungen der UWB-Transceiver können dezentral in den Flugschreibern und in der Bedienoberfläche der Bodenstation protokolliert werden.

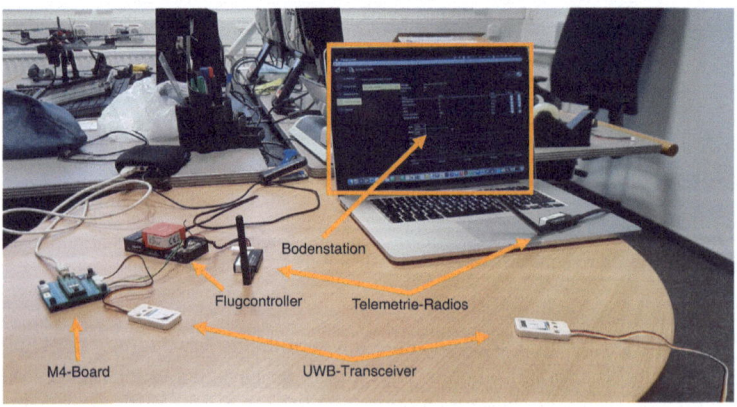

Abbildung 4.35 UWB-Testaufbau

Die in der Bodenstation QGroundControl verwendete Messschnittstelle ist in Abbildung 4.36 dargestellt. Dort ist die MAVLink-Nachricht zur Übertragung der UWB-Distanzen in das System 6 dargestellt. System 6 steht hier für das STM32-

4.4 Unterstützungsprozesse

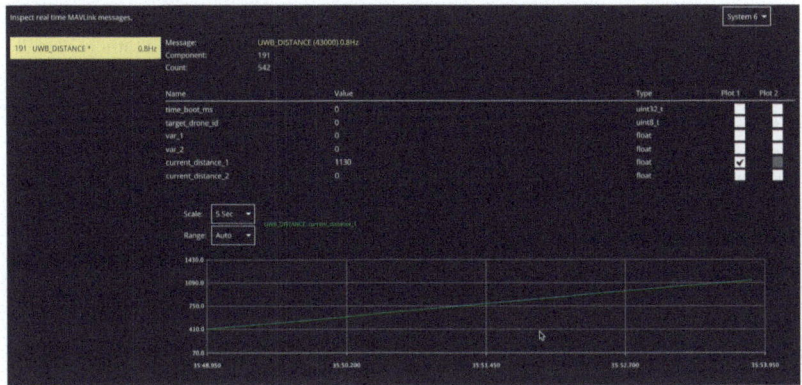

Abbildung 4.36 UWB-Messinterface

M4-Board als Companion-Computer. Die Distanzmessung kann mit einer Frequenz von 0,8 Hz an die Bodenstation übertragen werden. Die Komponenten-ID wurde auf 191 gesetzt, so dass bei der Datenauswertung einer großen Menge von Distanzparametern gezielt eine UWB-Strecke als Dateneingang verwendet werden kann.

Die aktuell gemessene Distanz wird mit $1130 mm$ angegeben und liegt zum Zeitpunkt der Bildschirmaufnahme unter dem ermittelten Grenzwert von 2,5 m für die CC 9 Drohne. Dies bedeutet, dass eine Drohne im Schwarm eine Kollisionsvermeidungsroutine auslösen sollte. In der unten dargestellten Grafik wurden die gemessenen Entfernungswerte in einem Zeitintervall von 5 Sekunden aufgetragen. Während der vier Intervalle vergrößerte sich der Abstand zwischen den beiden UWB-Transceivern durch die Bewegung der Labordrohne von $410 mm$ auf $1130 mm$.

Die gesammelten Daten und der gezeigte Aufbau können als Grundlage für die Formationsbildung in eine Drohne integriert werden. Der Unterstützungsprozess der Formationsbildung generiert somit Outputs in die Kernprozesse des HIL-Tests und des Feldtests gleichermaßen. Durch die Bekanntgabe der Drohnen-IDs und der Drohnenpositionen kann das Verkehrsmanagement und die Beobachtungsleistung der Drohnen im Schwarm unterstützt werden.

Open Access Dieses Kapitel wird unter der Creative Commons Namensnennung 4.0 International Lizenz (http://creativecommons.org/licenses/by/4.0/deed.de) veröffentlicht, welche die Nutzung, Vervielfältigung, Bearbeitung, Verbreitung und Wiedergabe in jeglichem Medium und Format erlaubt, sofern Sie den/die ursprünglichen Autor(en) und die Quelle ordnungsgemäß nennen, einen Link zur Creative Commons Lizenz beifügen und angeben, ob Änderungen vorgenommen wurden.

Die in diesem Kapitel enthaltenen Bilder und sonstiges Drittmaterial unterliegen ebenfalls der genannten Creative Commons Lizenz, sofern sich aus der Abbildungslegende nichts anderes ergibt. Sofern das betreffende Material nicht unter der genannten Creative Commons Lizenz steht und die betreffende Handlung nicht nach gesetzlichen Vorschriften erlaubt ist, ist für die oben aufgeführten Weiterverwendungen des Materials die Einwilligung des jeweiligen Rechteinhabers einzuholen.

Diskussion und Ausblick 5

In den vorangegangenen Kapiteln haben wir viele Methoden und Ansätze kennengelernt, welche die umfassende Missionsplanung als vermittelnde Disziplin zwischen Hardwareintegration, Softwareentwicklung und Systeminteraktion mit dem Fernpiloten verankern. Auf diese Weise legt sie den Grundstein für die Entwicklung von im Schwarm gruppierten Systemen für den Drohnenflug. Neue Technologien können durch die Methodik der parallelen Systemintegration und der bedarfsgerechten Integration von Unterstützungsprozessen in Drohnen integriert werden. Dies ist in Abbildung 5.1 skizziert.

Neue Drohnentypen können aus Standardkomponenten für den konkreten Einsatzzweck bereitgestellt werden. Dies wurde nicht nur konzeptionell beschrieben, sondern im Ergebnis beispielhaft umgesetzt. Bestehende Drohnen können hinsichtlich ihrer Fähigkeiten und ihres Automatisierungsgrades bewertet werden. Dies eröffnet Raum für weitere Untersuchungen und Weiterentwicklungen. Diese können auf den vorliegenden Arbeiten aufbauen.

Die Optimierung von Drohnen über eine lokale Basisstation, die als Prüfstand fungiert, kann durch die durchgängige Integration in zukünftige Betrachtungsaspekte unterteilt werden. Im Rahmen der Arbeit konnten vielfältige wirtschaftliche Einsatzfelder für den Drohnenschwarm identifiziert werden. Das als Inkubator fungierende Umfeld aus Forschung, Landwirtschaft und Industrie bietet eine solide Basis für Folgeprojekte und Ausgründungspotential. Einige denkbare Anwendungen im Rahmen des Lausitzer Strukturwandels sollen dies unterstreichen.

Weiterentwicklung des Schwarmansatzes
Der praktische Einsatz von Drohnenschwärmen erfolgt derzeit aus verschiedenen Gründen hauptsächlich im Unterhaltungsbereich durch vordefinierte Formationen. In der Regel werden solche Formationen aus beliebigen Mustern generiert, die in Punkte und eine Menge paralleler Flugbahnen übersetzt werden. Diese werden

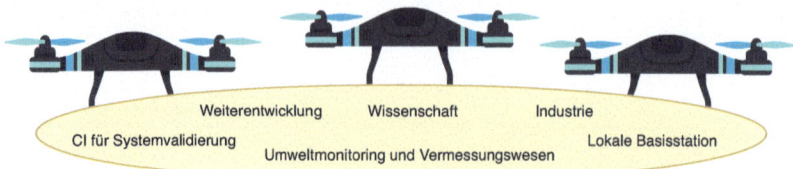

Abbildung 5.1 Fundamente der Missionsplanung autonomer Drohnenschwärme

vor dem Flug in jede Drohne einzeln eingespielt, um dann dezentral die GPS-Positionen anzusteuern. Aus der Ferne wirkt das Ganze wie ein zusammenhängender Schwarm, der fließend ineinander übergehende Figuren bildet. Die vorproduzierten und getesteten Formationen verhalten sich dann immer wieder wie ein Feuerwerk und können an verschiedenen Orten abgespielt werden.

Aus Sicherheitsgründen werden sehr leichte Drohnen mit einem maximalen Startgewicht von 960 g und entsprechend geringer kinetischer Energie beim möglichen Aufprall auf den Boden eingesetzt. Sie sind spritzwassergeschützt, robust für den Außeneinsatz und als einzige Nutzlast mit sehr hellen RGB-W-LEDs für die Effekte ausgestattet. Die Ortung erfolgt mittels RTK-GPS, so dass die Drohnen einen vertikalen Abstand von 2,5 m und einen horizontalen Abstand von 3 m einhalten können. Die vorgegebenen Flugbewegungen werden mit einer Genauigkeit von ca. 30 cm ausgeführt, so dass die Figuren sehr gut erkennbar sind. Um die Drohnen in der Show zu synchronisieren, wird das Startkommando in der Regel per Broadcast an alle Teilnehmer im gleichen WiFi-Netzwerk gesendet.

Solche Shows sind entwicklungstechnisch auf hohem TRL-Niveau realisierbar. Mit Skybrush als Open-Source-Softwareplattform können Realisierungen von Schwarmfiguren erzeugt werden. Die Software basiert auf den Arbeiten zur Nachahmung von Vogelschwärmen von Gábor Vásárhelyi an der Eötvös Universität in Ungarn. Die kreativsten Drohnenshows werden in internationalen Wettbewerben prämiert.

Solche Systeme zeichnen sich durch eine geringe Autonomie hinsichtlich autonomer Entscheidungsmöglichkeiten im Flugprozess aus. Dies äußert sich durch fehlende Abstandssensorik und fehlende aktive Strategien zur Kollisionsvermeidung. Vielmehr wird in der Vorbereitungsphase rein analytisch gearbeitet, bei sehr großen Formationen sogar mit Phantomdrohnen als Reservebesatzung. Für den praktischen Einsatz außerhalb von Unterhaltungsveranstaltungen sind diese Systeme nur bedingt geeignet, da die eigentlichen Aufgaben der Drohne nur scheinbar kooperativ durchgeführt werden können. Es werden Bewegungen ausgeführt und keine Daten über

5 Diskussion und Ausblick

Sensoren gesammelt. Mit einer einzelnen Industriedrohne kann heute deutlich mehr erreicht werden als mit einem Drohnenschwarm für Unterhaltungszwecke.

Die vorliegende Arbeit setzt hier methodisch an und will ihren Beitrag durch einen erweiterten Ansatz zur kooperativen Aufgabenerfüllung leisten. Dabei wird von Industriedrohnen ausgegangen, die größere Lasten transportieren und Aufgaben ausführen können. Im Mittelpunkt der Betrachtungen steht die kooperative Aufgabenerfüllung, da sie die Grundlage für alle Szenarien zukünftiger Drohnenanwendungen darstellt. Keine Einzeldrohne und kein heutiges Schwarmsystem ist nach den Analysen dieser Arbeit dazu in der Lage. Die Bodenstation ermöglicht dem neuen Akteur des Remote-Piloten eine Konfiguration im laufenden Betrieb und bietet ihm die Möglichkeit, den Schwarm zu manipulieren.

Für die Kooperation benötigen alle Akteure im Schwarm deutlich mehr Autonomie, als dies mit den bisherigen Systemen und der aktuellen Gesetzgebung möglich ist. Jede Drohne muss in der Lage sein, leicht vom Plan abzuweichen, und die direkten Nachbarn im Schwarm müssen entsprechend reagieren. Der Schwarm muss sich während des Fluges selbstständig koordinieren, ohne dass konkrete einzelne Flugbahnen separat vorgegeben werden. Alle am Schwarmflug beteiligten Akteure kommunizieren bidirektional über ein Netzwerk. Die Positionsbestimmung muss robuster als RTK-GPS sein. Die Interaktion mit dem Remote-Piloten unterscheidet sich deutlich. Er kann während des Fluges nur eingeschränkt Steuerungsaufgaben übernehmen. Im Zweifelsfall kann er leicht in die Bewegung des gesamten Schwarms oder jeweils nur einer Drohne eingreifen. Dies erfordert bisher viel Erfahrung und in Zukunft sehr zuverlässige Assistenzsysteme.

Eine Fläche von 80 Hektar kann nur dann als digitaler Zwilling abgebildet werden, wenn sie von mehreren Sensoren in akzeptabler Zeit erfasst wird. Im Bereich von Bäumen oder Strommasten reicht es nicht aus, diese nur von oben zu erfassen, sondern sie müssen gezielt identifiziert und dann aus mehreren Perspektiven in unterschiedlichen Höhen gezielt geolokalisiert werden. Diese Komplexität kann mit keiner am Markt verfügbaren Einzeldrohne vollständig abgebildet werden. Die Weiterentwicklung der in der Arbeit vorgestellten Ansätze bietet hierfür Entwicklungspfade. Die Landwirtschaft stellt für die Entwicklung ein vergleichsweise risikofreies Umfeld mit herausfordernden Testszenarien dar. Hier können Technologien entwickelt werden, die heute noch keine Industriereife haben.

Weitere Entwicklungs-, Erprobungs- und Anwendungsszenarien aus Wissenschaft und Industrie lassen sich sehr schnell finden. Einige davon konnten im Zuge der Untersuchungen im Rahmen dieser Arbeit speziell mit Blick auf den Strukturwandel in der Lausitz identifiziert werden. Mittelständische Unternehmen, Forschungseinrichtungen und große Industriepartner zeigten durch Gespräche und Kooperationsanfragen großes Interesse.

Wissenschaft

Um die Technologie des Drohnenschwarms als integrierte, konfigurierbare Sensorplattform zur Marktreife zu bringen, bedarf es der Zusammenarbeit vieler Akteure in Deutschland und der Europäischen Union. Forschung und Entwicklung in den Grundlagen der Luftfahrt und der Bau von schwarmtauglichen, technologisch ausgereiften Prototypen bilden die Basis für alle in den folgenden Abschnitten erweiterten Anwendungsfelder.

Der Gesetzgeber gewährt Hochschulen und Forschungseinrichtungen gegenüber den Akteuren der Wirtschaft Vorteile, die weitgehend ausgebaut werden können und gezielt genutzt werden sollten. Versicherungsrechtliche Sonderregeln, wie sie durch die staatliche Selbstversicherungspflicht oder die Unabhängigkeit von unternehmerischen Vorgaben der unmittelbaren Wirtschaftlichkeit vorherrschen, schaffen den Entwicklungsraum fernab politisch zu überwindender Restriktionen. Gesellschaftliches Vertrauen erlaubt es, Risiken einzugehen, mögliche Fehler zu machen oder an der Grenze des rechtlich Zulässigen zu experimentieren.

Dies geschieht, weil technische und organisatorische Grenzen verschoben werden können und sollen. Durch gezielte Vorgaben können Algorithmen gefunden werden, die hinsichtlich Kosten und Effizienz Maßstäbe setzen können. Sensorik kann in Drohnen zur Anwendungsreife gebracht und unter härtesten Bedingungen getestet werden. Neben der zwingend kompakten Bauform ist ein energieeffizienter Betrieb und die Qualitätsprüfung in weiten Umgebungsbereichen möglich. Diese werden bei großen Temperaturschwankungen in großen Höhen erreicht. Der Transfer der Ergebnisse stellt eine Scharnierfunktion beim Übergang zur initialen Industriereife dar.

Die Missionsplanung autonomer Drohnenschwärme erfordert eine ganzheitlich organisierte Ausbildung zum Verständnis der Drohnen und ihrer Eigenschaften im Flugbetrieb. Die Forschung in der wissenschaftlichen Weiterbildung kann im Flugwesen neue Impulse setzen und Konzepte entwickeln, die Schulungen mit der Drohnentechnik autonomer Schwärme für Fernpiloten bereitstellen. Aktuell wird dies im universitären Umfeld der Verkehrsüberwachung mit Polizeibehörden diskutiert. Regionale, mittelständische Unternehmen der professionellen Drohnenanwendung und Flughafenbetreiber haben im Rahmen der Arbeiten großes Interesse an Folgeprojekten signalisiert.

Als Basis für die Interaktion der autonomen Drohne mit dem Fernpiloten steht die Analyse der Interaktionsweise mit dem Fernpiloten im Raum. Es ist zu untersuchen, auf welchen Wegen eine solche Interaktion ermöglicht wird, die in kritischen Situationen ein vorausschauendes, schnelles Eingreifen in den Flugablauf erlaubt. Wie schnell Eingriffe erfolgen können, wurde bisher nicht untersucht. Es ist offen, unter welchen Bedingungen und ob die volle Aufmerksamkeit des Piloten in solchen

5 Diskussion und Ausblick

Situationen ausreicht, um eine oder mehrere havarierte Drohnen manuell sicher zu landen. Gleiches gilt bei eingeleiteten Landungsroutinen. Ein Fernpilot mit wenig Erfahrung in der Behandlung solcher Anomalien wird sich anders verhalten als ein langjähriger Pilot von schnellen Renndrohnen. Gleiches gilt für die Steuerung vor Ort oder das Eingreifen von einem Kontrollzentrum aus. Die ausgiebige Analyse der Interaktion mit dem Fernpiloten ist demnach ein wichtiger Ansatzpunkt für das weitere Vorgehen.

Wir haben in den Grundlagen einen Fundus an aktueller Forschung zur Pfadplanung und Koordination von Drohnen im Schwarm kennengelernt. Es ist denkbar, weitere Flugmanöver für spezielle Situationen, wie sie nur im Schwarm auftreten, zu verbessern. So sollten Verfahren für den Ein- und Austritt aus dem Schwarm erforscht werden, die hinsichtlich Energieeffizienz und Integrationsqualität optimiert sind.

Daraus ergibt sich der allgemein zu untersuchende Einsatz von Drohnen hinsichtlich ihrer Umweltaspekte. Die in dieser Arbeit verwendeten Drohnen vom Typ CC 9 und DJI Mavic 3T haben ein geringes Gewicht, so dass die Propeller im Flug wenig Lärm verursachen und durch ihre Robustheit im Schadensfall keine Schadstoffe in den Boden eindringen können. Offen bleibt die Frage, welche Auswirkungen große Drohnen mit mehr als 12 kg Abfluggewicht haben. Entsprechende Untersuchungen in der Land- und Forstwirtschaft können zeigen, welche Verhaltensänderungen Tiere möglicherweise zeigen. Während sich bisher kein Greifvogel für Drohnen zu interessieren scheint, könnten größere Drohnen eher als Bedrohung wahrgenommen werden. Eine Überprüfung in Szenarien könnte hier Aufschluss geben.

Die Arbeit nutzt die Präzisionslandwirtschaft als Ausgangspunkt für die Entwicklung eines autonomen Drohnenschwarms. Dazu wurden statische Testparcours auf einem Sportplatz und einer landwirtschaftlichen Fläche entwickelt. Erste Testflüge lieferten wertvolle Analysedaten auf großen Feldern. Um die aktive Entwicklung von praxisnahen Szenarien für den Drohnentest zu unterstützen, ist es sinnvoll, landwirtschaftliche Testfelder zu entwickeln. Regionale Genossenschaftsbetriebe verfügen bereits über Drohnen zur Wilddetektion. Aufgrund ihrer wirtschaftlichen Unabhängigkeit genießen sie großes Vertrauen in die Forschung. Sie haben großes Interesse an der Drohnentechnologie im Schwarm bekundet und können Flächen von 80 bis 120 Hektar mit gezielter Hindernisplatzierung, Versuchsfeldbepflanzung und Erfahrungsaustausch bei der Integration mit stark beanspruchten, komplexen Landmaschinen anbieten. Dieses Potenzial sollte für die prototypische Erprobung unbedingt genutzt werden.

Industrie

Im industriellen Umfeld des Lausitzer Strukturwandels dominieren die LEAG, BASF und die Deutsche Bahn als Akteure der Großindustrie des Energie-, Mobilitäts- und Chemiesektors. Durch die Nähe zur Hauptstadtregion Berlin-Brandenburg, sowie des Silicon Saxony stehen die Sektoren der Automatisierungstechnik, der führenden Mikroelektronik und die Entwicklung der autonomen Automobilindustrie durch Tesla, sowie Volkswagen zur Verfügung. In diesem Umfeld werden spezialisierte Sensoren gebraucht und müssen für die künftigen Anforderungen hinsichtlich ihrer höchsten Zuverlässigkeitseigenschaften getestet werden [13]. In Cottbus ist eine Kernkompetenz MEMS Aktoren zu entwickeln und sie für die Materialanalyse einzusetzen. Die Firma Bosch Sensortec entwickelt und produziert mikroskopische Lautsprechersysteme, Accelerometer, Magnetometer, inertiale Messeinheiten und Gasdetektionssysteme. Sie werden in zahlreichen IoT-Geräten, Industrieanwendungen und Smartphones eines namhaften amerikanischen Herstellers von mobilen Endgeräten im Smartphone, Tablet und Notebooks eingesetzt.

In Situationen großer Kälte und hoher sommerlicher Temperaturen schalten sich diese Systeme aus, obwohl sie aufwändigsten Labortests unterzogen wurden. Diese Bauteile finden sich alle samt ebenso bereits in gängigen Flugcontrollern mit der PixHawk-Architektur, wie wir sie in dieser Arbeit eingesetzt haben. Hinsichtlich der Zuverlässigkeit können diese Systeme mit führender Sensorik weiter verbessert werden. Um diese Sensorik frühzeitig zu testen ist es sinnvoll ein eigenes, auf dieser offenen Architektur basierendes Framework für Flugcontroller zu entwickeln. Um den künftigen Anforderungen hinsichtlich der Funktionsfähigkeit und der Sicherheit gerecht zu werden, kann die Einhaltung aktueller Standards der Luftfahrt auch Consumerelektronik entscheidend verbessern. Die Sensorik höchster Qualität muss in einem standardisierten Prozess unter realen Bedingungen mit häufigen Wiederholungen getestet werden.

Ein durch flexible Sensorik bestückbarer Drohnenschwarm spannt ein präzise geolokalisierbares, orchestrierbares Sensornetz auf. Dieses kann Experimente durchführen und vollständig in Metadaten, Messdaten der Sensoren und visuell durch verfolgende Kameratechnik aufzeichnen. Der automatisierte Test kann unter widrigsten Bedingungen eingesetzt werden. Die Komponenten des Schwarmsystems werden verfügbar, wenn kein Pilot die Steuerung übernehmen kann und es wegen der Vergleichbarkeit auch nicht angebracht ist. Über die vorgestellte Prozessarchitektur können gezielt und auf agile Prozesse abgestimmte Drohnensysteme für den Einsatz im Schwarm entwickelt werden. Zur Erweiterung des Einsatzes für die Sensor- und Chiptestung braucht es komplexe, kompatible Testverfahren und Validationsstrategien. Sie sollten gezielt für diese vielversprechende Einsatzmöglichkeit in Drohnen entwickelt werden.

5 Diskussion und Ausblick

Große Solarparks mit mehreren Gigawatt installierter elektrischer Leistung werden mehrere Millionen Photovoltaikmodule umfassen. Diese müssen hohe Anforderungen an den Stromertrag erfüllen und durch neue Verfahren regelmäßig auf ihre physikalische Funktionsfähigkeit auf Modulebene im Sinne vorausschauender Wartungsintervalle überprüft werden. Insbesondere die automatisierte Prüfung ihrer Zustandsparameter Strom, Spannung, Widerstand und Leistung kann zukünftig durch den Einsatz von Drohnentechnologie im Schwarm vereinfacht werden. Durch den Vergleich mit den bei der Herstellung gewonnenen Idealparametern im Auslieferungszustand kann der Abgleich hinsichtlich des fortschreitenden Verschleißprozesses durch eine kombinierte thermische und lumineszente Bildgebung erfolgen. Dazu wird jedes einzelne Modul gezielt beleuchtet und die dabei entstehende schwache Lumineszenzstrahlung aufgenommen. Diese tritt bei Silizium nur im aktiven Zustand auf und kann bei gezielter, texturierter Beleuchtung messbare Zustandskurven erzeugen [254].

Bei einer Weiterentwicklung der Technik könnten mehrere synchronisierte Drohnen die Zellen aus unterschiedlichen Winkeln beleuchten und synchron aufnehmen. Die gewonnenen visuellen Bilder könnten durch den Einsatz künstlicher Intelligenz automatisiert mit einer großen Menge gelernter Sollwerte verglichen werden. Dies könnte die Erkennung von Anomalien verbessern. Insbesondere bei schwimmenden Photovoltaikanlagen könnte diese Zellinspektion die kontinuierliche Stromproduktion verbessern und Ausfallzeiten reduzieren.

In ähnlicher Größenordnung werden in einigen Jahren die notwendigen Inspektionsaufgaben bei Windkraftanlagen anstehen. Da diese immer leistungsstärker und größer werden, müssen sie für die Inspektion in der Regel angehalten werden. Erfahrene Industriekletterer übernehmen dann die Inspektion der einzelnen Turmsegmente, des Maschinenhauses mit Generator und der Rotoren. Ein Drohnenschwarm kann die Gleichmäßigkeit der Drehbewegung analysieren und nach Unregelmäßigkeiten suchen. Diese könnten auf Materialermüdung, Getriebeprobleme, Steuerungsfehler oder eine erhöhte Belastung der Anlagenkomponenten durch die Umgebung hinweisen [255].

Der Drohnenschwarm kann die Erkundung der Rotoren durch visuelle Inspektion des Materials erleichtern. Dies kann den kontinuierlichen Regelbetrieb unterstützen, indem Stillstandszeiten reduziert werden. Die zukünftige Kombination von Photovoltaik- und Windkraftanlagen mit Wärmespeichern oder großtechnischen Elektrolyseanlagen wird die Notwendigkeit einer unterbrechungsfreien Grundlastversorgung mit elektrischer Energie mit sich bringen. Es ist zu untersuchen, inwieweit eine Kombination von Drohnen mit bestimmten Typen von Windkraftanlagen fliegen kann.

Für den Aufbau von fliegenden Sensornetzwerken durch Drohnenschwärme gibt es zahlreiche weitere praktische Einsatzszenarien. Generell besteht in der Industrie ein großes Interesse daran, hochwertige Sensorik an schwer zugänglichen Stellen zu platzieren und Messungen während der Bewegung durchzuführen.

Eine solche Anwendung ist die Detektion von Leckagen entlang komplexer Leitungsnetze für Flüssigkeiten und Gase. Wasserversorger für Trinkwasser führen Pipelines durch große Gebiete. Die Leitungen sind im Boden verlegte Metallrohre. Vom Wasserwerk bis in die einzelnen Ortsteile summiert sich die Länge der regelmäßig zu kontrollierenden Leitungen auf viele Kilometer. Vielerorts führen die Leitungen durch Waldgebiete, die für den rollenden Verkehr schwer zugänglich sind. Rohrbrüche müssen durch regelmäßige Wartung vermieden werden. Denn Rohrbrüche sind mit einer Unterbrechung der Trinkwasserversorgung und hohen Reparaturkosten verbunden. Neben den aufwendigen Reparaturmaßnahmen können Kosten durch Schäden in der Umgebung durch Unterspülungen entstehen. Mehrere mit Wärmebild- und Radardetektoren ausgestattete Drohnen könnten die Oberfläche abtasten und auf mögliche Leckstellen untersuchen.

Ein ähnliches Phänomen tritt in der Nähe von Versorgungsleitungen und Gasbehältern auf. Selbst nach umfangreichen Revisionsarbeiten mit aufwendigen Abdichtungsmaßnahmen lassen sich die Leckagen bei entsprechenden Leitungslängen oder aggressiven Gasen nicht vollständig beseitigen. Aus diesem Grund könnte die routinemäßige Inspektion von Gasbehältern eine Anwendung für den Drohnenschwarm darstellen.

Im laufenden Betrieb ist das Betreten von Chemieanlagen in der Regel verboten und Unbefugten strengstens untersagt. Der Einsatz von zuverlässig fliegenden Drohnen bietet in diesem Umfeld mehrere Vorteile. Sie können die regelmäßig risikobehaftete Tätigkeit automatisieren, indem sie mit spezialisierten Gasdetektoren das betroffene Areal abfliegen. Sie können relativ nahe an die besonders risikobehafteten Behälter heranfliegen, ohne den Rangierbetrieb unnötig zu beeinflussen. Anhand der gemessenen Parameter der Umgebungsluft können während und nach dem Flug aus den Messdaten viele Gefahrstoffe mit ihren jeweiligen Konzentrationen identifiziert werden. Bei Überschreitung bestimmter niedriger Schwellenwerte können entsprechende Vorsichtsmaßnahmen ergriffen werden. In größeren Zeitabständen kann zusätzlich eine Handbegehung durchgeführt werden.

Umweltmonitoring und Vermessungswesen
In der Arbeit wurde mit dem Verfahren der Photogrammetrie und der Erzeugung von dreidimensionalen Punktwolken für einen digitalen landwirtschaftlichen Zwilling gearbeitet. Neben den großen Anbauflächen für Getreide und Gemüse gibt es in der Lausitz eine Binnenfischerei, die als besonders regional gilt. Insbesondere der

5 Diskussion und Ausblick

Karpfen ist ein besonders nachhaltig gezüchteter Speisefisch [256]. Als besondere Form der Landwirtschaft erfolgt die Produktion seit Jahrhunderten in geschlossenen, vom Menschen angelegten Teichgebieten. Im Gegensatz zur Aufzucht von Fischen in Aquakulturen kommt es dadurch zu keiner Beeinträchtigung der Meere.

Die Umgebung solcher Teichgebiete, wie sie die Peitzer Teichlandschaft darstellt, zieht zahlreiche natürliche Gegenspieler der Fische an. Dazu gehören seltene fischfressende Vogelarten wie Silberreiher, Steinadler, Fischadler und Rotmilan. Sie treten in relativ großer Zahl auf, so dass ein Großteil der im Frühjahr eingesetzten Fische vorher gefangen wird. Daher sind neue Methoden zur Vergrämung der überzähligen natürlichen Feinde der Fische notwendig. Diese sollen das natürliche Gleichgewicht sichern und die Wirtschaftlichkeit der fischereilichen Nutzung verbessern. Derzeit gibt es aus Gründen des Artenschutzes und der Menge der Vögel keine geeigneten funktionierenden Vergrämungsmethoden. Laserstrahlen, Schreckschussknalle und Blendstroboskope führen bereits nach kurzer Zeit zu Lerneffekten und Anpassungsreaktionen bei den leistungsfähigen Vögeln.

Eine Variante zur Verbesserung der Situation könnte der Einsatz mehrerer patrouillierender Drohnen sein. Mit ihrer Hilfe wird das Gebiet dreidimensional kartiert, die Vögel werden erfasst, gezählt und nach Arten geordnet. In dieser Phase handelt es sich um eine reine Beobachtungsmission, um statistische Daten über einen zeitlichen Verlauf zu erhalten. Dazu sollen georeferenzierte Bilder, Geräusche und Laute aufgezeichnet werden. Parallel dazu werden diese Datensätze kontinuierlich für die Kartierung verwendet, um ein Vogelkataster zu erstellen und besonders häufige Arten zu identifizieren.

Die so gewonnenen isolierten Datensätze eignen sich für ein nachgeschaltetes Training des Systems zur Vogelidentifikation. Dieses kann auf künstlicher Intelligenz basieren und durch bereits vorhandene Vogelstimmendatenbanken ergänzt werden. In der maximalen Ausbaustufe soll ein bestimmter Vogel anhand seines Phänotyps erkannt werden. In einem zweiten Schritt sollen übermäßig vertretene Vogelarten aus dem Gebiet vergrämt werden. Die Drohnen können in Schwarmformation durch Imitation zuvor erlernter Laute eine gezielte Vertreibung der Vögel herbeiführen. Aus entwicklungstechnischer Sicht soll durch den Ausbau des Schwarmsystems die Kommunikation über große Distanzen mit hoher Übertragungslast verbessert werden.

Eine innerstädtische Herausforderung ist die regelmäßige Vermessung aller Straßen und die Zustandserfassung des Stadtgebietes. Für die zukünftige digitale Stadt werden dreidimensionale Modelle benötigt, um die aktuelle Bebauung zu erfassen und den zukünftigen autonomen Straßenverkehr abzusichern. Aus heutiger Sicht spielen Zustandsanalysen für die Stadtvermessung eine größere Rolle. Straßenqualität und Verkehrsbelastung sollten regelmäßig statistisch ausgewertet werden.

Drohnen können hier verteilt eingesetzt werden und die Verkehrszählung in einem definierten Abschnitt durchführen. Dabei können sie zwischen ruhendem und fließendem Verkehr unterscheiden.

In der lebenswerten Stadt gewinnen Grünflächen für die Temperaturregulierung in den Sommermonaten zunehmend an Bedeutung. Städtische Grünflächen können hinsichtlich ihrer Leistungsfähigkeit bewertet werden. Die Speicherung von Wasser in großen Grünflächen kann als natürliche Senke dienen, um Regenwasser besser in der Stadt zurückzuhalten. Drohnen können die Kartierung erleichtern. Dies wurde bereits für die Landwirtschaft untersucht. In städtischen Ballungsräumen bietet die Drohnenkartierung die Möglichkeit, den Anteil von Wohn- und Gewerbegebieten zu ermitteln. Die Größe freier Grünflächen und potenziell brachliegender versiegelter Flächen kann ermittelt und im Zeitverlauf hinsichtlich ihres Einflusses auf das Stadtbild bewertet werden.

Die bisherigen Untersuchungen gehen davon aus, dass Drohnen in der Lage sind, großflächig und in komplexen Umgebungen im Schwarm zu fliegen. Ein weiteres Feld der Vermessung ist das Innere von Gebäuden. Diese Erfassung von Umgebungen mit komplexen Strukturen beginnt mit den besonderen Herausforderungen von Baustellen mit großflächigen Rohbauten. Die Rohbauten, die sich zu einem Gebäudekomplex entwickeln, unterliegen unterschiedlichen Baufortschritten.

Ein dreidimensionaler digitaler Zwilling kann die Bauwerkserfassung durch Photogrammetrie verbessern. Die erfassten Daten können von der Planung über den Bau bis hin zum Betrieb des Gebäudes in die Gebäudedatenmodellierung einfließen. Drohnen benötigen in diesen Umgebungen die Fähigkeit, sich in Innenräumen zu orientieren. Häufig sind aufgrund des hohen Stahlbetonanteils keine globale Navigationssatellitensysteme (GNSS)-Satellitensignale verfügbar und eine Echtzeitkinematik (RTK)-Vermessung ist ohne weitere Vorbereitungen nicht möglich. Ein auf Ultra-Breitband-Technologie (UWB) basierendes Ortungssystem kann von einem Referenzpunkt aus präzise Vermessungsaufgaben durchführen.

Continuous Integration zur Systemvalidierung

Der Blick auf Drohnen hat sich in den letzten Jahren grundlegend gewandelt. Die Konzepte aus der Pionierphase der neuen Mobilität der Luftfahrt wurden in das digitale Zeitalter, das Internet der Lüfte, überführt. Wir betrachten Drohnen nicht mehr nur als mechanische Fluggeräte, sondern vielmehr als fliegende, programmierbare und vernetzte Computersysteme. Diese neue Sichtweise eröffnet eine Fülle von Möglichkeiten und erlaubt es Drohnen, in Kooperation miteinander eine Vielzahl innovativer Anwendungsszenarien zu realisieren. Dieser Wandel beginnt in der Landwirtschaft, einem Bereich mit herausfordernden Entwicklungsmöglichkeiten,

5 Diskussion und Ausblick

in dem die Minimierung von Risiken und die Erhöhung der Autonomie im Mittelpunkt einer nachhaltigen Entwicklung stehen.

Ein zentraler Faktor bei der Entwicklung von Drohnen ist die Qualität der Soft- und Hardwaresysteme. Continuous Integration (CI) kann hier einen wichtigen Beitrag zur Verbesserung leisten. Die Idee der durchgängigen Entwicklung in Verbindung mit einer umfassenden Palette an Testfällen hat das Potenzial, die gesamte Luftfahrtindustrie agiler zu machen. Durch die konsequente Anwendung von CI-Prinzipien in der Entwicklung und im Betrieb von Drohnenschwärmen kann die Effizienz gesteigert und gleichzeitig die Qualität und Zuverlässigkeit dieser Technologien verbessert werden.

In der Forschungsarbeit wurden verschiedene Testmethoden für UAVs identifiziert, die von Simulationen über Hardware-in-the-Loop-Tests bis hin zu Flugbetriebstests reichen. Diese Methoden wurden in die Prozessarchitektur integriert, wodurch die Missionsplanung erweitert und neue Einsatzmöglichkeiten für Drohnen eröffnet werden. Insbesondere die Erweiterung der Simulationen in der Hardware-in-the-Loop-Umgebung ermöglicht Komponententests unter realistischen Bedingungen.

Die Entwicklung von UAVs ist durch deutlich kürzere Produktzyklen als in der konventionellen Luftfahrt und eine deutlich geringere Lebensdauer im Vergleich zu Verkehrsflugzeugen gekennzeichnet. Gleichzeitig wächst die Zahl der Drohnenhersteller und -entwicklungsbüros rasant und das Investitionsvolumen in die unbemannte Luftfahrt nimmt stetig zu. Die Drohnentechnologie dient zunehmend als Innovationsmotor für neue Flugverfahren, die letztlich auch in der bemannten Luftfahrt Anwendung finden. Ein herausragendes Beispiel ist der Volocopter, der auf Basis des Drohnenflugs ein neuartiges Flugtaxi entwickelt hat. Darüber hinaus werden völlig neue Landeplätze, sogenannte Vertiports, entwickelt.

Die agile Entwicklung von Drohnen stellt jedoch Zulassungsbehörden und Hersteller vor immer größere Herausforderungen bei der Zertifizierung. Insbesondere im Zusammenhang mit Schwarmflügen fehlen häufig regulatorische Grundlagen. Umfangreiche Forschungsprojekte mit Laufzeiten von 2 bis 4 Jahren erfordern eine enge Zusammenarbeit mit Industriepartnern, insbesondere wenn die Fluggeräte in offenen Klassen eingesetzt werden sollen.

Für die Umsetzung kooperativer Drohnenschwärme ist es entscheidend, geeignete Testfälle zur Validierung der Entwicklung und des sicheren Betriebs zu identifizieren. Hier können automatisierte Testverfahren über Standardkomponenten dazu beitragen, die Zertifizierungsprozesse zu automatisieren und gleichzeitig die Sicherheit zu gewährleisten. Darüber hinaus sind Penetrationstests gegen Sicherheitslücken unerlässlich, um potenzielle Schwachstellen zu identifizieren und zu beheben. Genau dies ist im Open-Source-Umfeld durch den Einsatz von Repositories und die Einbindung einer großen Gruppe von Entwicklern denkbar.

Die Erfassung aller Entwicklungsschritte, Komponenten, Module und Software über Hashwerte und die Blockchain bietet eine außergewöhnlich transparente Möglichkeit, den gesamten Entwicklungsprozess der UAV-Technologie zu überwachen und nachzuvollziehen. Dieser innovative Ansatz revolutioniert die Art und Weise, wie wir Drohnen entwickeln und zertifizieren. Es geht nicht mehr nur um die Validierung eines kohärenten Prototyps einer Drohne. Der Fokus liegt vielmehr auf einer ganzheitlichen Rückverfolgbarkeit, die alle Aspekte der Entwicklung von der Konstruktion über die Programmierung bis hin zum tatsächlichen Einsatz abdeckt.

Durch die Verwendung von Hash-Werten und der Blockchain-Technologie werden alle Schritte des Entwicklungsprozesses in einem unveränderlichen und sicheren System erfasst. Dies ermöglicht nicht nur eine umfassende Transparenz, sondern auch eine erhöhte Sicherheit. Manipulationsversuche oder unbefugte Zugriffe werden sofort erkannt und verhindert. Die Integrität des Entwicklungsprozesses bleibt somit gewahrt. Die Fixierung des zusammenhängenden Entwicklungsstrangs durch transparente Signierung stellt sicher, dass jede Änderung oder Ergänzung im Entwicklungsprozess eindeutig nachvollzogen werden kann. Dies ist von entscheidender Bedeutung, um potentielle Schwachstellen zu erkennen und zu beheben.

Dieser umfassende Ansatz für die Entwicklung und Zertifizierung unbemannter Luftfahrzeuge sollte weiter vertieft und erforscht werden. Er wird zweifellos eine wichtige Rolle bei der nahtlosen Integration von Drohnen in die zukünftige Luftfahrt spielen. Die transparente und sichere Überwachung des gesamten Entwicklungsprozesses wird die regulatorischen Anforderungen erfüllen und das Vertrauen der Öffentlichkeit in diese aufstrebende Technologie stärken.

Lokale Basisstation
Die lokale Bodenstation erfüllt eine wesentliche Funktion innerhalb des UAV-Verkehrsmanagements und ist für die Gewährleistung einer robusten UAV-Kommunikationsinfrastruktur von entscheidender Bedeutung. Diese Funktion umfasst nicht nur die Entwicklung von Regeln zur Steuerung des Verkehrsflusses. Vielmehr erfordert sie die Implementierung von Flugkorridoren, das Vorhandensein von Interventionsstrategien und die Definition von Protokollen zur Steuerung des UAV-Verkehrs. Forschungsansätze in diesem Kontext sind von elementarer Relevanz, um innovative Technologien und Methodologien zu konzipieren, die die Kommunikation und Koordination von Drohnen im Luftraum optimieren und eine sichere und effiziente Integration unbemannter Luftfahrzeuge gewährleisten.

Darüber hinaus bietet die lokale Bodenstation die Möglichkeit, die Verkehrssteuerung im kleinen Maßstab zu evaluieren und für eine zukünftige Anwendung

5 Diskussion und Ausblick

im größeren Luftverkehr zu skalieren. Dieser evolutionäre Schritt ist von größter Bedeutung, da er die nahtlose Integration von Drohnen in den Luftraum ermöglicht und gleichzeitig ein koordiniertes und effizientes Verkehrsmanagement sicherstellt. Die Forschung sollte sich zunehmend auf die Skalierbarkeit und Anpassungsfähigkeit von Verkehrsleitsystemen konzentrieren, um den wachsenden Anforderungen und dem zunehmenden Drohnenverkehr gerecht zu werden. Dazu gehört auch eine eingehende Untersuchung von Strategien zum Umgang mit Kapazitätsengpässen und Überlastungsszenarien im Luftraum.

Die lokale Bodenstation wurde speziell für den autarken Betrieb ohne externe Datennetze entwickelt. In dieser Konfiguration dient sie als zentraler Kommunikationsknotenpunkt, der die Positionsdaten jeder Drohne in Echtzeit an die Flugsicherung übermittelt. Die Forschung in diesem Bereich kann dazu beitragen, die Sicherheits- und Effizienzaspekte der Kommunikationssysteme der Bodenstation weiterzuentwickeln. Dazu gehört die Integration modernster Sicherheitsprotokolle und Datenschutzmechanismen, um sicherzustellen, dass sensible Daten angemessen geschützt sind und der Drohnenverkehr ohne Unterbrechungen und Störungen abläuft. Diese Forschungsanstrengungen sind von entscheidender Bedeutung, da sie die Grundlage für eine erfolgreiche Integration von Drohnen in die künftige Luftfahrt bilden und gleichzeitig höchste Standards in Bezug auf Sicherheit und Effizienz gewährleisten.

Die Towerfunktion ist ein entscheidendes Element im Gesamtsystem der lokalen Bodenstation im Drohnenverkehrsmanagement. Ähnlich wie bei konventionellen Flughäfen spielt der Drohnentower eine Schlüsselrolle bei der Überwachung und Koordination von Drohnenflügen in einem begrenzten Luftraum. Der Tower ist verantwortlich für die Bereitstellung von Echtzeitinformationen über die aktuelle Position und den Status der Drohnen. Darüber hinaus koordiniert er die Starts und Landungen der Drohnen und stellt sicher, dass die Flugkorridore eingehalten werden, um Kollisionen zu vermeiden. Die Funktion des Towers ermöglicht es auch, Notfallsituationen zu erkennen und entsprechende Maßnahmen zur Gewährleistung der Sicherheit einzuleiten. Dies erfordert hoch qualifiziertes Personal, das in der Lage ist, den Flugverkehr effizient zu überwachen und auf unvorhergesehene Ereignisse zu reagieren. Die Integration modernster Technologien wie Radarsysteme und fortschrittliche Kommunikationstechnologien in den Towerbetrieb ist entscheidend, um die Sicherheit und Effizienz des Drohnenverkehrs weiter zu erhöhen. Insgesamt spielt die Towerfunktion eine zentrale Rolle bei der Gewährleistung eines geordneten und sicheren Betriebs des Drohnenverkehrs im zugewiesenen Luftraum.

Ein weiterer grundlegender Aspekt, der nicht vernachlässigt werden darf, betrifft die Synchronisation und Koordination der Drohnenbewegungen im Luftraum. Die lokale Bodenstation spielt eine entscheidende Rolle bei der Sicherstellung einer synchronisierten Flugabwicklung. Dies beinhaltet die zeitliche Koordination von Starts und Landungen, die Vermeidung von Kollisionen und die effiziente Nutzung von Flugkorridoren. Besonders wichtig ist die Synchronisation in Gebieten mit starkem Drohnenverkehr, in denen mehrere Drohnen gleichzeitig in der Luft sind. Die Forschungsanstrengungen sollten sich auf die Entwicklung von Algorithmen und Protokollen zur präzisen Synchronisation von Drohnenbewegungen konzentrieren, um den Luftraum sicher und effizient zu nutzen. Dies ist ein entscheidender Schritt auf dem Weg zur vollständigen Integration von Drohnen in den Luftverkehr und zur Gewährleistung eines reibungslosen und sicheren Betriebs.

Open Access Dieses Kapitel wird unter der Creative Commons Namensnennung 4.0 International Lizenz (http://creativecommons.org/licenses/by/4.0/deed.de) veröffentlicht, welche die Nutzung, Vervielfältigung, Bearbeitung, Verbreitung und Wiedergabe in jeglichem Medium und Format erlaubt, sofern Sie den/die ursprünglichen Autor(en) und die Quelle ordnungsgemäß nennen, einen Link zur Creative Commons Lizenz beifügen und angeben, ob Änderungen vorgenommen wurden.

Die in diesem Kapitel enthaltenen Bilder und sonstiges Drittmaterial unterliegen ebenfalls der genannten Creative Commons Lizenz, sofern sich aus der Abbildungslegende nichts anderes ergibt. Sofern das betreffende Material nicht unter der genannten Creative Commons Lizenz steht und die betreffende Handlung nicht nach gesetzlichen Vorschriften erlaubt ist, ist für die oben aufgeführten Weiterverwendungen des Materials die Einwilligung des jeweiligen Rechteinhabers einzuholen.

Zusammenfassung 6

Die Luftfahrt steht vor der Herausforderung, autonome unbemannte und bemannte Drohnen zu integrieren. Um den Einsatz von Drohnen in neuen professionellen Anwendungsbereichen zu etablieren, können diese zu Schwärmen zusammengeschlossen werden. Auf diese Weise bilden sie ein fliegendes Sensornetzwerk, das sich durch Mesh-Kommunikation selbst organisiert und kooperativ Aufgaben erfüllen kann. Zur Umsetzung dieser Strategie werden Methoden und Konzepte benötigt, die komplexe Systeme für den Flug ermöglichen. Sie bilden ein über die Pfadplanung hinausgehendes Verständnis von Missionsplanung. Dies ist in Abbildung 6.1 skizziert.

Die vorliegende Arbeit bietet eine Einführung in die Thematik des Einsatzes kooperativ agierender Drohnen. Das Fundament der Betrachtung wird durch eine Einführung in die Grundlagen, die Theorie und den Stand der Wissenschaft im Bereich der Schwarmforschung gelegt. Ausgehend von den Untersuchungen zur autonomen Schwarmrobotik konnte ein gemeinsames Verständnis zur Abgrenzung der Eigenschaften des Drohnenschwarmes gewonnen werden. Die Missionsplanung wurde detailliert beschrieben. Darauf aufbauend wurde über die Theorie des Flugprozesses von Quadrocoptern als technische Beschreibung der Drohnenschwarm mit seinen Besonderheiten der benachbarten Drohnen über verschiedene Verfahren abstrahiert. Der Zugang zum Einsatz von Schwarmdrohnen wurde über das Precision Farming motiviert. Es wurden Verfahren zur Kollisionsvermeidung vorgestellt.

Im Konzept wird das programmierbare Drohnensystem im Schwarm zum fliegenden Sensornetzwerk. Dazu wurde ein Rollenmodell entwickelt, das die Aufgabenverteilung beim Einsatz eines Drohnenschwarms mit verschiedenen Akteuren thematisiert. Die Drohnen werden zum Schwarm konfiguriert und vom Fernpiloten über unterschiedliche Steuersysteme bedarfsgerecht beobachtend beeinflusst. Kriterien und Ziele einer Simulationsumgebung zur Integration kritischer Situationen werden entworfen. Die schwarmfähige UAV-Hardware wird systematisch

6 Zusammenfassung

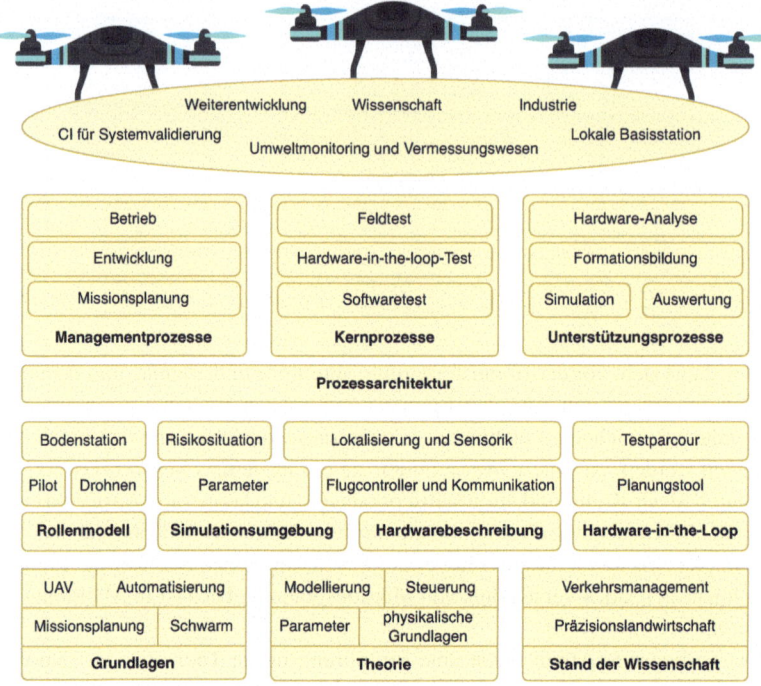

Abbildung 6.1 Von den Grundlagen des Schwarmfluges bis zur Prozessarchitektur und Umsetzung

analysiert, indem Komponenten zur Steuerung, Lokalisierung und Ausstattung mit einem breiten Spektrum an Sensorik zusammengestellt werden. Der Hardware-in-the-Loop-Entwicklungsansatz wird eingeführt. Die Verkehrssteuerung wird für Luftstraßen realisiert.

Ausgehend von den Grundlagenarbeiten und dem Konzept werden die Schritte zur Beschreibung, zum Bau und zum Betrieb von Drohnen im Schwarm behandelt. Diese Vorgehensweise soll ein durchgängiges Verständnis für die Möglichkeiten einer schrittweisen und systematischen Entwicklung schaffen. Dabei wird ein ganzheitlicher Ansatz verfolgt, um die Entstehung von Komponenten für den Schwarmbetrieb mit Drohnen möglichst umfassend zu beschreiben.

Ausgehend von den Grundlagenarbeiten und dem Konzept werden die Schritte zur Beschreibung, zum Bau und zum Betrieb von Drohnen im Schwarm behandelt. Diese Vorgehensweise soll ein durchgängiges Verständnis für die

6 Zusammenfassung

Möglichkeiten einer schrittweisen und systematischen Entwicklung schaffen. Dabei wird ein ganzheitlicher Ansatz verfolgt, um die Entstehung von Komponenten für den Schwarmbetrieb von Drohnen möglichst umfassend zu beschreiben.

Die Managementprozesse dienen der Konzeption und Beschreibung des Entwicklungspfades. Sie stellen den späteren Betrieb sicher. Sie geben die Entwicklungspfade vor. Als Kernprozesse wurden verschiedene Testverfahren identifiziert und anhand von realen Beispielen wichtige Besonderheiten aufgezeigt. Der Softwaretest befasst sich mit der Entwicklung von Algorithmen. Mit dem Hardware-in-the-Loop-Test können die Drohnenhardware und die eingebaute Sensorik unter Laborbedingungen gezielt in Risikosituationen getestet werden. Im Feldtest stehen zuverlässige Subsysteme für den Schwarmflug zur Verfügung, die in den Forschungsdrohnen in der risikoreduzierten Umgebung eingesetzt werden. Die unterstützenden Prozesse zeigen die praktische und analytische Umsetzung von Simulation, Flugverkehr, Drohnenhardware, Auswertung und Formationsbildung.

Abschließend wurde in der vorliegenden Arbeit die Entwicklung und Planung von Drohnen im Schwarm inhaltlich weitergeführt. Dabei wurden Aspekte aus den Bereichen Technik, Gesellschaft und Regulierung berücksichtigt. Dies erfolgte im Dreiklang der durchgängigen Prozessarchitektur zur Entwicklung von Drohneneinsätzen im Schwarm, die auf der Basis von Simulationen, Systemtests und realen Testflügen entwickelt wurde. Sie versteht sich als Angebot zur effizienten Systementwicklung und Charakterisierung von Drohnenschwärmen in der modernen Luftfahrt.

Open Access Dieses Kapitel wird unter der Creative Commons Namensnennung 4.0 International Lizenz (http://creativecommons.org/licenses/by/4.0/deed.de) veröffentlicht, welche die Nutzung, Vervielfältigung, Bearbeitung, Verbreitung und Wiedergabe in jeglichem Medium und Format erlaubt, sofern Sie den/die ursprünglichen Autor(en) und die Quelle ordnungsgemäß nennen, einen Link zur Creative Commons Lizenz beifügen und angeben, ob Änderungen vorgenommen wurden.

Die in diesem Kapitel enthaltenen Bilder und sonstiges Drittmaterial unterliegen ebenfalls der genannten Creative Commons Lizenz, sofern sich aus der Abbildungslegende nichts anderes ergibt. Sofern das betreffende Material nicht unter der genannten Creative Commons Lizenz steht und die betreffende Handlung nicht nach gesetzlichen Vorschriften erlaubt ist, ist für die oben aufgeführten Weiterverwendungen des Materials die Einwilligung des jeweiligen Rechteinhabers einzuholen.

Literaturverzeichnis

1. FLOREANO, DARIO und ROBERT J WOOD: *Science, technology and the future of small autonomous drones.* Nature, 521(7553):460–466, 2015.
2. LUXEMBOURG: PUBLICATIONS OFFICE OF THE EUROPEAN UNION: *Strategic Research and Innovation Agenda Digital European Sky.* 2020.
3. GLENDAY, CRAIG: *Guinness World Records 2024.* Bantam, 2023.
4. COPPOLA, MARIO, KIMBERLY N MCGUIRE, CHRISTOPHE DE WAGTER und GUIDO CHE DE CROON: *A Survey on Swarming With Micro Air Vehicles: Fundamental Challenges and Constraints.* Frontiers in Robotics and AI, 7:18, 2020.
5. NATTKE, MATTHIAS: *Effizientere Flächennutzung in der Landwirtschaft mit vernetzten Drohnen.* INFORMATIK 2021, 2021.
6. KANAND, THORSTEN, GERHARD KEMPER, REINHARD KÖNIG und HANNAH KEMPER: *Wildfire Detection and Disaster Monitoring System Using Uas and Sensor Fusion Technologies.* The International Archives of Photogrammetry, Remote Sensing and Spatial Information Sciences, 43:1671–1675, 2020.
7. JANEK, JÜRGEN und WOLFGANG G ZEIER: *A solid future for battery development.* Nature Energy, 1(9):1–4, 2016.
8. BERGER, ROLAND: *Focus – Urban Air Mobility | USD 90 billion of potential: How to capture a share of the passenger drone market.* The Roland Berger Center for Smart Mobility, 2020.
9. CABREIRA, TAUÃ M., LISANE B. BRISOLARA und PAULO R. FERREIRA JR.: *Survey on Coverage Path Planning with Unmanned Aerial Vehicles.* Drones, 3(1), 2019.
10. WEGENER, JENS, LISA-MARIE URSO, DIETER HOERSTEN, HANNES HEGEWALD, TILL-FABIAN MINßEN, JAN SCHATTENBERG, CORD-CHRISTIAN GAUS, THOMAS DE WITTE, HILTRUD NIEBERG, LUDGER FRERICHS und GEORG BACKHAUS: *Spot farming – an alternative for future plant production Spot Farming – eine Alternative für die zukünftige Pflanzenproduktion.* Journal fur Kulturpflanzen, 71, 05 2019.
11. FINK, CARSTEN und JULIUS KÜHN-INSTITUT: *Sport-Farming: Ist das die Zukunft der Landwirtschaft? Patient: Pflanze.*Drones, 03:50–52, 2018,
12. LOQUERCIO, ANTONIO, ELIA KAUFMANN, RENÉ RANFTL, MATTHIAS MÜLLER, VLADLEN KOLTUN und DAVIDE SCARAMUZZA: *Learning high-speed flight in the wild.* Science Robotics, 6(59):eabg5810, 2021.
13. RESEARCH, POLARIS MARKET: *Aircraft Sensors Market Share, Size, Trends, Industry Analysis Report, 2022–2030.* 2022.

14. RAY, BILL, FARHAN CHOUDHARY, NICK INGELBRECHT, AAPO MARKKANEN, BART DE MUYNCK, IVAR BERNTZ, TIM ZIMMERMAN, DWIGHT KLAPPICH, ANNETTE JUMP, JONATHAN DAVENPORT und KAY SHARPINGTON: *Emerging Technologies and Trends Impact Radar: Drones and Mobile Robots*. Gartner Research, 2021.
15. GARTNER: *Hype Cycle for Drones and Mobile Robots*. 2020.
16. KONERT, ANNA und TADEUSZ DUNIN: *A Harmonized European Drone Market? – New EU Rules on Unmanned Aircraft Systems*. Advances in Science, Technology and Engineering Systems Journal, 5(3):93–99, 2020.
17. KRAUSE, JENS, GRAEME D RUXTON und STEFAN KRAUSE: *Swarm intelligence in animals and humans*. Trends in ecology & evolution, 25(1):28–34, 2010.
18. SAHIN, E und WM SPEARS: *From sources of inspiration to domains of application*. Springer Berlin—Heidelberg, 2005.
19. ŞAHIN, EROL, SERTAN GIRGIN, LEVENT BAYINDIR und ALI EMRE TURGUT: *Swarm Robotics*. Springer Berlin Heidelberg, Berlin, Heidelberg, 2008.
20. CHENG, SHI: *Population diversity in particle swarm optimization: Definition, observation, control, and application*. University of Liverpool, England, 2013.
21. *What is a robot swarm: a definition for swarming robotics*. IEEE, 2019.
22. ROLDÁN-GÓMEZ, JUAN JESÚS, EDUARDO GONZÁLEZ-GIRONDA und ANTONIO BARRIENTOS: *A Survey on Robotic Technologies for Forest Firefighting: Applying Drone Swarms to Improve Firefighters' Efficiency and Safety*. Applied Sciences, 2021.
23. SKOBELEV, PETR, DENIS BUDAEV, NIKOLAY GUSEV und GEORGY VOSCHUK: *Designing multi-agent swarm of uav for precise agriculture*. Seiten 47–59. Springer, 2018.
24. DIN E. V.: *DIN 5452-9 – Luft- und Raumfahrt – Unbemannte Luftfahrzeugsysteme (UAS) – Teil 9 Drohnen-Detektion*, 2023.
25. *Flat drone collection*. Freepik, 2023.
26. LILIENTHAL, OTTO: *Die Flugapparate: allgemeine Gesichtspunkte bei deren Herstellung und Anwendung*. 1894.
27. LUKASCH, BERND: *Otto Lilienthal: Der Vogelflug als Grundlage der Fliegekunst*. Springer, 2014.
28. FAHLSTROM, PAUL G, THOMAS J GLEASON und MOHAMMAD H SADRAEY: *Introduction to UAV systems*. John Wiley & Sons, 2022.
29. BARNHART, R KURT, DOUGLAS M MARSHALL und ERIC SHAPPEE: *Introduction to unmanned aircraft systems*. Crc Press, 2021.
30. KEANE, JOHN F und STEPHEN S CARR: *A brief history of early unmanned aircraft*. Johns Hopkins APL Technical Digest, 32(3):558–571, 2013.
31. MENSEN, HEINRICH: *Handbuch der Luftfahrt*. Springer, 2013.
32. PRISACARIU, VASILE: *The history and the evolution of UAVs from the beginning till the 70s*. Journal of Defense Resources Management (JoDRM), 8(1):181–189, 2017.
33. KLUßMANN, NIELS und ARNIM MALIK: *Lexikon der Luftfahrt*. Springer, 2017.
34. *Investigation report on accident to the B737-MAX8 reg. ET-AVJ operated*, 2022.
35. BARNETT, ARNOLD: *Aviation safety: a whole new world?* Transportation science, 54(1):84–96, 2020.
36. INTERNATIONAL CIVIL AVIATION ORGANIZATION (ICAO): *Doc 9859 Safety Management Manual (SMM)*, 2018.
37. SEREBRYAKOV, ALEXANDER, MAKSIM RADUNTSEV, NATALYA PROSVIRINA und ANDREY ZAMKOVOI: *Strategies for Passing Regulatory Procedures during the Operational Phase of Unmanned Aircraft Systems*. Drones, 7(2), 2023.

38. FLÜHR, HOLGER: *Grundlagen der Flugsicherung*, Seiten 5–19. Springer, 2022.
39. EUROPÄISCHE UNION: *Durchführungsverordnung (EU) 2019/947 der Kommission vom 24. Mai 2019 über die Vorschriften und Verfahren für den Betrieb unbemannter Luftfahrzeuge*. Amtsblatt der EU Nr. L, 45, 2019.
40. EUROPEAN UNION AVIATION SAFETY AGENCY: *Operations Manual for the operation in SAIL II of unmanned aircraft systems (UAS)*, 2023.
41. HÄP, ULRICH und CHRISTINA PASTOR BRANDT: *Entwicklung im Luftverkehr*, Seiten 1–26. Springer, 2022.
42. PHIESEL, DANIEL: *Einfache und quantitative Risikobewertung des Betriebs kleiner unbemannter Fluggeräte im untersten Luftraum*. 2019.
43. TARR, ANTHONY A, DARRYL SMITH, MAURICE THOMPSON, TOM CHAMBERLAIN, ANTTON PEÑA und SAM GOLDEN: *Underwriting drone insurance*, Seiten 404–418. Routledge, 2021.
44. ȘCHEAU, MIRCEA CONSTANTIN, MONICA VIOLETA ACHIM, LARISA GABUDEANU, IULIA BRICI und ALEXANDRU-LUCIAN VÎLCEA: *Legal, Economic and Cyber Security Framework Considerations for Drone Usage*. Applied Sciences, 12(9), 2022.
45. AIRCADEMY: *Luftrecht und Sicherheit*, 2021.
46. BIKOV, TSVYATKO, GRIGOR MIHAYLOV, TEODOR ILIEV und IVAYLO STOYANOV: *Drone Surveillance in the Modern Agriculture*. In: *2022 8th International Conference on Energy Efficiency and Agricultural Engineering (EE&AE)*, Seiten 1–4, 2022.
47. BEEHARRY, Y und V BASSOO: *Drone-Based Weed Detection Architectures Using Deep Learning Algorithms and Real-Time Analytics*, Seiten 15–33. Springer, 2022.
48. LIM, YIXIANG, ALESSANDRO GARDI, ROBERTO SABATINI, SUBRAMANIAN RAMASAMY, TREVOR KISTAN, NETA EZER, JULIAN VINCE und ROBERT BOLIA: *Avionics Human-Machine Interfaces and Interactions for Manned and Unmanned Aircraft*. Progress in Aerospace Sciences, 102:1–46, 2018.
49. EUROPEAN COCKPIT ASSOCIATION: *Unmanned Aircraft Systems and the Concepts of Automation and Autonomy*. ECA Briefing Paper, Seiten 1–7, 2020.
50. MEIER, LORENZ, PETRI TANSKANEN, LIONEL HENG, GIM HEE LEE, FRIEDRICH FRAUNDORFER und MARC POLLEFEYS: *PIXHAWK: A micro aerial vehicle design for autonomous flight using onboard computer vision*. Autonomous Robots, 33(1–2):21–39, 2012.
51. FENG, LIN und QI FANGCHAO: *Research on the hardware structure characteristics and EKF filtering algorithm of the autopilot PIXHAWK*. Seiten 228–231. IEEE, 2016.
52. HOWARD, COURTNEY: *UAV command, control & communications*. Military & Aerospace Electronics, militaryaerospace. com, 2013.
53. MACCHINI, MATTEO, LUDOVIC DE MATTEÏS, FABRIZIO SCHIANO und DARIO FLOREANO: *Personalized Human-Swarm Interaction Through Hand Motion*. IEEE Robotics and Automation Letters, 6(4):8341–8348, 2021.
54. HANOVER, DREW, ANTONIO LOQUERCIO, LEONARD BAUERSFELD, ANGEL ROMERO, ROBERT PENICKA, YUNLONG SONG, GIOVANNI CIOFFI, ELIA KAUFMANN und DAVIDE SCARAMUZZA: *Past, Present, and Future of Autonomous Drone Racing: A Survey*. arXiv preprint arXiv:2301.01755, 2023.
55. IBRAHIM, MOHD RASIDI, MUHAMAD FIRDAUS AZMAN, AHMAD HAMDAN ARIFFIN, MOHAMAD NORANI MANSUR, MOHAMMAD SUKRI MUSTAPA und ABDUL RAHIM IRFAN: *Overview of Unmanned Aerial Vehicle (UAV) Parts Material in Recent Application*, Seiten 179–189. Springer, 2023.

56. *Beyond SAE J3016: New Design Spaces for Human-Centered Driving Automation.* Springer, 2022.
57. DEUTSCHER MODELLFLIEGER VERBAND E. V: *Leitfaden: Modellflugbetrieb im DMFV*, 2023.
58. LEE, JAEHYUN, DAVID HYUNCHUL SHIM, SUNGWOOK CHO, HEEMIN SHIN, SUNG-GOO JUNG, DASOL LEE und JAEMIN KANG: *A mission management system for complex aerial logistics by multiple unmanned aerial vehicles in MBZIRC 2017.* Journal of Field Robotics, 36(5):919–939, 2019.
59. JORDAN, SOPHIE, JULIAN MOORE, SIERRA HOVET, JOHN BOX, JASON PERRY, KEVIN KIRSCHE, DEXTER LEWIS und ZION TSZ HO TSE: *State-of-the-art technologies for UAV inspections.* IET Radar, Sonar & Navigation, 12(2):151–164, 2018.
60. YANG, KANG, GUANG YOU YANG und S ISI HUANG FU: *Research of Control System for Plant Protection UAV Based on Pixhawk.* Procedia Computer Science, 166:371–375, 2020.
61. WAIBEL, MARKUS, BILL KEAYS und FEDERICO AUGUGLIARO: *Drone shows: Creative potential and best practices.* Technischer Bericht, ETH Zurich, 2017.
62. SCHILLING, FABIAN, JULIEN LECOEUR, FABRIZIO SCHIANO und DARIO FLOREANO: *Learning vision-based flight in drone swarms by imitation.* IEEE Robotics and Automation Letters, 4(4):4523–4530, 2019.
63. VÁSÁRHELYI, GÁBOR, CSABA VIRÁGH, GERGO SOMORJAI, TAMÁS NEPUSZ, AGOSTON E EIBEN und TAMÁS VICSEK: *Optimized flocking of autonomous drones in confined environments.* Science Robotics, 3(20), 2018.
64. FUJIKURA, DAIKI, KENJIRO TADAKUMA, MASAHIRO WATANABE, YOSHITO OKADA, KAZUNORI OHNO und SATOSHI TADOKORO: *Toward Enabling a Hundred Drones to Land in a Minute.* IEEE, 2020.
65. KUNG, CHIH-MING, WEI-SHENG YANG, TING-YING WEI und SHU-TSUNG CHAO: *The fast flight trajectory verification algorithm for Drone Dance System.* Seiten 97–101. IEEE, 2020.
66. SCHWEIGER, KAROLIN und LUKAS PREIS: *Urban Air Mobility: Systematic Review of Scientific Publications and Regulations for Vertiport Design and Operations.* Drones, 6(7), 2022.
67. EVERS, LANAH, TWAN DOLLEVOET, ANA ISABEL BARROS und HERMAN MONSUUR: *Robust UAV mission planning.* Annals of Operations Research, 222(1):293–315, 2014.
68. PINTO, VANDILBERTO P., ROBERTO K. H. GALVÃO, LEONARDO R. RODRIGUES und JOÃO PAULO P. GOMES: *Mission Planning for Multiple UAVs in a Wind Field with Flight Time Constraints.* Journal of Control, Automation and Electrical Systems, 31(4):959–969, 2020.
69. CHANG, LU, LIANG SHAN, CHAO JIANG und YUEWEI DAI: *Reinforcement based mobile robot path planning with improved dynamic window approach in unknown environment.* Autonomous Robots, 45(1):51–76, 2021.
70. GALCERAN, ENRIC und MARC CARRERAS: *A survey on coverage path planning for robotics.* Robotics and Autonomous systems, 61(12):1258–1276, 2013.
71. SANTAMARIA, EDUARD, FLORIAN SEGOR und IGOR TCHOUCHENKOV: *Rapid aerial mapping with multiple heterogeneous unmanned vehicles.* Citeseer, 2013.
72. MAZA, IVAN und ANIBAL OLLERO: *Multiple UAV cooperative searching operation using polygon area decomposition and efficient coverage algorithms*, Seiten 221–230. Springer, 2007.

73. A framework and analysis for cooperative search using UAV swarms, 2004.
74. YANG, YUNHONG, XINGZHONG XIONG und YUEHAO YAN: *UAV Formation Trajectory Planning Algorithms: A Review*. Drones, 7(1):62
75. MOLNAR, SIDNEY, MATT MUELLER, ROBERT MACPHERSON, LAWRENCE RHOADS und JEFFREY W HERRMANN: *Using Metareasoning on a Mobile Ground Robot to Recover from Path Planning Failures*, 2023.
76. VDI VEREIN DEUTSCHER INGENIEURE E. V., VDI – THE ASSOCIATION OF GERMAN ENGINEERS: *VDI 5912 Blatt 1*, 2022.
77. DEUTSCHE GESETZLICHE UNFALLVERSICHERUNG E. V. (DGUV): *DGUV Information 208–058 – Sicherer Umgang mit Multikoptern (Drohnen)*, 2020.
78. CHIANG, WEN-CHYUAN, YUYU LI, JENNIFER SHANG und TIMOTHY L. URBAN: *Impact of drone delivery on sustainability and cost: Realizing the UAV potential through vehicle routing optimization*. Applied Energy, 242:1164–1175, 2019.
79. CHOVANCOVÁ, ANEŽKA, TOMÁŠ FICO, LUBOŠ CHOVANEC und PETER HUBINSK: *Mathematical modelling and parameter identification of quadrotor (a survey)*. Procedia Engineering, 96:172–181, 2014.
80. BARTON, JEFFREY D: *Fundamentals of small unmanned aircraft flight*. Johns Hopkins APL technical digest, 31(2):132–149, 2012.
81. LUUKKONEN, TEPPO: *Modelling and control of quadcopter*. Independent research project in applied mathematics, Espoo, 22:22, 2011.
82. ALAIMO, A., V. ARTALE, C. MILAZZO, A. RICCIARDELLO und L. TREFILETTI: *Mathematical modeling and control of a hexacopter*. In: *2013 International Conference on Unmanned Aircraft Systems (ICUAS)*, Seiten 1043–1050, 2013.
83. BOUADI, HAKIM, S. SIMOES CUNHA, A. DROUIN und F. MORA-CAMINO: *Adaptive sliding mode control for quadrotor attitude stabilization and altitude tracking*. In: *2011 IEEE 12th International Symposium on Computational Intelligence and Informatics (CINTI)*, Seiten 449–455, 2011.
84. RINALDI, F, S CHIESA und FULVIA QUAGLIOTTI: *Linear quadratic control for quadrotors UAVs dynamics and formation flight*. Journal of Intelligent & Robotic Systems, 70(1):203–220, 2013.
85. MAHONY, ROBERT, VIJAY KUMAR und PETER CORKE: *Multirotor aerial vehicles: Modeling, estimation, and control of quadrotor*. IEEE Robotics and Automation magazine, 19(3):20–32, 2012.
86. DERAFA, LALOUI, TAREK MADANI und ABDELAZIZ BENALLEGUE: *Dynamic modelling and experimental identification of four rotors helicopter parameters*, 2006.
87. REYES-VALERIA, ELIAS, ROGERIO ENRIQUEZ-CALDERA, SERGIO CAMACHO-LARA und JOSE GUICHARD: *LQR control for a quadrotor using unit quaternions: Modeling and simulation*, 2013.
88. FRESK, EMIL und GEORGE NIKOLAKOPOULOS: *Full quaternion based attitude control for a quadrotor*, 2013.
89. RANJBARAN, MINA und KHASHAYAR KHORASANI: *Fault recovery of an underactuated quadrotor aerial vehicle*, 2010.
90. DYDEK, ZACHARY T, ANURADHA M ANNASWAMY und EUGENE LAVRETSKY: *Adaptive control of quadrotor UAVs: A design trade study with flight evaluations*. IEEE Transactions on control systems technology, 21(4):1400–1406, 2012.
91. DO, HAI T, HOANG T HUA, MINH T NGUYEN, CUONG V NGUYEN, HOA TT NGUYEN, HOA T NGUYEN und NGA TT NGUYEN: *Formation control algorithms*

for multiple-uavs: a comprehensive survey. EAI Endorsed Transactions on Industrial Networks and Intelligent Systems, 8(27):e3–e3, 2021.
92. JI, MENG, ABUBAKR MUHAMMAD und MAGNUS EGERSTEDT: *Leader-based multi-agent coordination: Controllability and optimal control*. IEEE, 2006.
93. MAS, IGNACIO und CHRISTOPHER KITTS: *Centralized and decentralized multi-robot control methods using the cluster space control framework*. IEEE, 2010.
94. BRANDÃO, ALEXANDRE SANTOS und MÁRIO SARCINELLI-FILHO: *On the guidance of multiple uav using a centralized formation control scheme and delaunay triangulation*. Journal of Intelligent & Robotic Systems, 84(1):397–413
95. REN, WEI und RANDAL W BEARD: *Decentralized scheme for spacecraft formation flying via the virtual structure approach*. Journal of Guidance, Control, and Dynamics, 27(1):73–82
96. KITAGAWA, TAKERU, YUICHI KAWAMOTO und NEI KATO: *Communication Scheduling with Diversity for Unmanned Aircraft Systems Using Local 5G*. Journal of Communications and Information Networks, 5(1):50–61, 2020.
97. BHATTACHERJEE, DEBOPAM und ANKIT SINGLA: *Network topology design at 27,000 km/hour*, 2019.
98. KIM, DONG HUN, HUA WANG und SEIICHI SHIN: *Decentralized control of autonomous swarm systems using artificial potential functions: Analytical design guidelines*. Journal of Intelligent & Robotic Systems, 45(4):369–394
99. WANG, JIANAN und MING XIN: *Integrated optimal formation control of multiple unmanned aerial vehicles*. IEEE Transactions on Control Systems Technology, 21(5):1731–1744
100. DESAI, JAYDEV P, JIM OSTROWSKI und VIJAY KUMAR: *Controlling formations of multiple mobile robots*, Band 4. IEEE, 1998.
101. FIERRO, RAFAEL, CALIN BELTA, JAYDEV P DESAI und VIJAY KUMAR: *On controlling aircraft formations*, Band 2. IEEE, 2001.
102. LIU, HUAN, XIANGKE WANG und HUAYONG ZHU: *A novel backstepping method for the three-dimensional multi-UAVs formation control*. IEEE, 2015.
103. KARTAL, YUSUF, KAMESH SUBBARAO, NICHOLAS R GANS, ATILLA DOGAN und FRANK LEWIS: *Distributed backstepping based control of multiple UAV formation flight subject to time delays*. IET Control Theory & Applications, 14(12):1628–1638
104. GALZI, DAMIEN und YURI SHTESSEL: *UAV formations control using high order sliding modes*. IEEE, 2006.
105. GHAMRY, KHALED A und YOUMIN ZHANG: *Formation control of multiple quadrotors based on leader-follower method*. IEEE, 2015.
106. DEHGHANI, MOHAMMAD A und MOHAMMAD B MENHAJ: *Integral sliding mode formation control of fixed-wing unmanned aircraft using seeker as a relative measurement system*. Aerospace Science and Technology, 58:318–327
107. NO, TAE SOO, YOUDAN KIM, MIN -JEA TAHK und GYEONG-EON JEON: *Cascade-type guidance law design for multiple-UAV formation keeping*. Aerospace Science and Technology, 15(6):431–439
108. OLFATI-SABER, REZA: *Flocking for multi-agent dynamic systems: Algorithms and theory*. IEEE Transactions on automatic control, 51(3):401–420
109. NGUYEN, MINH T, HUNG M LA und KEITH A TEAGUE: *Collaborative and compressed mobile sensing for data collection in distributed robotic networks*. IEEE Transactions on Control of Network Systems, 5(4):1729–1740

110. REYNOLDS, CRAIG W: *Flocks, herds and schools: A distributed behavioral model.* 1987.
111. LIN, TONY X, SAID AL-ABRI, SAMUEL COOGAN und FUMIN ZHANG: *A Distributed Scalar Field Mapping Strategy for Mobile Robots.* Seiten 11581–11586. IEEE, 2020.
112. TAN, KAR-HAN und M ANTHONY LEWIS: *Virtual structures for high-precision cooperative mobile robotic control*, Band 1. IEEE, 1996.
113. LEWIS, M ANTHONY und KAR-HAN TAN: *High precision formation control of mobile robots using virtual structures.* Autonomous robots, 4(4):387–403
114. ASKARI, A, M MORTAZAVI und HA TALEBI: *UAV formation control via the virtual structure approach.* Journal of Aerospace Engineering, 28(1):04014047
115. NGUYEN, MINH TUAN: *Energy-Efficient Mobile Sensing in Distributed Multi-Agent Sensor Networks.* Advances in Science, Technology and Engineering Systems Journal, 2(3):245–253, 2017.
116. ZHOU, DINGJIANG, ZIJIAN WANG und MAC SCHWAGER: *Agile coordination and assistive collision avoidance for quadrotor swarms using virtual structures.* IEEE Transactions on Robotics, 34(4):916–923
117. PETERSON, CAMMY K und JEFF BARTON: *Virtual structure formations of cooperating UAVs using wind-compensation command generation and generalized velocity obstacles.* IEEE, 2015.
118. BALCH, TUCKER und RONALD C ARKIN: *Behavior-based formation control for multirobot teams.* IEEE transactions on robotics and automation, 14(6):926–939
119. KHATIB, OUSSAMA: *Real-time obstacle avoidance for manipulators and mobile robots*, Band 2. IEEE, 1985.
120. ZHAO, YUANCHEN, LU JIAO, RUI ZHOU und JIE ZHANG: *UAV formation control with obstacle avoidance using improved artificial potential fields.* IEEE, 2017.
121. EUN, YEONJU und HYOCHOONG BANG: *Cooperative control of multiple unmanned aerial vehicles using the potential field theory.* Journal of Aircraft, 43(6):1805–1814
122. PAUL, TOBIAS, THOMAS R KROGSTAD und JAN TOMMY GRAVDAHL: *Modelling of UAV formation flight using 3D potential field.* Simulation Modelling Practice and Theory, 16(9):1453–1462
123. CHEN, YONGBO, JIANQIAO YU, XIAOLONG SU und GUANCHEN LUO: *Path planning for multi-UAV formation.* Journal of Intelligent & Robotic Systems, 77(1):229–246
124. REN, WEI: *Consensus based formation control strategies for multi-vehicle systems.* IEEE, 2006.
125. ZHU, BING, LIHUA XIE und DUO HAN: *Recent developments in control and optimization of swarm systems: A brief survey.* IEEE, 2016.
126. LI, Y, BIN LI, ZHAO SUN und YD SONG: *Fuzzy technique based close formation flight control.* IEEE, 2005.
127. JAN, BOLTING: *Contributions to Tight Formation Flight Control of Small UAS.* 2017.
128. WEN, GUOXING, CL PHILIP CHEN, YAN-JUN LIU und ZHI LIU: *Neural network-based adaptive leader-following consensus control for a class of nonlinear multiagent state-delay systems.* IEEE transactions on cybernetics, 47(8):2151–2160
129. ZHEN, ZIYANG, GANG TAO, YUE XU und GE SONG: *Multivariable adaptive control based consensus flight control system for UAVs formation.* Aerospace Science and Technology, 93:105336
130. HOANG, VAN TRUONG, MANH DUONG PHUNG, TRAN HIEP DINH, QIUCHEN ZHU und QUANG PHUC HA: *Reconfigurable multi-uav formation using angle-encoded pso.* IEEE, 2019.

131. MADROÑAL, DANIEL, FRANCESCA PALUMBO, ALESSANDRO CAPOTONDI und ANDREA MARONGIU: *Unmanned vehicles in smart farming: A survey and a glance at future horizons*, Seiten 1–8. 2021.
132. TORO, FELIPE GONZALEZ und ANTONIOS TSOURDOS: *UAV sensors for environmental monitoring*. MDPI, 2018.
133. REGER, MATTHIAS, JOSEF BAUERDICK und HEINZ BERNHARDT: *Drones in Agriculture: Current and future legal status in Germany, the EU, the USA and Japan*. Landtechnik, 73(3):62–79, 2018.
134. MANCINI, ADRIANO, EMANUELE FRONTONI und PRIMO ZINGARETTI: *Satellite and UAV data for Precision Agriculture Applications*. Seiten 491–497. IEEE, 2019.
135. KRISHNA, KR: *The Agricultural Sky: A Concept to Revolutionize Farming*. CRC Press, 2023.
136. SOZZI, MARCO, AHMED KAYAD, STEFANO GOBBO, ALESSIA COGATO, LUIGI SARTORI und FRANCESCO MARINELLO: *Economic Comparison of Satellite, Plane and UAV-Acquired NDVI Images for Site-Specific Nitrogen Application: Observations from Italy*. Agronomy, 11(11), 2021.
137. SCHMIDHALTER, URS: *Sensorgestützte Ermittlung des Nährstoffbedarfs*. VDLUFA – Verband Deutscher Landwirtschaftlicher Untersuchungs- und Forschungsanstalten, 2015.
138. WEGENER, JENS KARL, DIETER VON HÖRSTEN und LISA- MARIE URSO: *Mit Spot Farming zur nachhaltigen Intensivierung in der Pflanzenproduktion*. 28. Deutsche Arbeitsbesprechung über Fragen der Unkrautbiologie und -bekämpfung, 2018.
139. ALBIERO, DANIEL, ANGEL PONTIN GARCIA, CLAUDIO KIYOSHI UMEZU und RODRIGO LEME DE PAULO: *Swarm robots in mechanized agricultural operations: a review about challenges for research*. Computers and Electronics in Agriculture, 193:106608, 2022.
140. CUARAN, JOSE und JOSE LEON: *Crop monitoring using unmanned aerial vehicles: a review*. Agricultural Reviews, 42(2):121–132, 2021.
141. SCHIRRMANN, MICHAEL, ANTJE GIEBEL, FRANZISKA GLEINIGER, MICHAEL PFLANZ, JAN LENTSCHKE und KARL-HEINZ DAMMER: *Monitoring agronomic parameters of winter wheat crops with low-cost UAV imagery*. Remote Sensing, 8(9):706, 2016.
142. REJEB, ABDERAHMAN, ALIREZA ABDOLLAHI, KARIM REJEB und HORST TREIBLMAIER: *Drones in agriculture: A review and bibliometric analysis*. Computers and Electronics in Agriculture, 198:107017, 2022.
143. BOLLAS, NIKOLAOS, ELENI KOKINOU und VASSILIOS POLYCHRONOS: *Comparison of sentinel-2 and UAV multispectral data for use in precision agriculture: An application from northern Greece*. Drones, 5(2), 2021.
144. BOLES, DIETRICH: *Parallele Programmierung spielend gelernt mit dem Java-Hamster-Modell: Programmierung mit Java-Threads*. Springer-Verlag, 2009.
145. TRANZATTO, MARCO, TAKAHIRO MIKI, MIHIR DHARMADHIKARI, LUKAS BERNREITER, MIHIR KULKARNI, FRANK MASCARICH, OLOV ANDERSSON, SHEHRYAR KHATTAK, MARCO HUTTER, ROLAND SIEGWART und KOSTAS ALEXIS: *CERBERUS in the DARPA Subterranean Challenge*. Science Robotics, 7(66), 2022.
146. SKOBELEV, PETR, VLADIMIR LARUKCHIN, IGOR MAYOROV, ELENA SIMONOVA und OLGA YALOVENKO: *Smart Farming – Open Multi-agent Platform and Eco-System of Smart Services for Precision Farming*. Springer, 2019.

147. UTAMIMA, AMALIA, TORSTEN REINERS und AMIR H ANSARIPOOR: *Evolutionary neighborhood discovery algorithm for agricultural routing planning in multiple fields.* Annals of Operations Research, 316(2), 2022.
148. STEIN, MICHAEL L: *Interpolation of spatial data: some theory for kriging.* Springer Science & Business Media, 1999.
149. WILLIAMS, CHRISTOPHER KI und CARL EDWARD RASMUSSEN: *Gaussian processes for machine learning,* Band 2. MIT press Cambridge, MA, 2006.
150. KOCIJAN, JUŠ: *Modelling and control of dynamic systems using Gaussian process models.* Springer, 2016.
151. GRIGGS, DAVID, MARK STAFFORD-SMITH, OWEN GAFFNEY, JOHAN ROCKSTRÖM, MARCUS C. ÖHMAN, PRIYA SHYAMSUNDAR, WILL STEFFEN, GISBERT GLASER, NORICHIKA KANIE und IAN NOBLE: *Sustainable development goals for people and planet.* Nature, 495(7441):305–307, 2013.
152. KITONSA, HAULA und SERGEY V KRUGLIKOV: *Significance of drone technology for achievement of the United Nations sustainable development goals.* R-economy, 4(3):115–120, 2018.
153. PINA, PEDRO und GONÇALO VIEIRA: *UAVs for Science in Antarctica.* Remote Sensing, 14(7), 2022.
154. ROSENSTOCK, TODD S, ANDREEA NOWAK und EVAN GIRVETZ: *The climate-smart agriculture papers: investigating the business of a productive, Resilient and Low Emission Future.* Springer Nature, 2019.
155. KREIER, FREDA: *Drones bearing parcels deliver big carbon savings.* Nature, 2022.
156. KUHNWALD, HANNES: *Teilflächenspezifische Düngung im Maisanbau anhand eines Praxisbetriebes in Mecklenburg-Vorpommern,* 2013.
157. PYLIANIDIS, CHRISTOS, SJOUKJE OSINGA und IOANNIS N ATHANASIADIS: *Introducing digital twins to agriculture.* Computers and Electronics in Agriculture, 184:105942, 2021.
158. *Emergent intelligence of Digital Twins: From Concept to Applications.* Springer, 2023.
159. LEE, HYEON-SEUNG, BEOM-SOO SHIN, J ALEX THOMASSON, TIANYI WANG, ZHAO ZHANG und XIONGZHE HAN: *Development of multiple uav collaborative driving systems for improving field phenotyping.* Sensors, 22(4):1423, 2022.
160. HERRERO-HUERTA, MONICA, DIEGO GONZALEZ-AGUILERA und YANG YANG: *Structural Component Phenotypic Traits from Individual Maize Skeletonization by UAS-Based Structure-from-Motion Photogrammetry.* Drones, 7(2), 2023.
161. LI, YANG, YANG XU, XINYU XUE, XUEMEI LIU und XINGHUA LIU: *Optimal spraying task assignment problem in crop protection with multi-UAV systems and its order irrelevant enumeration solution.* Biosystems Engineering, 214:177–192, 2022.
162. MORENI, MAEL, JEROME THEAU und SAMUEL FOUCHER: *Train fast while reducing false positives: improving animal classification performance using convolutional neural networks.* Geomatics, 1(1):34–49, 2021.
163. BJURLING, OSCAR, REGO GRANLUND, JENS ALFREDSON, MATTIAS ARVOLA und TOM ZIEMKE: *Drone Swarms in Forest Firefighting: A Local Development Case Study of Multi-Level Human-Swarm Interaction.* Association for Computing Machinery, New York, NY, USA, 2020.
164. SESAR JOINT UNDERTAKING: *Exploring the boundaries of air traffic management – A summary of SESAR exploratory research results 2016-2020.* Luxembourg: Publications Office of the European Union, 2020.

165. LAPPAS, V., G. ZOUMPONOS, V. KOSTOPOULOS, HY. SHIN, A. TSOURDOS, M. TANTARINI, D. SHMOKO, J. MUNOZ, N. AMORATIS, A. MARAGKAKIS, T. MACHAIRAS und A. TRIFAS: *EuroDRONE, A European UTM Testbed for U-Space*. In: *2020 International Conference on Unmanned Aircraft Systems (ICUAS)*, Seiten 1766–1774, 2020.
166. PREVOT, THOMAS, JOSEPH RIOS, PARIMAL KOPARDEKAR, JOHN E ROBINSON III, MARCUS JOHNSON und JAEWOO JUNG: *UAS traffic management (UTM) concept of operations to safely enable low altitude flight operations*. Seite 3292, 2016.
167. TAN, LI, HONGTAO ZHANG, JIAQI SHI, XIAOFENG LIAN und FEIYANG JIA: *Multi-UAV Path Planning in Complex Obstacle Environments*. In: YU, ZHIWEN, XINHONG HEI, DUANLING LI, XIANHUA SONG und ZEGUANG LU (Herausgeber): *Intelligent Robotics*, Seiten 123–132, Singapore, 2023. Springer Nature Singapore.
168. SUN, YIXUAN, LIN LI, CHENLEI ZHOU, SHAOWU YANG, DIANXI SHI und HAOJIA AN: *Design and Implementation of a Collaborative Air-Ground Unmanned System Path Planning Framework*. In: YU, ZHIWEN, XINHONG HEI, DUANLING LI, XIANHUA SONG und ZEGUANG LU (Herausgeber): *Intelligent Robotics*, Seiten 83–96, Singapore, 2023. Springer Nature Singapore.
169. RYLL, MARKUS, JOHN WARE, JOHN CARTER und NICK ROY: *Efficient Trajectory Planning for High Speed Flight in Unknown Environments*. In: *2019 International Conference on Robotics and Automation (ICRA)*, Seiten 732–738, 2019.
170. KOPARDEKAR, PARIMAL H: *Unmanned aerial system (UAS) traffic management (UTM): Enabling low-altitude airspace and UAS operations*. 2014.
171. SAUTER, MARTIN: *5G New Radio (NR) und das 5G Kernnetz*, Seiten 115–208. Springer, 2022.
172. AZARI, M MAHDI, GIOVANNI GERACI, ADRIAN GARCIA-RODRIGUEZ und SOFIE POLLIN: *UAV-to-UAV communications in cellular networks*. IEEE Transactions on Wireless Communications, 2020.
173. FEDERAL AVIATION ADMINISTRATION (FAA), NATIONAL AERONAUTICS AND SPACE ADMINISTRATION (NASA): *Urban Air Mobility (UAM), Concept of Operations (ConOps), Version 2.0*. 2023.
174. AWEISS, ARWA S, BRANDON D OWENS, JOSEPH RIOS, JEFFREY R HOMOLA und CHRISTOPH P MOHLENBRINK: *Unmanned Aircraft Systems (UAS) Traffic Management (UTM) National Campaign II*, Seite 1727. 2018.
175. *Space traffic management with a NASA UAS traffic management (UTM) inspired architecture*, 2019.
176. BAURANOV, ALEKSANDAR und JASENKA RAKAS: *Designing airspace for urban air mobility: A review of concepts and approaches*. Progress in Aerospace Sciences, 125:100726, 2021.
177. JANG, DAE-SUNG, COREY A IPPOLITO, SHANKAR SANKARARAMAN und VAHRAM STEPANYAN: *Concepts of airspace structures and system analysis for uas traffic flows for urban areas*, Seite 449. 2017.
178. WOLLSCHLAEGER, MARTIN, THILO SAUTER und JUERGEN JASPERNEITE: *The future of industrial communication: Automation networks in the era of the internet of things and industry 4.0*. IEEE Industrial Electronics Magazine, 11(1):17–27, 2017.
179. BOLIĆ, TATJANA und PAUL RAVENHILL: *SESAR: The past, present, and future of European air traffic management research*. Engineering, 7(4):448–451, 2021.
180. GEISTER, D und B KORN: *Concept for urban airspace integration DLR U-Space blueprint*. German Aerospace Center-Institut of Flight Guidance, 2017.

181. XU, Y., T. ZHANG, Y. LIU und D. YANG: *UAV-Enabled Integrated Sensing, Computing, and Communication: A Fundamental Trade-off*. IEEE Wireless Communications Letters, Seiten 1–1, 2023.
182. PASANDIDEH, FAEZEH, JOÃO PAULO J. DA COSTA, RAFAEL KUNST, WIBOWO HARDJAWANA und EDISON PIGNATON DE FREITAS: *A systematic literature review of flying ad hoc networks: State-of-the-art, challenges, and perspectives*. Journal of Field Robotics, n/a(n/a), 2023.
183. MOHSAN, SYED AGHA HASSNAIN, NAWAF QASEM HAMOOD OTHMAN, YANLONG LI, MOHAMMED H ALSHARIF und MUHAMMAD ASGHAR KHAN: *Unmanned aerial vehicles (UAVs): practical aspects, applications, open challenges, security issues, and future trends*. Intelligent Service Robotics, Seiten 1–29
184. MEIER, LORENZ, PETRI TANSKANEN, FRIEDRICH FRAUNDORFER und MARC POLLEFEYS: *Pixhawk: A system for autonomous flight using onboard computer vision*. Seiten 2992–2997. IEEE, 2011.
185. CHANDARANA, MEGHAN, DANA HUGHES, MICHAEL LEWIS, KATIA SYCARA und SEBASTIAN SCHERER: *Planning and Monitoring Multi-Job Type Swarm Search and Service Missions*. Journal of Intelligent & Robotic Systems, 101(3):1–14, 2021.
186. HOCRAFFER, AMY und CHANG S. NAM: *A meta-analysis of human-system interfaces in unmanned aerial vehicle (UAV) swarm management*. Applied Ergonomics, 58:66–80, 2017.
187. PEREZ, DANIEL, IVAN MAZA, FERNANDO CABALLERO, DAVID SCARLATTI, ENRIQUE CASADO und ANIBAL OLLERO: *A ground control station for a multi-UAV surveillance system*. Journal of Intelligent & Robotic Systems, 69(1–4):119–130, 2013.
188. SAFI, MARYAM und JOON CHUNG: *Augmented Reality Uses and Applications in Aerospace and Aviation*, Seiten 473–494. Springer International Publishing, Cham, 2023.
189. NAKAMA, JUSTIN, RICKY PARADA, JOÃO P. MATOS-CARVALHO, FÁBIO AZEVEDO, DÁRIO PEDRO und LUÍS CAMPOS: *Autonomous Environment Generator for UAV-Based Simulation*. Applied Sciences, 11(5), 2021.
190. RIOS, JASON und NATHAN BOLANDER: *Physics in a Digital Twin World*, Seiten 577–598. Springer International Publishing, Cham, 2023.
191. LEE, JEONGSEOK, MICHAEL X. GREY, SEHOON HA, TOBIAS KUNZ, SUMIT JAIN, YUTING YE, SIDDHARTHA S. SRINIVASA, MIKE STILMAN und C KAREN LIU: *Dart: Dynamic animation and robotics toolkit*. The Journal of Open Source Software, 3(22):500, 2018.
192. NGUYEN, KHOA DANG und CHEOLKEUN HA: *Development of hardware-in-the-loop simulation based on Gazebo and Pixhawk for unmanned aerial vehicles*. International Journal of Aeronautical and Space Sciences, 19(1):238–249, 2018.
193. MEIER, LORENZ: *Dynamic Robot Architecture for Robust Realtime Computer Vision*. 2017.
194. GARCIA, RICHARD und LAURA BARNES: *Multi-UAV Simulator Utilizing X-Plane*. Journal of Intelligent & Robotic Systems, 57:393–406, 2010.
195. GODDEMEIER, NIKLAS, RALF HEIDGER und CHRISTIAN JANKE: *UTM Tracking of Drones at the Dronemasters' Dronathon Berlin 2018*. 2019.
196. EMMERICH, PAUL, SEBASTIAN GALLENMÜLLER, DANIEL RAUMER, FLORIAN WOHLFART und GEORG CARLE: *Moongen: A scriptable high-speed packet generator*. Seiten 275–287. ACM, 2015.

197. AZOULAY, RINA, YORAM HADDAD und SHULAMIT RECHES: *Machine Learning Methods for Management UAV Flocks-a Survey*. IEEE Access, 2021.
198. PECHO, PAVOL, PATRIK VELKY, SAMUEL KAPUSTIK und ANDREJ NOVAK: *Use of Computer Simulation to Optimize UAV Swarm Flying*. IEEE, 2022.
199. FURRER, FADRI, MICHAEL BURRI, MARKUS ACHTELIK und ROLAND SIEGWART: *RotorS – A Modular Gazebo MAV Simulator Framework*, Seiten 595–625. Springer International Publishing, Cham, 2016.
200. MILLAN-ROMERA, JOSE A., JOSÉ JOAQUÍN ACEVEDO, ÁNGEL R. CASTAÑO, HECTOR PEREZ-LEON, CARLOS CAPITÁN und ANÍBAL OLLERO: *A UTM simulator based on ROS and Gazebo*. In: *2019 Workshop on Research, Education and Development of Unmanned Aerial Systems (RED UAS)*, Seiten 132–141, 2019.
201. ALAMIRAH, HANEEN, MARCEL SCHWEIKER und ELIE AZAR: *Immersive virtual environments for occupant comfort and adaptive behavior research – A comprehensive review of tools and applications*. Building and Environment, 207:108396, 2022.
202. EGAN, SIR JOHN und NECULAI C. TUTOS: *Digital-Age Construction – Manufacturing Convergence*, Seiten 849–900. Springer International Publishing, Cham, 2023.
203. OUYANG, QUAN, ZHAOXIANG WU, YUHUA CONG und ZHISHENG WANG: *Formation control of unmanned aerial vehicle swarms: A comprehensive review*. Asian Journal of Control, 25(1):570–593, 2023.
204. LIPIŃSKI, MACIEJ, TOMASZ WOSTOWSKI, JAVIER SERRANO und PABLO ALVAREZ: *White rabbit: A PTP application for robust sub-nanosecond synchronization*. Seiten 25–30. IEEE, 2011.
205. FOSTER, T CHRIS, WILLIAM F MORONEY, HENRY L PHILLIPS und MICHAEL G LILIENTHAL: *Human Factors in Simulation and Training: An Overview*. Human Factors in Simulation and Training, Seiten 1–64, 2024.
206. KOUBA, ANIS, AZZA ALLOUCH, MARAM ALAJLAN, YASIR JAVED, ABDELFETTAH BELGHITH und MOHAMED KHALGUI: *Micro air vehicle link (mavlink) in a nutshell: A survey*. IEEE Access, 7:87658–87680, 2019.
207. MEIER, LORENZ, PETRI TANSKANEN, FRIEDRICH FRAUNDORFER und MARC POLLEFEYS: *The pixhawk open-source computer vision framework for mavs*. The International Archives of the Photogrammetry, Remote Sensing and Spatial Information Sciences, 38(1):C22, 2011.
208. GOEL, ANKIT, ASEEM UL ISLAM, AHMAD ANSARI, OMRAN KOUBA und DENNIS S BERNSTEIN: *An Introduction to Inertial Navigation From the Perspective of State Estimation [Focus on Education]*. IEEE Control Systems Magazine, 41(5):104–128, 2021.
209. RUBÍ, BARTOMEU, BERNARDO MORCEGO und RAMON PÉREZ: *Deep reinforcement learning for quadrotor path following with adaptive velocity*. Autonomous Robots, 45:119–134, 2021.
210. OGAJA, CLEMENT A: *Introduction to GNSS Geodesy: Foundations of Precise Positioning Using Global Navigation Satellite Systems*. Springer Nature, 2022.
211. VARBLA, SANDER, RAIDO PUUST und ARTU ELLMANN: *Accuracy assessment of RTK-GNSS equipped UAV conducted as-built surveys for construction site modelling*. Survey review, 53(381):477–492, 2021.
212. HOANG, G. M., B. DENIS, J. HÄRRI und D. T. M. SLOCK: *Cooperative localization in GNSS-aided VANETs with accurate IR-UWB range measurements*. In: *2016 13th Workshop on Positioning, Navigation and Communications (WPNC)*, Seiten 1–6, Oct 2016.

213. ZHOU, BO, YI HE, KUN QIAN, XUDONG MA und XIAOMAO LI: *S4-SLAM: A real-time 3D LIDAR SLAM system for ground/watersurface multi-scene outdoor applications*. Autonomous Robots, 45(1):77–98, 2021.
214. SALOM, IVA, GORAN DIMIĆ, VLADIMIR CELEBIĆ, MARKO SPASENOVIĆ, MILICA RAICKOVIĆ, MIRJANA MIHAJLOVIĆ und DEJAN TODOROVIĆ: *An Acoustic Camera for Use on UAVs*. Sensors, 23(2):880, 2023.
215. ASAAMONING, GODWIN, PAULO MENDES, DENIS ROSÁRIO und EDUARDO CERQUEIRA: *Drone Swarms as Networked Control Systems by Integration of Networking and Computing*. Sensors, 21(8), 2021.
216. RAMIREZ-ATENCIA, CRISTIAN und DAVID CAMACHO: *Extending QGroundControl for Automated Mission Planning of UAVs*. Sensors, 18(7), 2018.
217. ASHAPURE, AKASH, JINHA JUNG, ANJIN CHANG, SUNGCHAN OH, MURILO MAEDA und JUAN LANDIVAR: *A comparative study of RGB and multispectral sensor-based cotton canopy cover modelling using multi-temporal UAS data*. Remote Sensing, 11(23):2757, 2019.
218. GAUKLER, FABIAN: *Energie-Effizienz von Streaming-Plattformen und Möglichkeiten zur Verbesserung*. INFORMATIK 2020, 2021.
219. FRACKOWIAK, RAFA und ZDOBYSAW JAN GORAJ: *Animal detection using thermal imaging and a UAV*. Aircraft Engineering and Aerospace Technology, ahead-of-print(ahead-of-print), 2023/02/21 2023.
220. ADÃO, TELMO, JONÁŠ HRUŠKA, LUÍS PÁDUA, JOSÉ BESSA, EMANUEL PERES, RAUL MORAIS und JOAQUIM JOAO SOUSA: *Hyperspectral imaging: A review on UAV-based sensors, data processing and applications for agriculture and forestry*. Remote sensing, 9(11):1110, 2017.
221. FRANK, HORST: *Electromagnetic Wave Spectrum*, 2008.
222. KHAN, SHAHBAZ, MUHAMMAD TUFAIL, MUHAMMAD TAHIR KHAN und ZUBAIR AHMAD KHAN: *A Deep Learning-Based Detection System of Multi-class Crops and Orchards Using a UAV*, Seiten 35–50. Springer, 2022.
223. LACEY, SEAN, SETH MANCUSO und BRYCE MCKENZIE: *DJI Drone Modification*. 2021.
224. *Adaptive control of quadrotor UAV based on arduino*. IEEE, 2020.
225. PREISS, JAMES A, WOLFGANG HONIG, GAURAV S SUKHATME und NORA AYANIAN: *Crazyswarm: A large nano-quadcopter swarm*. Seiten 3299–3304. IEEE, 2017.
226. STECZ, WOJCIECH und KRZYSZTOF GROMADA: *UAV Mission Planning with SAR Application*. Sensors, 20(4), 2020.
227. NATARAJAN, G: *Ground control stations for unmanned air vehicles*. 2001.
228. HU, BINTAO, JIANBO DU und XIAOLI CHU: *Enabling Low-latency Applications in Vehicular Networks Based on Mixed Fog/Cloud Computing Systems*. In: *2022 IEEE Wireless Communications and Networking Conference (WCNC)*, Seiten 722–727, 2022.
229. ZHANG, JIANDONG, WANYANG WANG, ZHEN ZHANG, KEHOU LUO und JIELING LIU: *Cooperative control of UAV cluster formation based on distributed consensus*. IEEE, 2019.
230. TANENBAUM, A. S. und D. J. WETHERALL: *Computernetzwerke*. Pearson, 2012.
231. JOO, CHANGHEE und JIHWAN CHOI: *Low-delay broadband satellite communications with high-altitude unmanned aerial vehicles*. Journal of Communications and Networks, 20(1):102–108, 2018.

232. BARENJI, REZA VATANKHAH und MAZYAR GHADIRI NEJAD: *Blockchain Applications in UAV-Towards Aviation 4.0*, Seiten 411–430. Springer, 2022.
233. DHALL, RUCHI und SARANG DHONGDI: *Review of Protocol Stack Development of Flying Ad-hoc Networks for Disaster Monitoring Applications*. Archives of Computational Methods in Engineering, 30(1):37–68, 2023.
234. KHAN, AMINA, SUMEET GUPTA und SACHIN KUMAR GUPTA: *Unmanned aerial vehicle-enabled layered architecture based solution for disaster management*. Transactions on Emerging Telecommunications Technologies, 32(12):e4370, 2023/08/22 2021.
235. MIHALIC, FRANC, MITJA TRUNTIC und ALENKA HREN: *Hardware-in-the-Loop Simulations: A Historical Overview of Engineering Challenges*. Electronics, 11(15), 2022.
236. KOZYREV, VP: *Structural Coverage Analysis of Entry and Exit Points Required to Achieve the Objectives Defined in DO-178C*. Programming and Computer Software, 48(4):256–264, 2022.
237. *Real-Time Verification of A Battery Slave Controller Developed Using a DO-178C/DO-331 Based Process-Oriented Build Tool*, 2023.
238. NMD/ACD: *ERNIP PART 1 – European Airspace Design Methodology Guidelines – General Principles and Technical Specifications for Airspace Design*, 2023.
239. DFS DEUTSCHE FLUGSICHERUNG: *FRA EDWW East FL245-FL285*, 2023.
240. TÉTREAULT, ÉTIENNE, DAVID RANCOURT und ALEXIS LUSSIER DESBIENS: *Active Vertical Takeoff of an Aquatic UAV*. IEEE Robotics and Automation Letters, 5(3):4844–4851, 2020.
241. FOEHN, PHILIPP, DARIO BRESCIANINI, ELIA KAUFMANN, TITUS CIESLEWSKI, MATHIAS GEHRIG, MANASI MUGLIKAR und DAVIDE SCARAMUZZA: *Alphapilot: Autonomous drone racing*. Autonomous Robots, 46(1):307–320, 2022.
242. HANOVER, DREW, ANTONIO LOQUERCIO, LEONARD BAUERSFELD, ANGEL ROMERO, ROBERT PENICKA, YUNLONG SONG, GIOVANNI CIOFFI, ELIA KAUFMANN und DAVIDE SCARAMUZZA: *Autonomous drone racing: A survey*. arXiv e-prints, pp. arXiv–2301, 2023.
243. CROON, GUIDO CHE DE: *Drone-racing champions outpaced by AI*, 2023.
244. RADICE, RONALD A., NORMAN K. ROTH, AC O'HARA und WILLIAM A CIARFELLA: *A programming process architecture*. IBM systems journal, 24(2):79–90, 1985.
245. OULD, MARTYN A: *Business Process Management: a rigorous approach*. BCS, The Chartered Institute, 2005.
246. DAWIS, E.P., J.F. DAWIS und WEI PIN KOO: *Architecture of computer-based systems using dualistic Petri nets*. In: *2001 IEEE International Conference on Systems, Man and Cybernetics. e-Systems and e-Man for Cybernetics in Cyberspace (Cat.No.01CH37236)*, Band 3, Seiten 1554–1558 vol.3, 2001.
247. DETHLOFF, ALEXANDER: *Prozessarchitekturen: Anforderungen, Konzepte, Fallbeispiele*, 2017.
248. REINHEIMER, STEFAN: *Prozessmanagement für Experten – Impulse für aktuelle und wiederkehrende Themen*. HMD Praxis der Wirtschaftsinformatik, 51(5):721–723, 2014.
249. THE INTERNATIONAL FOOTBALL ASSOCIATION BOARD: *Laws of the Game 2023/24*. 2023.
250. SILVA, MARGARIDA, ANDRÉ REIS und SUSANA SARGENTO: *A Mission Planning Framework for Fleets of Connected UAVs*. Journal of Intelligent & Robotic Systems, 108(1):2, 2023.

251. *A Modular Communication Architecture for Adaptive UAV Swarms.* IEEE, 2023.
252. PELL, TALEATHA, JOAN Y. Q. LI und KAREN E. JOYCE: *Demystifying the Differences between Structure-from-MotionSoftware Packages for Pre-Processing Drone Data.* Drones, 6(1), 2022.
253. TOFFANIN, PIERO: *OpenDroneMap: the missing guide: a practical guide to drone mapping using free and open source software.* MasseranoLabs LLC, 2023.
254. KASEMANN, MARTIN: *Kamerabasierte quantitative Messverfahren für die Silizium-Photovoltaik – Was Licht über Solarzellen erzählt.* 2013.
255. UDVARDY, PÉTER, GERGO TÓTH, KÁROLY PÁL und TAMÁS JANCSÓ: *Inspection of wind power plant turbines by using UAV.* IEEE, 2022.
256. SAHA, CHOYON KUMAR: *Emergence and evolution of aquaculture sustainability certification schemes.* Marine Policy, 143:105196, 2022.

The manufacturer's authorised representative in the EU is Springer Nature Customer Service Centre GmbH, Europaplatz 3, 69115 Heidelberg, Germany. If you have any concerns regarding our products, please contact ProductSafety@springernature.com

Printed and bound by CPI Group (UK) Ltd, Croydon, CR0 4YY
26/03/2026
02078943-0003